建设工程实验室质量管理体系

管理与应用

魏厚刚　袁浩雁　元　松　聂煜川　江　衡
张　韦　肖　强　周桃兵　林光顺　李鹏飞

编著

四川大学出版社
SICHUAN UNIVERSITY PRESS

图书在版编目（CIP）数据

建设工程实验室质量管理体系管理与应用 / 魏厚刚等编著. — 成都 : 四川大学出版社, 2023.9

ISBN 978-7-5690-6437-7

Ⅰ. ①建… Ⅱ. ①魏… Ⅲ. ①建筑工程—实验室管理—质量管理体系 Ⅳ. ① TU712.3

中国国家版本馆 CIP 数据核字 (2023) 第 211190 号

书　　名：建设工程实验室质量管理体系管理与应用

Jianshe Gongcheng Shiyanshi Zhiliang Guanli Tixi Guanli yu Yingyong

编　　著：魏厚刚　袁浩雁　元　松　聂煜川　江　衡

张　韦　肖　强　周桃兵　林光顺　李鹏飞

选题策划：王　睿

责任编辑：王　睿

责任校对：胡晓燕

装帧设计：墨创文化

责任印制：王　炜

出版发行：四川大学出版社有限责任公司

地址：成都市一环路南一段 24 号（610065）

电话：（028）85408311（发行部）、85400276（总编室）

电子邮箱：scupress@vip.163.com

网址：https://press.scu.edu.cn

印前制作：四川胜翔数码印务设计有限公司

印刷装订：成都市新都华兴印务有限公司

成品尺寸：185mm×260mm

印　　张：17

字　　数：414 千字

版　　次：2023 年 11 月 第 1 版

印　　次：2023 年 11 月 第 1 次印刷

定　　价：88.00 元

扫码获取数字资源

四川大学出版社
微信公众号

前　　言

检验检测机构为实现质量管理目标、执行规范化管理、提升客户满意度、提高自身能力、适应市场竞争、有效地开展各项质量管理活动，必须建立与之相适应的管理体系。

本书旨在帮助我国从事检验检测工作的人员系统地理解实验室质量管理体系的内涵，掌握实验室质量管理工作的方法，尤其是为建设工程行业检验检测机构质量管理体系的建立、管理与应用提供一种思路。

著者在编写过程中参考了《检测和校准实验室能力的通用要求》（GB/T 27025—2019）、《检验检测机构资质认定评审准则》（国家市场监督管理总局2023年第21号）、《检测和校准实验室能力认可准则》（CNAS-CL01：2018）及质量、环境、职业健康安全“三体系”的相关内容，特别重视本书内容的系统性、信息的溯源性和语言文字的严谨性，并给出具有指导性和代表性的案例作为支撑。本书对体系管理与运行、人员管理、仪器设备管理、样品管理、方法管理、场所与环境管理、测量不确定度，以及内部质量控制等当下较模糊的问题提出了一种完整、清晰地解析思路，以供相关实验室人员参考使用。

本书的编写得到了四川金通工程试验检测有限公司的大力支持和帮助。本书的编写分工具体如下：青岛市房地产事业发展中心袁浩雁负责“2　机构”的编撰工作；上海市市政公路工程检测有限公司元松负责“4　场所与环境”的编撰工作；四川金通工程试验检测有限公司聂煜川负责“5.1　设施和设备管理”的编撰工作，江衡负责“6.5　记录与报告管理”的编撰工作，张韦负责“6.9　抽样管理和样品管理”的编撰工作，肖强负责“5.4　标准物质管理”的编撰工作，周桃兵、胡兴华、林光顺、李鹏飞负责本书的资料收集和整理工作；四川金通工程试验检测有限公司副总工程师魏厚刚负责拟定本书大纲、完成其余章节的编撰及全书的统稿工作。

本书第一著者为国家认证认可监督管理委员会、中国合格评定国家认可委员会技术评审员，四川省质量技术审查评价中心主任评审员，长期工作在检验检测一线。本书根据著者多年的工作经验，在参考国家、行业相关法律法规、管理与技术标准的基础上编撰，经反复修改而成。本书内容丰富且浅显易懂，重点强调了资料溯源、传道授业、解惑释疑和视野拓展等方面的内容，简化了晦涩深奥的理论描述。由于著者水平有限，本书错误或疏漏之处在所难免，欢迎广大读者批评指正。

著　者

2023年6月

目　　录

1 资质认定基本规则与发展

1.1 资质认定遵循的法律依据

资质认定是市场监督管理部门依照法律、行政法规的规定，对向社会出具具有证明作用的数据、结果的检验检测机构的基本条件和技术能力是否符合法定要求实施的评价许可。

《中华人民共和国计量法》及《中华人民共和国计量法实施细则》是我国管理计量工作的基本法律和实施计量监督管理的最高准则，也是我国资质认定遵循的法律依据。这两部法律的出台是我国完善计量法制、加强计量管理的需要，标志着我国将计量工作全面纳入法制化管理轨道。

《中华人民共和国计量法》第二十二条“为社会提供公证数据的产品质量检验机构，必须经省级以上人民政府计量行政部门对其计量检定、测试的能力和可靠性考核合格”，《中华人民共和国计量法实施细则》（2022 年修正本）第二十九条“为社会提供公证数据的产品质量检验机构，必须经省级以上人民政府计量行政部门计量认证”，以及我国涉及产品质量的法律法规、认证认可条例、标准化法实施条例等，都包含了对检验检测及其资质要求的规定。

为了规范检验检测机构资质认定工作，优化准入程序，根据《中华人民共和国计量法》及其实施细则、《中华人民共和国认证认可条例》等法律、行政法规的规定，2023 年 6 月 1 日国家市场监督管理总局发布了新修订的《检验检测机构资质认定评审准则》，进一步明确了资质认定的执法依据。

《中华人民共和国计量法》及从属于其的若干法律、法规、规章和规范性文件，共同构成了我国的计量法律法规体系，计量法律法规体系对我国计量监督管理体系、计量技术管理体系、法定计量检定机构、计量基准和标准、计量检定、计量器具产品、商品量的计量监督和检验、产品质量检验机构的计量认证等计量工作的法制要求，以及计量法律责任等，都进行了非常细致的规定。

1.2 计量认证和资质认定

在检验检测技术层面，计量是指实现单位统一、量值准确可靠的一项活动。认证是指由认证机构（第三方）对（某组织的）产品、过程或服务符合规定的要求给出的书面保证，以证明其产品、服务、管理体系符合相关技术规范的强制性要求或标准的合格评定活动；认可是指由认可机构对认证机构、检查机构、实验室以及从事评审、审核等认证活动人员的能力和执业资格予以承认的合格评定活动；合格评定是指对与产品、过程、体系、人员或机构有关的规定要求得到满足的证明。"计量认证"是指由政府计量行政部门对产品质量检验机构的计量检定、测试能力和可靠性等进行的考核和证明，其重点在于对仪器设备所输出结果的能力保证，属于行政许可或认可性质；"资质认定"是指市场监督管理部门依照法律、行政法规规定，对向社会出具具有证明作用的数据、结果的检验检测机构的基本条件和技术能力是否符合法定要求实施的评价许可。我国的计量认证制度源自《中华人民共和国计量法》及其实施细则，依据《中华人民共和国标准化法》及其实施条例建立审查认可制度，依据《中华人民共和国计量法》及其实施细则、认证认可条例等法律、行政法规建立检验检测机构资质认定制度。

1. 建立"计量认证"与"审查认可"的历程

1949 年 10 月，我国成立了中央技术管理局，内设标准化规格处和度量衡处，负责标准制定和全国度量衡的管理工作。

1954 年 11 月，中华人民共和国国家计量局成立。

1964 年，广州广电计量测试技术有限公司成立，承担电子 602 计量测试站和广东区域计量站 5104 校准实验室的相关计量测试工作，这是最早一批通过国家认可的二级计量机构之一。

1965 年，我国的动植物检疫工作由商品检验部门移交各地农业行政主管部门，并在一些重要的国境口岸设立了动植物检疫所，负责出入境动植物的检疫工作，但仍然以地方领导为主。

1978 年，我国重新加入国际标准化组织，了解到认证是对产品质量进行评价、监督、管理的有效手段。

1980 年，国家标准局和国家进出口商品检验局共同派员组团参加国际实验室认可合作组织（ILAC），国际认可活动在我国萌芽。同年，中国检验认证集团（CCIC）成立，其是经国务院批准设立、国务院国资委管理的中央企业，是以"标准、检验、检测、认证"为主业的综合性质量服务机构。

1981 年，我国加入国际电子元器件认证组织，同期成立了我国第一个产品认证机构——中国电子元器件认证委员会，标志着我国正式借鉴国外认证制度对国内电子元器件检验检测实施认证许可。

1985 年 9 月 6 日，我国开始推行实验室认可制度。第六届全国人民代表大会常务委员会第十二次会议通过了《中华人民共和国计量法》，其主要内容包括计量检定、测试设备的性能，计量检定、测试设备的工作环境和人员的操作技能，保证量值统一、准确的措施及检测数据公正可靠的管理制度。计量认证现场评审考核不合格，未取得计量认证合格证书的机构，不得开展产品质量检验工作。同时，国家计量局确定对铁道部产品质量监督检测中心大连内燃机车检测站柴油机试验室进行认证试点；同年 12 月 31 日，国家计量局发布《质量检验机构的计量认证评审内容及考核办法（暂行）》。

1986 年 1 月 28 日，大连内燃机车检测站柴油机试验室向国家经委上报了《关于报送〈大连柴油机试验室认证工作试点的总结报告〉的函》（〔86〕量局工字第 027 号），标志着我国产品质量检验机构计量认证工作正式启动。

1987 年 2 月 1 日，国家计量局发布了《中华人民共和国计量法实施细则》，将对产品质量检验机构的考核称为“计量认证”，并相继发布了《产品质量检验机构计量认证工作手册》《计量认证标志和标志的使用说明》《产品质量检验机构计量认证管理办法》。在管理体系认证领域，我国标准化行政主管部门参考 ISO 9000 系列标准，于 1988 年制定并发布了 GB/T 10300 质量管理体系系列标准，并授权中国质量协会等机构对企业质量管理体系进行贯标试点。

1988 年 12 月 19 日，《中华人民共和国标准化法》由第七届全国人民代表大会常务委员会第五次会议通过，自 1989 年 4 月 1 日起施行。

1990 年，国务院第 53 号令发布了《中华人民共和国标准化法实施条例》。国家技术监督局发布了《产品质量检验机构计量认证技术考核规范》（JJF 1021—1990），并发布了计量认证标识“CMA”（China Metrology Accreditation），标志着我国统一的计量认证考核制度正式建立。国家技术监督局印发了《国家产品质量监督检验中心审查认可细则》《产品质量监督检验所验收细则》《产品质量监督检验站审查认可细则》，同时发布了审查认可标识“CAL”（China Accreditation Laboratory）。

1991 年，《中华人民共和国产品质量认证管理条例》发布，标志着我国质量认证工作由试点起步进入全面规范的新阶段。同年，中国标准科技集团与 SGS 集团合资成立了 SGS 通标标准技术服务有限公司（SGS-CSTC），推动了我国标准化工作向产品安全和卫生、环境保护、服务业、企业管理和信息、生物等高新技术领域扩展。

1992 年，国家技术监督局按照等同采用的原则发布了 GB/T 19000 质量管理体系系列标准，并在全国范围内进行宣传贯彻。

1993 年，第七届全国人民代表大会常务委员会第三十次会议通过了《中华人民共和国产品质量法》。

1994 年，国家质量技术监督局相继成立了中国质量管理体系认证机构国家认可委员会（CNACR）、中国认证人员国家注册委员会（CRBA）、中国实验室国家认可委员会（CNACL）和中国产品认证机构国家认可委员会（CNACP），以开展国内市场的认可工作；国家进出口商品检验局相继成立了中国国家进出口企业认证机构认可委员会（CNAB）、中国进出口实验室国家认可委员会（CCIBLAC），以开展进出口领域的认可工作。

1996 年，ISO 14000 环境管理体系系列标准发布后，我国立即将其等同转化为国家标准 GB/T 24001—1996。

1997 年，经国务院办公厅批准，中国环境管理体系认证指导委员会在北京成立，负责指导并统一管理 ISO 14000 环境管理系列标准在我国的实施工作。

1998 年，为改变商检、动植物检、卫检“三检”各成系统、机构林立、职能重叠、效率低下的情况，更好地适应改革开放的形势和外经贸发展的需要，经国务院批准，对原有的检验检疫管理体制进行改革，将国家进出口商品检验局、卫生部卫生检疫局和农业部动植物检疫局合并组成国家出入境检验检疫局，各直属、分支检验检疫局也分别于 1999 年完成改制合并。

1999 年，国家经济贸易委员会参照 OHSAS 18001《职业健康安全管理体系规范》的要求，发布了《职业健康卫生管理体系试行标准》，并在安全生产领域实施职业健康安全管理体系认证活动。

20 世纪 90 年代末，首批民营检验检测及认证机构（如湖南联智、奥来国信、挪亚检测、深圳信测、华测检测、谱尼测试、广东建准、中安广源等）相继成立。

2001 年 8 月 29 日，中国国家认证认可监督管理委员会（简称国家认监委，CNCA）成立，标志着我国检验检测认证工作发展进入统一管理和监管的新阶段。该阶段我国建立了集中统一的认可制度，实施了强制性产品认证制度，加强了认证认可相关法律制度的建设，成立了认证认可行业自律组织。同时，为进一步完善社会主义市场经济体制，根据 WTO 有关协议的精神，国务院决定将国家质量技术监督局与国家出入境检验检疫总局合并，组建国家质量监督检验检疫总局（简称国家质检总局）。截至 2001 年底，我国已制定并发布国家标准 19744 项，其中强制性国家标准 2792 项，推荐性国家标准 16952 项。在已制定的国家标准中，采用国际标准和国外先进标准 8621 项，采标率为 43.66%；国际标准化组织和国际电工委员会现行有效的国际标准 16745 项，有 6300 项被转化为我国国家标准，转化率为 37.62%。我国标准化工作所取得的成果，为我国的认证认可工作发展奠定了坚实的基础。

2002 年，《中华人民共和国进出口商品检验法》进一步明确，已列入国家进出口商品检验目录的商品，由商检机构实施检验检测；经国家商检部门许可的检验检测机构，可以接受对外贸易关系或国外检验检测机构的委托，办理进出口商品检验鉴定业务。

经过多年的不断探索、改进与实践，我国质量管理体系架构相继建立并逐渐完善，在国家质检总局、国家认监委、国家市场监督管理总局成立之前，CMA、CAL 和 CNAS 是我国最主要的实验室能力评价制度，其中 CMA 是最基本的检测市场准入制度，是行政许可，分国家和省（自治区、直辖市）两级实施；CAL 是技术监督部门对自己设置的产品质量监督检验院（所）和授权行业检测机构挂牌为国家××质量监督检验院（站、中心）、省××产品质量监督检验院（站、中心）的一种行政许可，其前提是必须首先取得 CMA，针对的是技术监督部门承担特定产品质量监督抽查、仲裁检验的特殊考核制度。包括实验室认可在内的实验室评价制度、评价准则，都源自国际标准 ISO/IEC 17025，有各自的定位和特定的服务对象，除了国家质检中心和出入境检验检疫实验室，在国家认监委的指导下，近年来基本都实现了“三合一”“二合一”评审。

2. 确定检验检测机构从业基本准则——资质认定及其概念来源

2005 年，我国政府根据加入 WTO 的承诺，允许外资独资机构进入我国的服务贸易市场。自此，外资检测机构凭借雄厚的资本和丰富的运作经验全面进入我国检验检测行业，成为检验检测市场的重要组成部分。外资检验检测机构与我国的民营检验检测机构构成独立的第三方检验检测行为的主体，而国有检验检测机构则占据了政府强制性检验检测市场。

政府强制性检验检测市场主要包括各部委的质检、商检、环保、卫生等各种认证要求的强制性认证和各级政府的各种认证要求的强制性认证。2006 年，为适应国际认可组织的要求和变化，中国认证机构国家认可委员会和中国实验室国家认可委员会合并成立了中国合格评定国家认可委员会（简称国家认可委，CNAS），作为唯一的国家认可机构。

2006 年 2 月 21 日，国家质检总局发布《实验室和检查机构资质认定管理办法》（总局令第 86 号），第六条规定“资质认定的形式包括计量认证和审查认可”，首次提出“资质认定”的概念。此后，我国逐渐从以仪器设备、计量器具为基本保证的“计量认证”，过渡到以法律法规及人机样法环测等一系列与之相关的，全方位构建的行政、质量和技术管理体系的资质认定能力证实；2006 年，国家认监委分别印发《关于启用资质认定证书的通知》（国认实〔2006〕25 号）和《关于实施资质认定工作有关证书转换的补充通知》（认办实函〔2006〕139 号）；同年 7 月 27 日，国家认监委发布了《实验室资质认定评审准则》（国认实函〔2006〕141 号），取代了已实施了 6 年的《计量认证/审查认可（验收）评审准则（试行）》。现在，“计量认证”主要适用于对仪器设备、计量器具提供检定/校准服务的计量测试机构，而对以司法、行政、仲裁，以及社会经济、公益活动出具具有证明作用的数据、结果的检验检测机构，仪器设备、计量器具则只是其提供检验检测活动、获得量值结果的一个重要程序，或者仅仅只是其采用的最重要的工具。

2007 年，以玩具铅含量超标事件为导因，以华测检测为代表的民营检验检测机构获得了美泰玩具的认可，从而奠定了华测检测进入消费品检测领域的基础；2008 年，以××奶粉事件为导因，华测检测、谱尼测试等民营机构进入食品检测行业。此后，我国民营检验检测机构蓬勃发展，更多的专业人员进入检验检测认证行业，并分别扩散于建工建材、电子电器、消费品（玩具、纺织品、鞋、箱包、杂货）、食品、环境、计量校准等领域。

1.3 检验检测机构资质认定与监督管理办法

2014 年 7 月以后，国家认监委在认证认可和检验检测领域推出了一系列改革措施。2015 年 3 月 23 日，国家质量监督检验检疫总局局务会议审议通过了《检验检测机构资质认定管理办法》（国家质量监督检验检疫总局令第 163 号），该办法自 2015 年 8 月 1 日起施行，国家质量监督检验检疫总局于 2006 年 2 月 21 日发布的《实验室和检查机构资质认定管理办法》同时废止。国家质量监督检验检疫总局令第 163 号将资质认定标识 CMA 的英文释义由原来的“China Metrology Accreditation”修改为“China

Inspection Body and Laboratory Mandatory Approval"，对资质认定范围、证书有效期、授权签字人等进行了规定，删除了"审查认可"的表述，同时增加了罚则；国家认监委印发了15份资质认定配套工作文件及若干实施意见，对非方法标准、取消认证收费、评审员管理（国认实〔2016〕33号）、场所租赁与能力分包、非标立项（国认实〔2017〕2号）等给出了明确说明或规定。

2017年9月12日，中共中央、国务院发布了《中共中央 国务院关于开展质量提升行动的指导意见》（中发〔2017〕24号）。该指导意见为我国质量工作的纲领性文件，具有里程碑意义。《中共中央 国务院关于开展质量提升行动的指导意见》特别强调要"夯实国家质量基础设施"，推动计量、标准、认证认可、检验检测等融合发展，提升公共技术服务能力，健全完善技术性贸易措施体系。2017年11月4日，第十二届全国人民代表大会常务委员会第三十次会议修订并发布了《中华人民共和国标准化法》，删除了"审查认可（CAL）"的表述，这意味着审查认可（CAL）彻底失去了法律依据。

2018年3月7日，国家认监委发布《关于推进检验检测机构资质认定统一实施的通知》（国认实〔2018〕12号），按照特别法优于一般法的原则，对于法律、法规对检验检测机构资质、资格有相应规定的（如《中华人民共和国气象法》《中华人民共和国特种设备安全法》《中华人民共和国消防法》《中华人民共和国种子法》等），应遵从其规定。法律、法规中未明确规定需要取得资质认定的领域，相关检验检测机构不强制作为资质认定对象。对于行业主管部门有相应管理需求的，鼓励资质认定部门积极试点开展上述领域检验检测机构的资质认定工作，逐步将其纳入检验检测机构资质认定制度体系。试点实施资质认定的领域，资质认定部门事中事后监管只针对取得资质认定的检验检测机构进行。检验检测机构申请资质认定的能力范围应包括方法标准、产品标准两部分，产品标准中引用的方法标准也应单独取得资质认定；具有自主创新技术、具备竞争优势的团体标准可申请资质认定，检验检测机构申请团体标准时应提供方法验证报告及标准发布团体出具的有关标准技术优势及领先性、创新性的相关说明。另外，对于检验检测机构根据业务发展，需要跨省设立异地检验检测场所的，应依法设立分支机构，并由分支机构所在地省级资质认定部门负责检验检测机构的资质认定及证后监管。

2019年，国家认监委印发了《2019年认证认可检验检测工作要点》，指出要按照国务院在全国推开"证照分离"改革要求，根据风险等级分别采取取消审批、告知承诺、自我声明、优化准入服务等方式，对审批事项实行分类管理，取消产品质量检验机构授权（CAL）。

2021年4月2日，《国家市场监督管理总局关于废止和修改部分规章的决定》（国家市场监督管理总局令第38号）公布，对2015年4月发布的《检验检测机构资质认定管理办法》做出修改，将原"7章50条"修改为"5章40条"，将原有"第四章 从业规范""第五章 监督管理""第六章 法律责任"等条款进行整合转移变成"28条"，纳入《检验检测机构监督管理办法》（国家市场监督总局令第39号），两个办法均于2021年6月1日起施行。同时，国家市场监督管理总局进一步明确了"资质认定"的内涵。资质认定是指依照《检验检测机构资质认定管理办法》（2021年修改）的相关规定，由市场监督管理部门依照法律、行政法规规定，对向社会出具具有证明作用的数据、结果的检验检测机构的基本条件和技术能力是否符合法定要求实施的评价许可。

《检验检测机构资质认定管理办法》的变化主要体现在五个方面，即明确资质认定实施范围（以清单形式另外发布）、大力推行告知承诺制度、大力优化市场准入服务、固化疫情防控措施［技术评审包括书面审查和现场评审（或者远程评审）］、明确资质管理要求（即管理和监督分离）。

【视野拓展】

“证照分离”与“放管服”改革

为深入贯彻“放管服”改革要求，落实“证照分离”工作部署，依照《优化营商环境条例》、《国务院办公厅关于深化商事制度改革进一步为企业松绑减负激发企业活力的通知》（国办发〔2020〕29 号）等文件要求，国家市场监督管理总局积极推动检验检测机构资质认定改革，优化检验检测机构准入服务。

“证照分离”是指相关行业主管部门颁发的经营许可证和工商部门颁发的营业执照审批的改革。2015 年 12 月 16 日，国务院常务会议审议通过了《关于上海市开展证照分离改革试点总体方案》，决定在上海浦东新区率先开展“证照分离”改革试点。2018 年2 月，国家工商总局表示，将全面推行“证照分离”改革，推动“照后减证”，大幅减少行政审批事项，着力解决“准入不准营”问题。2018 年 10 月 10 日，国务院发布《关于在全国推行“证照分离”改革的通知》（国发〔2018〕35 号）。2019 年 10 月 24 日，国家市场监督管理总局发布《市场监管总局关于进一步推进检验检测机构资质认定改革工作的意见》（国市监检测〔2019〕206 号），自 2019 年 12 月 1 日起，在全国自贸试验区开展“证照分离”改革全覆盖试点，推动 523 项中央层面设定的涉企经营许可事项的照后减证和简化审批；推动实施依法界定检验检测机构资质认定范围，试点告知承诺制度，优化准入服务，便利机构取证，整合检验检测机构资质认定证书等改革措施。2020 年，我国持续推进许可事项改革，并根据疫情防控形势推行远程评审等应急措施。2021 年 6 月 4 日，国务院发布《关于深化“证照分离”改革进一步激发市场主体发展活力的通知》（国发〔2021〕7 号），不再将取得法定计量认证作为安全生产检验检测机构资质许可的前置条件，并在全国范围内推行检验检测机构资质认定告知承诺制度，全面推行检验检测机构资质认定网上审批。

为了落实国务院“放管服”改革的最新部署要求，进一步深化和推进检验检测机构资质认定改革，充分激发检验检测市场活力，使已有的检验检测机构资质认定改革措施和成果制度化、法制化，并为在更大范围内复制和推广相关改革举措提供法规层面的依据，按照实施更加规范、要求更加明确、准入更加便捷和运行更加高效的原则，国家市场监督管理总局对《检验检测机构资质认定管理办法》的部分条款进行了修改，内容主要涉及告知承诺制度、实施范围、优化服务、固化疫情防控措施等四个方面。

1.4 资质认定管理标准及评审准则

1. 资质认定管理标准

2015年7月31日，国家认监委结合国家质量监督检验检疫总局令第163号要求，制定并发布了《国家认监委关于印发检验检测机构资质认定配套工作程序和技术要求的通知》（国认实〔2015〕50号），通知包括15份配套工作程序和要求。经过近一年的试运行和修订，国家认监委于2016年正式发布了《检验检测机构资质认定评审准则》、《检验检测机构资质认定评审准则》及释义、《检验检测机构资质认定评审员管理要求》。

2017年10月16日，国家认监委将《检验检测机构资质认定评审准则》转化为《检验检测机构资质认定能力评价 评审员管理要求》《检验检测机构资质认定能力 检验检测机构通用要求》等7个管理标准，即RB/T 213～219—2017。其中，《检验检测机构资质认定能力评价 检验检测机构通用要求》（RB/T 214—2017）采用了国际标准《检验和校准实验室能力的通用要求》（ISO/IEC 17025：2017）的理念和部分要求，规定了对检验检测机构资质认定能力进行评价时，在机构、人员、场所环境、设备设施、管理体系等方面的通用要求，并以此作为对检验检测机构资质认定能力评价的依据。2020年8月26日，国家认监委发布第21号通告，自12月1日起实施认证认可一系列行业标准。其中，与建设工程类检验检测机构相关的主要有《实验室信息管理系统管理规范》（RB/T 028—2020）、《检测实验室信息管理系统建设指南》（RB/T 029—2020）、《能力验证计划的选择与核查及结果利用指南》（RB/T 031—2020），以及《检验检测机构管理和技术能力评价 电气检验检测要求》《建设工程检验检测要求》等一系列管理标准（RB/T 042～047—2020、RB/T 063—2021）。这一系列管理标准共同构成了2018年5月至2023年11月各检验检测机构的资质认定管理标准。

2. 资质认定评审准则

国家认监委《关于检验检测机构资质认定工作采用相关认证认可行业标准的通知》要求，自2018年6月1日起正式启用《检验检测机构资质认定能力评价 检验检测机构通用要求》（RB/T 214—2017），以替代2016年5月31日发布的《关于印发〈检验检测机构资质认定评审准则〉及释义》。2018年6月1日起为过渡期，于2019年1月1日全面实施。RB/T 214—2017共包含四个部分：范围、规范性引用文件、术语和定义、要求。其中，第4部分“要求”为该管理标准的核心，包含了机构、人员、场所环境、设备设施、管理体系等内容。

经过几年的实践，《检验检测机构资质认定能力评价 检验检测机构通用要求》（RB/T 214—2017）在实施过程中受到了来自各方的质疑，比如将行业的推荐性标准作为资质认定行政许可的审批授权判据是否妥当等。为此，2022年1月28日，国家市场监督管理总局、国家认监委再度启动了对《检验检测机构资质认定评审准则》的修订工作。2023年6月1日，新准则以市场监管总局2023年第21号公告的形式对外公开发布，共包含4章21条3个工作程序和1个一般程序审查表，并自2023年12月1日起实施，宣布《检验检测机构资质认定评审准则》（国认实〔2016〕33号）同时废止。新准则主要包含了以下内容：

第一章，总则（第一条至第六条），主要阐明了本准则的依据、适用范围以及“统一规范、客观公正、科学准确、公平公开、便利高效”的资质认定技术评审工作原则。

第二章，评审内容与要求（第七条至第十三条），主要阐明了对检验检测机构主体、人员、场所环境、设备设施和管理体系等方面是否符合资质认定评审准则的要求的审查，以及建立“独立、公正、科学、诚信”管理体系的有效性、可控性、持续稳定实施的审查。

第三章，评审方式与程序（第十四条至第十九条），对现场评审、书面审查、远程评审和告知承诺以及首次评审、扩项评审、复查换证评审、变更评审的要求与评审结论的规定。

第四章，附则（第二十条至第二十一条），对技术评审活动违法违规与实施时间的说明。

与新准则同时发布的还有四个附件，检验检测机构资质认定现场评审工作程序、检验检测机构资质认定书面审查工作程序、检验检测机构资质认定远程评审工作程序，以及《检验检测机构资质认定评审准则》一般程序审查（告知承诺核查）表，这四个附件实为新准则的具体操作指南，增加了受评机构的自由裁量权和选择权，明确和细化了法定要求。

与原准则或其他评价标准不同的是，新准则还设定了5个带*号的否决项，即凡带*号条款出现不符合的，审查结论为“不符合”，该次申请和评审视为无效。

1.5 资质认定制度改革与告知承诺制度

1.《检验检测机构资质认定告知承诺实施办法（试行）》的实施

按照《国务院关于深化“证照分离”改革进一步激发市场主体发展活力的通知》（国发〔2021〕7号）、《市场监管总局关于进一步推进检验检测机构资质认定改革工作的意见》（国市监检测〔2019〕206号）、《市场监管总局关于充分发挥职能作用落实深化“证照分离”改革任务的通知》（国市监注发〔2021〕36号）的要求，进一步深入“放管服”改革，落实“证照分离”工作部署，进一步推进检验检测机构资质认定改革，创新完善检验检测市场监管体制机制，优化检验检测机构准入服务，加强事中事后监管，营造公平竞争、健康有序的检验检测市场营商环境，充分激发检验检测市场活力，在全国范围内实现改革地域、事项“两个全覆盖”，同时在自贸试验区进一步加大改革力度，确保全国市场监管系统2021年7月1日起高质量实施深化“证照分离”改革。国家对行政许可制度改革的总要求：简政放权、放管结合、优化服务。简政放权，降低准入门槛；公正监管，促进公平竞争；高效服务，营造便利环境。

国家认监委提出，管理要更加科学高效，责任要更加明确完善，监管要更加依法规范，信息要更加公开透明等。按照《国家认监委关于推进检验检测机构资质认定统一实施的通知》《市场监管总局关于进一步推进检验检测机构资质认定改革工作的意见》的要求，主要改革措施如下：

（1）依法界定检验检测机构资质认定范围，逐步实现资质认定范围清单管理；

（2）试点推行告知承诺制度；

（3）优化准入服务，便利机构取证；

（4）整合检验检测机构资质认定证书，实现检验检测机构“一家一证”，逐步取消以授权名称取得的资质认定证书。

国家级和省级资质认定证书具有同等法律效力，无须利用相同的法人证书、人员、环境、设备设施及场所重复申请资质认定证书。

同时要求抓好相关落实工作：

（1）加强组织领导，做好宣传培训、指导工作；

（2）坚持依法推进，切实履职到位；

（3）加强事中事后监管，落实主体责任。

各省级市场监管部门要全面落实“双随机、一公开”的监管要求，对社会关注度高、风险等级高、投诉举报多、暗访问题多的领域实施重点监管，加大抽查比例，严查伪造、出具虚假检验检测数据和结果等违法行为；积极运用信用监管手段，逐步完善“互联网＋监管”系统，落实检验检测机构主体责任和相关产品质量连带责任；对以告知承诺方式取得资质认定的机构承诺的真实性进行重点核查，发现虚假承诺或者承诺严重不实的，应当撤销相应资质认定事项，予以公布并记入其信用档案。

各省级市场监管部门在落实“放管服”整体服务方针的同时，也对行业环境和市场秩序、从业机构及人员责任意识和诚信守法等反响强烈问题展开专项整治。2018 年9 月 25 日，国家市场监督管理总局下发《关于加强认证检测市场监管工作的通知》（国市监认证〔2018〕173 号），部署全国市场监管系统对认证检测市场集中开展整治工作。

2020 年 9 月 1 日，国务院办公厅下发了《关于深化商事制度改革进一步为企业松绑减负激发企业活力的通知》（国办发〔2020〕29 号），指出要完善强制性产品认证制度、深化检验检测机构资质认定改革，将疫情防控期间远程评审等应急措施长效化；2021 年在全国范围内推行检验检测机构资质认定告知承诺制度，全面推行检验检测机构资质认定网上审批，完善机构信息查询功能；要加强事中事后监管，加强企业信息公示，健全失信惩戒机制，推进实施智慧监管。

2021 年 2 月 2 日，我国首个检验检测机构告知承诺标准《检验检测机构履行告知承诺内部核查指南》（T/CAQI 176—2021 & T/JMA 0002—2021）团体标准正式发布，于 2021 年 2 月 21 日起正式实施，该标准主要包含三个核心内容：

一是真实性核查，主要包含以下六点：

（1）法人证照的真实性；

（2）典型检测报告真实、准确；

（3）固定场所；

（4）授权签字人的相关材料；

（5）检验检测机构资质认定告知承诺书；

（6）检验检测机构资质认定申请书。

二是合规性核查，主要包含以下三个方面：

（1）合规要求。

a. 检验检测机构知悉资质认定部门告知的全部内容，知悉告知承诺依据的法律、法规、规章的名称和相关条款；

b. 应符合有关法律、法规或者标准、技术规范规定的特殊要求；

c. 近2年内未因检验检测违法违规行为受到行政处罚（首次申请机构除外）；

d. 应符合其他部门规定要求。

（2）基本条件。

a. 计量检定/校准、测试设备的性能：用于检验检测活动所必需的检验检测设备设施应符合性能要求。

b. 计量检定/校准测试、设备的工作环境：具有固定的工作场所，工作环境满足检验检测要求。

c. 人员操作技能：具有与其从事检验检测活动相适应的检验检测技术水平。

d. 保证量值统一、准确的措施及检测数据公正可靠的管理制度：具有并有效运行能保证其检验检测活动独立、公正、科学、诚信的管理体系。

（3）技术要求。

a. 检验检测活动应符合标准化法、技术标准或技术规范的要求；

b. 检验检测的技术记录应真实、可追溯；

c. 检验检测数据和结果应具有证明作用；

d. 检验检测数据和结果应准确可靠。

三是独立、公正、科学、诚信的管理体系核查，包含以下四个方面：

（1）管理体系的规范化；

（2）管理体系的独立性和公正性；

（3）管理体系的科学性；

（4）诚信的管理体系。

2. 告知承诺的适用范围

告知承诺的适用范围主要有：首次实施资质认定，或申请延续资质认定有效期、增加检验检测项目、机构场所变更等，但特殊食品、医疗器械检验检测除外。

3. 告知承诺的主要内容

资质认定部门告知承诺的内容主要有：资质认定事项所依据的主要法律、法规、规章的名称和相关条款；检验检测机构应当具备的条件和技术能力要求；需要提交的相关材料；申请机构做出虚假承诺或承诺内容严重不实的法律后果；资质认定部门认为应当告知的其他内容。

申请机构承诺的内容主要有：所填写的相关信息真实、准确；已经知悉资质认定部门告知的全部内容；实验室能够符合资质认定部门告知的条件和技术能力要求，并按照规定接受后续核查；本机构能够提交资质认定部门告知的相关材料；愿意承担虚假承诺或者承诺内容严重不实所引发的相应法律责任；所作承诺是本机构的真实意思表示。

4. 告知承诺取得资质的认定流程

(1) 登录资质认定部门网上审批系统或者现场提交加盖机构公章的告知承诺书以及符合要求的相关申请材料。

(2) 对于选择一般资质认定程序的，许可时限压缩四分之一，即 15 个工作日内做出许可决定、7 个工作日内颁发资质认定证书；全面推行检验检测机构资质认定网上许可系统，逐步实现申请、许可、发证全过程电子化。

(3) 告知承诺书和相关申请材料不齐全或者不符合法定形式的，资质认定部门应当一次性告知申请机构需要补正的全部内容。

(4) 告知承诺书一式两份，由资质认定部门和申请机构各自留档保存。

(5) 鼓励申请的实验室主动公开告知承诺书。

5. 告知承诺取得资质认定证书的时间

(1) 申请机构在规定时间内提交的申请材料齐全、符合法定形式的，资质认定部门应当当场做出资质认定决定。

(2) 资质认定部门应当自做出资质认定决定之日起 7 个工作日内，向申请机构颁发资质认定证书。

6. 告知承诺取得资质认定后的证后核查

(1) 做出资质认定决定后，资质认定部门应在 3 个月内组织人员对实验室承诺内容是否属实进行现场核查，并做出相应核查判定。

(2) 核查依据为《检验检测机构资质认定管理办法》(2021 年修改) 有关技术评审管理的规定以及评审准则的相关要求。

(3) 对于机构首次申请或者检验检测项目涉及强制性标准、技术规范的，应当及时进行现场核查。

(4) 现场核查人员应在规定时限内出具现场核查结论，并对其承担的核查工作和核查结论的真实性、符合性负责，依法承担相应的法律责任。

7. 对虚假承诺的处理

(1) 对于机构做出虚假承诺或者承诺内容严重不实的，由资质认定部门依照《行政许可法》的相关规定撤销资质认定证书或者相应资质认定事项，并予以公布。

(2) 被资质认定部门依法撤销资质认定证书或者相应资质认定事项的检验检测机构，其基于本次行政许可取得的利益不受保护，对外出具的相关检验检测报告不具有证明作用，并承担因此引发的相应法律责任。

(3) 对于检验检测机构做出虚假承诺或者承诺内容严重不实的，由资质认定部门记入其信用档案，该检验检测机构不再适用告知承诺的资质认定方式。

对于检验检测机构未选择告知承诺方式的，资质认定部门应当依照《检验检测机构资质认定管理办法》(2021 年修改) 的有关规定实施资质认定。

8. 告知承诺试点

《国家认监委关于推进检验检测机构资质认定统一实施的通知》《市场监管总局关于进一步推进检验检测机构资质认定改革工作的意见》等一系列文件出台后，告知承诺制度在全国各地逐步推行。2021 年 2 月 2 日，在遵循开放、公平、透明、协商一致、促进贸易和交流的基本原则下，中国质量检验协会发布了《检验检测机构履行告知承诺内部核查指南》（T/CAQI 176—2021）团体标准。2021 年 6 月 3 日，按照《国务院关于深化“证照分离”改革进一步激发市场主体发展活力的通知》的要求，自 2021 年 7 月 1 日起，在全国范围内实施涉企经营许可事项全覆盖清单管理，按照直接取消审批、审批改为备案、实行告知承诺、优化审批服务等四种方式分类推进审批制度改革，同时在自由贸易试验区进一步加大改革试点力度，力争 2022 年底前建立简约高效、公正透明、宽进严管的行业准营规则，大幅提高市场主体办事的便利度和可预期性。在全国范围内对 37 项涉企经营许可事项实行告知承诺，在自由贸易试验区试点对 40 项涉企经营许可事项实行告知承诺。实行告知承诺后，有关主管部门要依法列出可量化可操作、不含兜底条款的经营许可条件，明确监管规则和违反承诺后果，一次性告知企业。对因企业承诺可以减省的审批材料，不再要求企业提供；对可在企业领证后补交的审批材料，实行容缺办理、限期补交。对企业自愿做出承诺并按要求提交材料的，要当场做出审批决定。对通过告知承诺取得许可的企业，有关主管部门要加强事中事后监管，确有必要的可以开展全覆盖核查。发现企业不符合许可条件的，要依法调查处理，并将失信违法行为记入企业信用记录，依法依规实施失信惩戒。有关主管部门要及时将企业履行承诺情况纳入信用记录，并归集至全国信用信息共享平台。

2021 年 8 月，中共中央、国务院印发了《法治政府建设实施纲要（2021—2025 年）》，明确指出法治政府建设是全面依法治国的重点任务和主体工程，是推进国家治理体系和治理能力现代化的重要支撑。为在新发展阶段持续深入推进依法行政，全面建设法治政府，完善行政执法程序，统一行政执法人员资格管理，除中央垂直管理部门外，由省级政府统筹本地区行政执法人员资格考试、证件制发、在岗轮训等工作，国务院有关业务主管部门加强对本系统执法人员的专业培训，完善相关规范标准。统一行政执法案卷、文书基本标准，提高执法案卷、文书规范化水平。完善行政执法文书送达制度。全面落实行政裁量权基准制度，细化量化本地区各行政执法行为的裁量范围、种类、幅度等并对外公布。全面梳理、规范和精简执法事项，凡没有法律、法规、规章依据的一律取消。规范涉企行政检查，着力解决涉企现场检查事项多、频次高、随意检查等问题。按照行政执法类型，制定完善的行政执法程序规范。全面严格落实告知制度，依法保障行政相对人陈述、申辩、提出听证申请等权利。除有法定依据外，严禁地方政府采取要求特定区域或者行业、领域的市场主体普遍停产停业的措施。行政机关内部会议纪要不得作为行政执法依据。

2021 年 9 月 10 日，国家市场监督管理总局发布《关于进一步深化改革促进检验检测行业做优做强的指导意见》（国市监检测发〔2021〕55 号）。意见指出，到 2025 年，检验检测体系更加完善，创新能力明显增强，发展环境持续优化，行业总体技术能力、管理水平、服务质量和公信力显著提升，涌现一批规模效益好、技术水平高、行业信誉优的检验检测企业，培育一批具有国际影响力的检验检测知名品牌，打造一批检验检测高技术服务业集聚区和公共服务平台，形成适应新时代发展需要的现代化检验检测新格局。

按照政府职能转变和事业单位改革的要求，为进一步理顺政府与市场的关系，应积极推进事业单位性质检验检测机构的市场化改革。科学界定检验检测机构功能定位，经营类机构要转企改制为独立的市场主体，实现市场化运作，规范经营行为，提升技术能力，着力做优做强；公益类机构要大力推进整合，优化布局结构，强化公益属性，严格执行事业单位相关管理政策，提升职业化、专业化服务水平。各地市场监管部门要按照地方党委政府的部署和要求，积极稳妥推进检验检测机构改革，强化涉及国家安全、公共安全、生态安全、公众健康安全等领域检验检测机构的建设和管理，以高效能市场监管服务地方经济社会高质量发展。

国有企业性质检验检测机构要深化混合所有制改革，推动完善现代企业制度，健全企业法人治理结构，提高国有资本配置和运行效率。坚持以资本为纽带完善混合所有制检验检测企业治理结构和管理方式，国有资本出资人和各类非国有资本出资人以股东身份履行权利和职责，使混合所有制企业成为真正的市场主体。加快国有企业性质检验检测机构的优化布局和结构调整，推进国有企业战略性重组、专业化整合，推动国有企业性质检验检测机构率先做强做优做大。

【视野拓展】

告知承诺与资质认定清单

四川省市场监督管理局发布的《关于进一步推进检验检测机构资质认定改革工作实施意见（试行）》（川市监办〔2019〕80 号）明确了检验检测机构资质认定范围，同时在中国（四川）自由贸易试验区试点推行告知承诺制度，具体包含在首次申请、延续证书、场所变更及增加检验检测项目上采取告知承诺方式实施资质认定（特殊食品、医疗器械检验检测除外）。中国（四川）自由贸易试验区为成都天府新区片区、成都青白江铁路港片区和川南临港片区。对于选择一般资质认定程序的，许可时限压缩四分之一，即 15 个工作日内做出许可决定、7 个工作日内颁发资质认定证书；全面推行检验检测机构资质认定网上许可系统，逐步实现申请、许可、发证全过程电子化。该实施意见自 2019 年 12 月 1 日起施行。

2021 年 6 月 30 日，四川省市场监督管理局办公室发布《关于印发深化“证照分离”改革进一步激发市场主体发展活力实施方案的通知》（川市监办〔2021〕86 号）。通知指出，为进一步深化“放管服”改革，优化营商环境，按照国发〔2021〕7 号文件要求，结合四川省市场监管领域“证照分离”改革实际，自 2021 年 7 月 1 日起，在全省范围内实施涉企经营许可事项全覆盖清单管理，对国务院公布“证照分离”改革事项清单中涉及市场监管的 17 个事项，按照直接取消审批、审批改为备案、实行告知承诺、优化审批服务等四种方式分类推进审批制度改革，同时在自由贸易试验区（四川自由贸易试验区所在的四川天府新区，成都高新区，成都市青白江区、双流区，泸州市龙马潭区参照执行）进一步加大改革试点力度，力争2022年底前建立简约高效、公正透明、宽进严管的行业准营规则，大幅提高市场主体办事的便利度和可预期性。

另外，上海市、河北省、广东省等各省市也陆续出台有关深入推进检验检测机构资质认定改革的意见，发布资质认定告知承诺管理办法，对适用范围、告知内容、承诺内容、后续监管及诚信档案等做出更加明确的规定；除部分省区外，铁道评审组等行业评审组按照国家市场监督管理总局的要求，也开始在行业内部对部分事项试点推行告知承诺制度。

2021年7月26日，公安部、国家市场监督管理总局联合发布《关于规范和推进公安机关鉴定机构资质认定工作的通知》（公刑侦〔2021〕4329号），规定DNA鉴定、理化鉴定、声像资料鉴定、电子数据鉴定和环境损害鉴定五个领域需要通过检验检测机构资质认定；2023年3月15日，河南省市场监督管理局率先出台《关于印发生态环境监测机构检验检测项目资质认定范围清单的通知》（豫市监办〔2023〕29号），资质认定清单制度逐步实施。

1.6 资质认定受理对象及时间节点

1. 国家级资质认定受理对象

（1）国家事业单位登记管理局登记的事业单位法人；

（2）国家市场监督管理总局登记注册或核准的企业法人；

（3）国务院有关部门以及相关行业主管部门直属管辖的机构；

（4）国务院有关部门、相关行业主管部门与国家认监委共同确定纳入国家级资质认定管理范围的机构。

2. 省级资质认定受理对象

与国家级资质认定受理对象相同，一般是在各省（区、市）注册的企事业法人机构。

3. 资质认定受理、评审、发证等的几个时间节点

（1）是否受理：接收申请后5个工作日内。

（2）完成技术评审：受理之日起30个工作日内。

（3）是否准予许可：收到技术评审结论起10个工作日内。

（4）完成整改：现场评审结束日起30个工作日内。

（5）颁发证书：做出准予许可决定后7个工作日内。

（6）延续证书有效期：有效期届满3个月前提出申请。

（7）虚假材料或隐瞒事实申请：不予受理或不予许可，且1年内不得再次申请。

另外，《检验检测机构资质认定管理办法》（2021年修改）第十三条第四款还规定

“对上一许可周期内无违反市场监管法律、法规、规章行为的检验检测机构，资质认定部门可以采取书面审查方式，对于符合要求的，予以延续资质认定证书有效期”。

随着“放管服”改革力度的加大，各省市均特别重视为社会服务的时效性，各程序办结所用时间节点也有差异，故以上时间节点仅作参考。

1.7 资质认定受理范围

《检验检测机构资质认定管理办法》（2021 年修改）第九条规定，申请资质认定的检验检测机构应当符合以下条件：

（一）依法成立并能够承担相应法律责任的法人或者其他组织；

（二）具有与其从事检验检测活动相适应的检验检测技术人员和管理人员；

（三）具有固定的工作场所，工作环境满足检验检测要求；

（四）具备从事检验检测活动所必需的检验检测设备设施；

（五）具有并有效运行保证其检验检测活动独立、公正、科学、诚信的管理体系；

（六）符合有关法律法规或者标准、技术规范规定的特殊要求。

按《关于实施〈检验检测机构资质认定管理办法〉的若干意见》（国认实〔2015〕49 号)、《市场监管总局关于进一步推进检验检测机构资质认定改革工作的意见》（国市监检测〔2019〕206 号）等文件规定，资质认定包含以下内容。

1. 法律、法规未明确规定应当取得检验检测机构资质认定的，无须取得资质认定

对于仅从事科研检测，兽药、药品、医学及保健检测，职业卫生评价检测，动植物检疫，特种设备检测，防雷设施现场检测，建设工程质量鉴定、房屋鉴定、消防设施维护保养检测等领域，不再纳入资质认定管理。已取得资质认定证书的，有效期内不再受理相关资质认定事项申请，不再延续资质认定证书有效期。

自 2020 年起，北京、上海、福建、山东等省市对于新申请或复评检验检测机构，已经只受理产品类检验检测项目/参数的资质认定申请，即对于没有产品技术标准的、非产品类检验检测项目，如土石填料及现场检验检测对象不再受理，机构应实行告知承诺方式开展检验检测活动。

2. 法律、行政法规对检验检测机构资质管理另有规定的，应当按照国务院有关要求实施检验检测机构资质认定，避免相同事项的重复认定、评审

按照“法无授权不可为”（法律对公权力的授权和限制）、“法无禁止即可为”（法律对市场主体的授权和限制）的原则，依照《中华人民共和国计量法及其实施细则》《中华人民共和国认证认可条例》等有关法律、行政法规的规定，向社会出具具有证明作用的数据和结果的检验检测机构，应当依法经国家认监委或各省、自治区、直辖市人民政府质量技术监督部门（市场监督管理部门）资质认定（计量认证）；对于建筑物防雷检测、特种设备检测等，则因《中华人民共和国气象法》《中华人民共和国特种设备安全

法》等另有规定的，执行其规定，自2020年起，各省市不再将其纳入资质认定范畴；对于如公路交通工程、市政建设工程等其他行业另有规定的，同时还必须满足其规定。

1.8　检验检测机构的法律责任

1.《检验检测机构资质认定管理办法》(2021年修改)规定的应当受到经济处罚的几种情形

第三十四条　检验检测机构未依法取得资质认定，擅自向社会出具具有证明作用的数据、结果的，依照法律、法规的规定执行；法律、法规未作规定的，由县级以上市场监督管理部门责令限期改正，处3万元罚款。

第三十五条　检验检测机构有下列情形之一的，由县级以上市场监督管理部门责令限期改正；逾期未改正或者改正后仍不符合要求的，处1万元以下罚款。

(一) 未按照本办法第十四条规定办理变更手续的；

(二) 未按照本办法第二十一条规定标注资质认定标志的。

第三十六条　检验检测机构有下列情形之一的，法律、法规对撤销、吊销、取消检验检测资质或者证书等有行政处罚规定的，依照法律、法规的规定执行；法律、法规未作规定的，由县级以上市场监督管理部门责令限期改正，处3万元罚款：

(一) 基本条件和技术能力不能持续符合资质认定条件和要求，擅自向社会出具具有证明作用的检验检测数据、结果的；

(二) 超出资质认定证书规定的检验检测能力范围，擅自向社会出具具有证明作用的数据、结果的。

第三十七条　检验检测机构违反本办法规定，转让、出租、出借资质认定证书或者标志，伪造、变造、冒用资质认定证书或者标志，使用已经过期或者被撤销、注销的资质认定证书或者标志的，由县级以上市场监督管理部门责令改正，处3万元以下罚款。

2.《检验检测机构监督管理办法》规定的应当受到经济处罚的几种情形

第二十五条　检验检测机构有下列情形之一的，由县级以上市场监督管理部门责令限期改正；逾期未改正或者改正后仍不符合要求的，处3万元以下罚款：

(一) 违反本办法第八条第一款规定，进行检验检测的；

(二) 违反本办法第十条规定分包检验检测项目，或者应当注明而未注明的；

(三) 违反本办法第十一条第一款规定，未在检验检测报告上加盖检验检测机构公章或者检验检测专用章，或者未经授权签字人签发或者授权签字人超出其技术能力范围签发的。

其中，本办法第八条第一款规定“检验检测机构应当按照国家有关强制性规定的样品管理、仪器设备管理与使用、检验检测规程或者方法、数据传输与保存等要求进行检验检测”；第十条规定“需要分包检验检测项目的，检验检测机构应当分包给具备相应条件和能力的检验检测机构，并事先取得委托人对分包的检验检测项目以及拟承担分包项目的检验检测机构的同意。检验检测机构应当在检验检测报告中注明分包的检验检测项目以及承担分包项目的检验检测机构”。

对于篡改和伪造监（检）测数据的行为，相关法律法规均出台了相关或类似的处罚办法，严重者还要承担刑事责任。

1.9 资质认定证书的注销或撤销

《检验检测机构资质认定管理办法》（2021 年修改）规定了资质认定部门应当依法办理注销或撤销手续的几种情形：

第三十一条　检验检测机构有下列情形之一的，资质认定部门应当依法办理注销手续：

（一）资质认定证书有效期届满，未申请延续或者依法不予延续批准的；

（二）检验检测机构依法终止的；

（三）检验检测机构申请注销资质认定证书的；

（四）法律法规规定应当注销的其他情形。

第三十二条　以欺骗、贿赂等不正当手段取得资质认定的，资质认定部门应当依法撤销资质认定。被撤销资质认定的检验检测机构，三年内不得再次申请资质认定。

1.10 检验检测机构资质认定与实验室认可的依据

1. 检验检测机构资质认定的依据

国家及各省级资质认定管理部门是对检验检测机构实施资质审查与监督管理的机构，资质认定的依据主要包含资质认定管理办法、资质认定评审准则以及相关的法律法规、管理与技术标准。另外，部分省市市场监督管理局也结合本地区情况发布了地方性标准作为补充，如陕西省市场监督管理局发布了《关于批准发布〈检验检测机构资质认定 第1部分：评审指南〉等8项陕西省地方标准的通告》（陕市监通告〔2020〕21号），于2020年6月20日实施，并逐渐增补完善，目前包含评审指南、现场试验考核技术要求、设备检定和校准结果确认要求、设备期间核查要求、检验检测报告编制规范、评审员管理要求、内部审核要求（DB61/T 1327.1～7—2020）、检验检测机构从业人员行为要求（DB61/T 1327.8—2023）、设备验证要求（DB61/T 1327.9—2021）及检验检测业务流程（DB61/T 1427—2021）。

其他省份也相继出台了关于检验检测机构资质认定的一系列地方性标准，如江苏省市场监督管理局出台的《检验检测机构资质认定现场技术评审工作规程》（DB32/T 4195—2022）等。

2. 实验室认可的依据

中国合格评定国家认可委员会是根据《中华人民共和国认证认可条例》《认可机构

监督管理办法》的规定，依法经国家市场监督管理总局确定，从事认证机构、实验室、检验机构、审定与核查机构等合格评定机构认可评价活动的权威机构，负责合格评定机构国家认可体系运行。中国合格评定国家认可委员会在国际认可活动中有着重要的地位，其认可活动已经融入国际认可互认体系，并发挥着重要的作用。中国合格评定国家认可委员会是国际认可论坛（IAF）、国际实验室认可合作组织（ILAC）、亚太实验室认可合作组织（APLAC）和太平洋认可合作组织（PAC）的正式成员。2019 年 1 月 1 日起，PAC 和 APLAC 合并成立新的区域认可合作组织——亚太认可合作组织（APAC）。

实验室认可的依据分为认证机构认可、实验室认可、检验机构认可、审定与核查机构认可四个板块，均包含认可规则（R、RL）、基本认可准则（CL）、认可应用准则（A、G）、认可指南（GL）、认可方案（S）、认可说明（EL）、技术报告（TRL）及其相应的法律法规，它们共同构成了实验室认可体系，与建设工程实验室密切相关的主要有：

（1）《检测和校准实验室能力认可准则》（CNAS-CL01：2018）；

（2）《检测和校准实验室能力认可准则》在化学检测（A002）、无损检测（A006）、金属材料检测（A011）、建设工程检测（A018）、建材检测（A022）等领域的应用说明；

（3）《检测和校准实验室能力认可准则》（CNAS-CL01）应用要求（G001）、测量结果的计量溯源性要求（G002）、测量不确定度的要求（G003）、内部校准要求（G004）、检测和校准实验室能力认可准则在非固定场所检测活动中的应用说明（G005）；

（4）《检测报告和校准证书相关要求的认可说明》（CNAS-EL-13：2019）；

（5）《认可标识使用和认可状态声明规则》（CNAS-R01：2020）；

（6）《实验室认可规则》（CNAS-RL01：2019）、《能力验证规则》（CNAS-RL02：2018）。

3. 如何处理 CMA 与 CNAS 的关系

2018 年以后，我国对于实验室的资质评价只保留了两套评价体系，即强制性的依法实施的资质认定（CMA）评价体系和自愿性的国际互认的实验室认可（CNAS）评价体系。

国家认监委与国家认可委的实施模式（程序）大体相同，都是委托技术专家（评审员）在完成现场评审之后确定是否发证，本质上都是对实验室管理体系和检验检测能力是否满足标准要求的一项资质评价制度。CMA 和 CNAS 的主要区别在于：CMA 是行政许可事项，分国家和省（自治区、直辖市）两级实施（其中贵州省将权力下放到各地级市），面向社会出具公证性检测报告，其检测结果在中国境内有效；实验室认可由 CNAS 独立实施，没有分支机构，其检测结果在获取互认的组织成员内相互认可，是国际互认的。

原国家质量技术监督局和国家认监委均积极推进实验室认可工作，在认证认可条例中也明确要求须积极采信认可结果，对于获得实验室认可的，资质认定要减免程序。原国家技术监督局还发文，把国家级 CMA/CAL 的很多工作都委托给中国合格评定国家认可委员会主持，并强制要求国家质检中心做认可、计量认证、审查认可“三合一”评审。国家认监委成立后，发文要求出入境检验检疫系统实验室必须通过实验室资质认定（认证）与认可“二合一”评审。

现在，CMA 和 CNAS 的关系正在重新梳理，国家质检中心、行业检测中心（包括出入境检验检疫实验室）、国家级司法鉴定机构实施的“三合一”“二合一”评审制度也有可能发生变动，在国内开展检验检测或司法鉴定、建设公安刑侦实验室等也要求取得 CMA 资质。

随着《公路水运工程质量检测管理办法》（交通运输部令 2023 年第 9 号）、《建设工程质量检测管理办法》（住房和城乡建设部令 2023 年第 57 号）等行业管理办法的相继出台，建设工程实验室管理体系及建设工程结构检测脱离 CMA 独立发展的趋势逐渐显现，而行业管理资质所包含的检验检测能力有限，无论是管理体系还是检测能力，都有着向 CNAS 靠拢的必然趋势，以解决因行业资质对检测能力包含不充分而市场又难以回避的诸多问题。

1.11 远程评审

为应对新型冠状病毒肺炎疫情，服务复工复产，检验检测机构资质认定对现场技术评审环节进行了优化，推出了远程评审等有效措施。2021 年 4 月 2 日，国家市场监督管理总局对国家质量监督检验检疫总局令第 163 号进行了修改，除推进“监”“管”分离等重大举措外，为固化疫情防控长效化措施，实验室远程评审也被提上了议事日程。同时，《检验检测机构资质认定管理办法》（2021 年修改）中增加了“第二十三条　因应对突发事件等需要，资质认定部门可以公布符合应急工作要求的检验检测机构名录及相关信息，允许相关检验检测机构临时承担应急工作”，以保证应急所需的检验检测技术支撑。

远程评审是指使用信息和通信技术对机构的物理或虚拟场所进行评审，主要适用于实验室和检验机构的复评审和定期监督评审。特殊情况下，经资质认定部门评估和批准后，初次评审、变更和扩大认可范围时也可参考使用。原则上，同一实验室和检验机构相同的技术领域不宜连续两次使用远程评审。

根据疫情防控要求，国家市场监督管理总局及各省级市场监督管理局、行业评审组等相继出台了实施远程评审的一些规定和要求。按《实验室和检验机构认可远程评审的应用说明》（CNAS-EL-20：2021），在以下场景时将考虑使用远程评审：

（1）基于政府和监管机构的安全及健康要求或旅行政策限制而无法前往实验室和检验机构或评审地点的现场。

（2）实验室和检验机构的现场检验和检测活动仅能安排在环境恶劣且不易前往的地区（如高海拔的山区、远海平台等），且该项技术能力在之前的评审中已进行过现场见证。

（3）计划在现场完成的一项或多项评审活动无法如期完成，但延长现场评审却不是最好的解决方式。

（4）评审员的评审日程安排出现变化且难以调整，如评审员当地的旅行政策突发变化等。当资质认定部门拟对实验室实施监督评审时，实验室一般应提前准备好以下电子文档：

①最新且有效的管理体系文件；

②最近一次的（复）评审报告及其整改材料；

③最近一次的监督检查报告及其整改材料；

④最近一次的内审与管理评审资料；

⑤最近两年来参加能力验证的证明材料；

⑥最近两年来各专项工作计划及其实施情况汇总材料；

⑦涉及所有项目/参数（含新增）的能力证实报告及其完整记录；

⑧各功能室环境及其配置情况视频介绍；

⑨各产生关键量值的仪器设备视频介绍；

⑩其他质量记录、台账或报告，如样品管理台账、合格供应商评价、人员档案、仪器设备检/校证书及其计量确认、体系文件及新标准学习与培训记录等。

机构在远程评审结束后，应当统一留存本次远程评审过程中可作为符合性证据的所有电子材料（包括但不限于电子文档、视频、音频、照片、扫描件等），保存时间至少为6年，以便后续进行核查。全部电子材料的清单应提供给评审组备查。

随着政府对疫情防控能力的加强，评审组与机构为确保有效交流和沟通，多数情况下采用“现场+远程”相结合的形式，提高了评审工作的有效性。

1.12 检验检测行业的发展概况

1. 全球检验检测市场

目前，全球范围内的大型综合性检测机构主要来自欧洲，其中瑞士SGS集团、法国必维国际检验集团和英国天祥集团处于全球检验检测行业的龙头地位。近年来，随着全球科学技术更新换代加快、检验检测技术水平不断提高，全球检验检测行业保持着年均复合增长率9%以上的增长态势。根据国家市场监督管理总局统计，2021年全球检验检测市场规模已达到2343亿欧元。

2. 中国检验检测行业的发展

从应用领域来看，目前检验检测广泛应用于建筑工程、环境监测、建筑材料、机动车检验、电子电器、食品及食品接触材料、特种设备、机械（包含汽车）、卫生疾控和计量标准等领域，其中建筑材料和建筑工程占比最大（约25%），其次为环境监测（约10%）。

中研普华产业研究院发布的《2023—2028年中国计量检测行业市场竞争分析及投

资前景研究报告》显示，截至2022年底，我国共有检验检测机构52769家，同比增长1.58%；全年实现营业收入4275.84亿元，同比增长4.54%；从业人员154.16万人，同比增长2.07%；共拥有各类仪器设备957.54万台（套），同比增长6.36%；仪器设备资产原值4744.75亿元，同比增长4.84%；全年共出具检验检测报告6.50亿份，同比下降5.02%，平均每天对社会出具各类报告177.90万份。实验室面积10423.51万平方米。截至2023年3月31日，CNAS累计认可检测、校准、标准物质/标准样品生产者、能力验证提供者等各类实验室14943家，同比增长12.65%；认可检验机构855家，同比增长16.80%。

2013—2022年，我国事业单位制检验检测机构的比重分别为42.55%、40.58%、38.09%、34.54%、31.30%、27.68%、25.16%、22.81%、20.87%、19.69%，呈逐年下降趋势，事业单位性质检验检测机构的市场化改革有序推进。

截至2022年底，我国检验检测服务业中，规模以上（年营业收入在1000.00万元以上）检验检测机构7088家，营业收入达到3364.31亿元，同比增长4.21%，年营业收入占全行业的78.68%，集约化发展趋势显著。这表明在政府和市场双重推动下，一大批规模效益好、技术水平高、行业信誉优的中国检验检测品牌正在快速形成，推动检验检测服务业做优做强，实现集约化发展取得成效。

民营检验检测机构数量继续保持快速增长。截至2022年底，全国取得资质认定的民营检验检测机构32536家，占全行业机构总数的61.66%，同比增长5.89%，连续10年保持年均约4.00%的增长速度。2022年，民营检验检测机构全年实现营业收入1759.23亿元，同比增长6.18%。

企业法人性质成为检验检测行业的主流。截至2022年底，从事检验检测技术服务的法人单位检验检测机构47859家，占全国机构总数的90.70%，同比增长2.88%。检验检测机构“一家一证”取得显著成效，未来非法人单位独立对外开展检验检测服务的现象会进一步减少。

外资检验检测机构保持稳中向好。截至2022年底，全国取得检验检测机构资质认定的外资企业共有528家，实现营业收入267.91亿元，同比增长4.50%，总体保持增长态势。

（1）检验检测行业利用资本市场加快恢复发展。截至2022年底，全国检验检测服务业中上市企业数量为101家，其中，上海证券交易所主板5家，深圳证券交易所主板2家，深圳证券交易所创业板13家，深圳证券交易所中小板3家，北京证券交易所2家，全国中小企业股份转让系统（新三板）挂牌69家，其他四板市场7家。

（2）行业弱、小、散的面貌没有得到根本改观，“小微”机构多、服务半径小的特点比较显著。统计数据显示，截至2022年底，成立时间在9年及以下的机构占比为55.00%，就业人数在100人以下的机构数量占比达到96.26%；从服务半径来看，73.69%的检验检测机构仅在本省区域内提供检验检测服务，涉及周边几个省份的约占23.08%，全国范围的约占2.68%。获得高新技术企业认定的机构从2014年的554家增长至2022年的4825家，增幅达到8.71倍，但占比仅为9.14%。

（3）检验检测领域差异化发展继续扩大。2022年，电子电器等新兴领域［包括电子电器、机械（含汽车）、材料测试、医学、电力（包含核电）、能源和软件及信息化］继续保持高速增长，实现营业收入 830.47 亿元，同比增长 12.57%，高于全行业营收 8.03%。相比较而言，建工建材、环境环保（不含环境监测）、食品、机动车、农林渔牧等传统领域实现营业收入 1640.37 亿元，同比增长 2.00%。总体而言，传统领域占行业总收入的比重仍然呈现下降趋势，由 2016 年的 47.09%下降到 2022 年的 38.36%，尤其是机动车、建工建材、环境、食品领域已进入白热化竞争状态，营业利润断崖式下滑，应收账款增多、净资产负债率增加，现金流容易断裂。

（4）检验检测行业创新能力和品牌竞争力不强。2022 年，检验检测行业获得科研经费总计 243.05 亿元，平均每家机构比上年减少 3.19 万元。从专利数量上看，全国检验检测机构拥有有效专利 129590 件，平均每家机构 2.46 件；有效发明专利 51683 件，平均每家机构 0.98 件，有效发明专利中境外授权专利仅 788 件。有效发明专利数占有效专利总数的比重为 39.88%，同比下降 1.80%。技术含量高的发明专利比重不高、创新能力偏弱，仍然是制约检验检测行业技术创新能力提升的重要因素之一。

同时，自国家市场监督管理总局成立以来，已连续三年在检验检测领域会同生态环境部、自然资源部、国家药品监督管理局等部门，以生态环境监测、机动车检验、医疗器械防护用品检验检测、食品检验等领域为重点，委托专业机构开展明察暗访，查找违法违规线索，组织第三方机构对认可工作质量进行评价，现场监督认可活动，并开通了“检验检测报告编号查询”平台，实现机构证书、能力范围等网上查询，鼓励社会各界对检验检测机构进行监督，及时举报违法违规线索；公信力是检验检测认证行业的生命线，开展“双随机、一公开”跨部门联合监督检查，推动失信联合惩戒行动。市场监管的目的是希望引领行业获得健康的发展，在监管上做到宽而有度、放而不乱，“双随机”抽查只是检验检测市场监管的重要手段。2022 年，全国共检查检验检测机构 10984 家次，查办违法违规案件 3326 起，责令改正 2905 家，撤（注）销资质 73 家，累计罚款 676.37 万元，移送公安司法机关案件 7 起，有力地震慑了检验检测机构违规违法行为，在遏制检验检测行业乱象、规范市场秩序方面也起到了一定的作用。

近年来我国检验检测行业发展迅速，结构持续优化，综合实力不断增强，国有、民营、外资“三足鼎立”的局面初步形成，但国有和民营机构“小、散、弱”以及市场化发展不足的问题依然存在。主要表现为国家对产业规划明显滞后，布局相对分散，重复建设严重，产业集群程度很低；第三方检验检测机构规模普遍偏小，缺乏核心竞争力。另外，与外资机构相比，国有和民营机构在市场主体意识和竞争能力、技术创新和先进技术运用、服务意识和服务水平、服务网络和国际化程度等方面也存在较大差距。

在实验室认可方面，“十三五”时期，我国已累计加入 21 个合格评定国际组织，在 IEC、ISO、IAF 等国际组织中担任一系列重要职务，积极参与合格评定国际标准、规则的制定，与 30 多个国家和地区建立了合作机制，对外签署 15 项多边互认协议和 123 份双边合作互认安排，在《区域全面经济伙伴关系协定》（RCEP）框架下达成合格评定合作互认成果，“一带一路”认证认可合作机制建设取得实质进展，内地与香港、澳门认证认可检验检测合作深度推进，认证认可检验检测促进国际贸易便利化作用日益显现。

3. 四川省检验检测行业的发展

四川省检验检测业务主要集中在建工检测、机动车检测、环境监测和食品农产品检测四大领域。截至 2021 年底，全省共有各类检验检测资质认定机构 2505 家，总数位居全国第 7，从业人员 7.46 万人，向社会出具检验检测报告 2574.6 万份，实现营业收入 177.4 亿元，人均产值 23.8 万元。截至 2022 年底，成都市共有各类检验检测资质认定机构 1011 家，其中国家质检中心 22 个，工程建设类机构 251 家，从业人员 3.7 万人，向社会出具检验检测报告 1099 万份，实现营业收入 117.9 亿元，人均产值 31.9 万元，在全国地级以上城市中，各项指标均名列前茅。近年来，虽然四川省检验检测行业发展速度较快，但小型、微型规模的检验检测机构仍占主流，“小散弱”现象比较突出。

4. 着眼区域合作，实现共同发展

2023 年 3 月 17 日，四川省认证认可检验检测工作会在西昌市召开，会议倡导将推动两地资质认定许可标准和行政处罚裁量基准基本一致，推行检验检测资质认定证书“一体化管理”，协力做大做强两地检验检测服务业；尽快建立西南五省检验检测省际联席会议制度，整合专家资源和监管力量，构建互通有无、互为支撑的良好格局。同一天，京津冀三地市场监管局签订《2023 年京津冀检验检测认证监管区域合作行动计划》，提出三地市场监管部门深入合作，充分融入京津冀协同发展战略布局，根据《京津冀检验检测认证监管区域合作备忘录》，建立长效机制，坚持深化合作、优势互补、共谋发展；提升协同监管能力，促进京津冀三地检验检测认证机构一体化高质量发展。

未来 3~5 年，检验检测行业仍将保持较高的发展速度，部分领域还有较大的增长空间，但也面临巨大的挑战，主要表现在：行业竞争趋于白热化，同质化发展必将导致激烈竞争；包含质量、类别、数量等各方面对供给侧的需求仍有许多不满足、不匹配、不适应的地方，容错率将进一步降低，监管力度将进一步加大，监管手段也将进一步增多；国际国内双循环体系还不够流畅，外部经济不确定性因素增多；科学技术迭代速度进一步加快，传统技术、传统模式必将进入快速淘汰期。

【视野拓展】

检验检测机构服务类型

现阶段，我国检验检测机构开展的检验检测服务主要包含四种类型：

第一方检测：产品生产者自己（即通常所说的“供方”，如制造商、服务商）开展的对自有产品进行的检验检测活动，多为非独立检测机构，由产品生产者以行政命令的方式进行的内部授权模式运行。

第二方检测：产品接受者自己的，或代表产品接受者（即通常所说的“需方”，如用户、消费者、采购商）利益的检测机构开展的检验检测活动，与第一方类似，也多为非独立检测机构。在我国，代表（或属于）政府质监部门履行监督检查或抽检的检验检测机构也属于第二方检测。

第三方检测：与产品生产者（“供方”）或接受者（“需方”）均不相关的，或非利益相关方的独立检测机构进行的检测活动。

第四方检测：指政府或国家聘请或指定的与各方无关的独立检测机构开展的检验检测活动，是对第三方检测结果的进一步核验或补充，多发生于国际或政府间贸易中。

【视野拓展】

认证（证书）和认可（证书）的比较

序号	项目	认证（证书）	认可（证书）
1	申请的基本条件	能满足法律地位、独立性、公正性、安全、环境、人力资源、设施设备、程序和方法、质量体系和财务方面的要求	能明确法律地位、独立性、公正性、安全、环境、人力资源、设施设备、程序和方法、质量体系和财务方面的要求
2	评审原则（强制性与自愿性）	强制性原则	自愿、公平公正非歧视原则 〔特例〕按《病原微生物实验室生物安全管理条例》，三级、四级实验室应当获得实验室认可
3	公益性与市场性	公益性，资质认定评审不收取申请人的相关费用	市场性，实验室认可需向申请人收取申请费、评审费、年金等
4	实施或主管部门	国家和省级资质认定部门（贵州省例外）	中国合格评定国家认可委员会
5	法律地位	独立第三方检验检测机构及个别第二方实验室	不受限制，可以是第一、第二、第三方检测/校准实验室
6	评审依据	检验检测机构资质认定评审准则，以及根据相关规定制定的特殊领域补充要求、法律法规与技术标准等	CNAS-CL01：2018 及其应用说明和法律法规、技术标准等
7	获证目的	具备法定基本条件和能力，可以对社会出具具有证明作用的数据和结果	具备开展检验检测服务的技术能力，并可获得签署互认协议方国家和地区认可机构的承认
8	评审内容	特定要求的符合性	执行特定任务的能力
9	适用范围	中华人民共和国境内（不含港澳台）	获得签署互认协议方国家和地区
10	法律效力	未经资质认定的机构不得向社会出具公证性数据，是对机构实施的强制性法制管理或行政许可	正式承认（证实能力，传递售后），是一种自愿行为
11	互认性	中华人民共和国境内	国际通行做法，国际认可组织间互认
12	证书标识	在通过资质认定项目的报告上必须盖 CMA 印章	通过认可的项目报告可以使用 CNAS 标志

续表

序号	项目	认证（证书）	认可（证书）
13	发展规模	截至 2022 年底，我国获得资质认定的机构共 52769 家，同比增长 1.58%，基本覆盖全国各类检验检测机构	截至 2023 年 3 月 31 日，我国认可各类实验室 14943 家，同比增长 12.65%；认可检验机构 855 家，同比增长 16.80%。主要是规模较大的第三方和企业内设检验检测机构

注：应区别两组概念，即认证机构与认可机构，认证实验室与认可实验室。

【视野拓展】

检验、检测、试验和实验的比较

序号	项目	检验	检测	试验	实验
1	标准定义	通过观察和判断，并结合测量、试验或估量等一系列活动进行，与特定要求或通用要求的符合性评价活动	按照程序确定某一对象（材料、产品或过程）的一个或多个特性或特征，获取或验证某一结果的活动	为了察看某事的结果或某物的性能，按照程序确定某一对象的一个或多个特性或特征，采用测试的手段获取或验证某一结果的活动	为了检验某种科学理论或假设而进行某种操作或从事某种活动，强调的是与理论研究方法的对立
2	通俗定义	依靠人的经验和知识，利用测试数据或者其他评价信息，做出是否符合相关规定的判定活动	依据技术标准和规范，使用仪器设备进行评价的活动，其评价结果为测试数据	依靠人的经验和知识，获取测试数据或者其他评价信息，以验证其是否满足相关规定的活动，是为了确定某一具体问题所做的事情，属于常规的活动	依靠人的经验和知识，通过设计、研发和实际操作获取某种特征特性以寻求规律的活动；或是为了尝试确定某一系统的假设是否合理而做的事情，具有尝试新的和未知的含义
3	着重点	确定特性或特征值，强调与特定要求或通用要求的符合性	确定特性或特征值	确定特性或特征值，是对事物或社会对象的一种检测性的操作，用来检测正常操作或临界操作的运行过程、运行状况等，是就事论事	强调的是建立在理论研究方法上的探索试验或验证，是对抽象的知识理论所做的现实操作或相对于知识理论的实际操作，用来证明它正确或者推导出新的结论

续表

序号	项目	检验	检测	试验	实验
4	依据标准	依据既有标准或方法去验证或确认某一对象是否达标，即某一对象应当达到的某个特定的期望或效果	依据既有标准或方法去测试或操作	依据既有标准或方法去测试或操作	不完全依据特定标准，主要依据实验目的去设计实验条件和方法，然后进行操作，以观测其结果能否达到期望的或未知的效果
5	结论不同	得到某简单的预期结果后，与规定要求进行比较，最后做出合格与否的判定	没有明确要求时，不需要给出检测数据合格与否的判定，或者得到某简单的预期结果	没有明确要求时，不需要给出检测数据合格与否的判定，或者得到某简单的预期结果，其目的是检查它能不能正常运行、正常运行的条件和该条件允许的范围	最终获得某一个规律性的结论（无论是否实现期望或设定目标），其结果可能是破坏性的，因此不能试验所有的产品
6	表现形式	机构（多为权威机构）在室内进行的样品特性检验	多为对样品特性的无损或微损检查	多为破坏性的，或者检后不能复原的	多为研究机构开展的，为实现某期望而进行的不确定性活动
7	报告名称	检验报告	检测报告； 测试报告； 试验报告； 试验检测报告	检测报告； 测试报告； 试验报告； 试验检测报告	实验报告； 研究报告； 评价（评定）报告
8	特征示例	食品检验； 钢筋检验	焊缝无损检测； 工程结构检测	核试验； 型式试验； 独立随机试验	包含试验，如： 双缝干涉实验如迈克尔逊-莫雷实验

另外，实验不一定要试验，而试验一定要实验；试验都是实验，实验比试验的范围更宽广。

同时，还要注意实验室和试验室的区别。严格地讲，实验室是进行研究、发明、验证的场所，是对未知的探索，如某产品是否合格或实现某种期望的验证等；试验室主要开展验证新的反应、合成新的物质的试验。一个机构的检验检测工作往往是综合性的，在一个成熟的机构管理体系中既包含质量管理、技术管理，也包含比较完善的行政管理，故当未特指时，对机构的检验检测行为一般统称实验室更为准确；而试验室的范畴更倾向于专业技术及其行为活动的管理，如水泥试验室、化学试验室、工地试验室等。

另外，“实验室间比对”作为一个专用术语，一般不宜用“试验室间比对”去代替。

2 机　构

本书所指机构又称为检测机构、检验检测机构、组织、组织机构或实验室。机构一般以检验检测活动为主线，建立了行政、技术与质量管理三大体系，为实现既定方针和目标，由职责、权限及其相互关系构成的个体、关联性群体或团体组成。它包含但不限于个体经营者、公司、集团公司、商行、企事业单位、政府或公益机构、社会团体，或其中的一部分，或其结合体，以及是否具有法人资格、公营或私营等性质，均可称为机构。

资质认定的检验检测机构指依照《检验检测机构资质认定管理办法》（2021 年修改）的相关规定，依法成立，依据相关标准或者技术规范，利用仪器设备、环境设施等技术条件和专业技能，对产品或者法律法规规定的特定对象进行检验检测，并对其所出具的检验检测数据、结果负责和承担法律责任的专业技术组织。

对从事检验检测活动的专业技术机构，CNAS 通称实验室。

【视野拓展】

管理体系标准

机构是一个复杂的系统，应建立与之相适应的管理体系。检验检测机构应建立或关联的管理体系标准主要有：

（1）《检测和校准实验室能力的通用要求》（ISO/IEC FDIS 17025：2017）；

（2）《检测和校准实验室能力的通用要求》（GB/T 27025—2019）；

（3）《检验检测机构资质认定评审准则》（国家市场监督管理总局 2023 年第 21 号公告）；

（4）《质量管理体系 要求》（GB/T 19001—2016，GJB 9001B—2009）；

（5）《环境管理体系 要求及使用指南》（GB/T 24001—2016）；

（6）《职业健康安全管理体系 要求及使用指南》（GB/T 45001—2020）；

（7）《社会责任管理体系 要求及使用指南》（GB/T 39604—2020）；

（8）《良好实验室规范原则》（GB/T 22278—2008）；

（9）《合规管理体系 要求及使用指南》（GB/T 35770—2022/ISO 37301：2021）；

（10）《检验检测机构合规性评价指南》（T/CAQI 157—2020）。

2.1 合规管理体系

2018年11月，为满足全球化合规的快速发展和迫切需求，提升各类组织的合规管理能力，促进国际贸易、交流与合作，国际标准化组织（International Organization for Standardization，ISO）基于最新的合规管理实践，启动了《合规管理体系 要求及使用指南》的制定工作，以修订并代替《合规管理体系 指南》（ISO 19600：2014）。《合规管理体系 要求及使用指南》的制定，对于各类组织的合规管理能力建设、政府监管活动、国际贸易交流、沟通合作改善等具有重要的意义。

2022年10月12日，国家市场监督管理总局、国家标准化管理委员会发布《合规管理体系 要求及使用指南》（GB/T 35770—2022/ISO 37301：2021），介绍了组织环境、领导作用、策划、支持、运行、绩效评价和改进等过程要素，为各组织在其内部提供了一套如何建立合规管理体系的指导。合规管理体系通用要素的框架构成如图2－1所示。

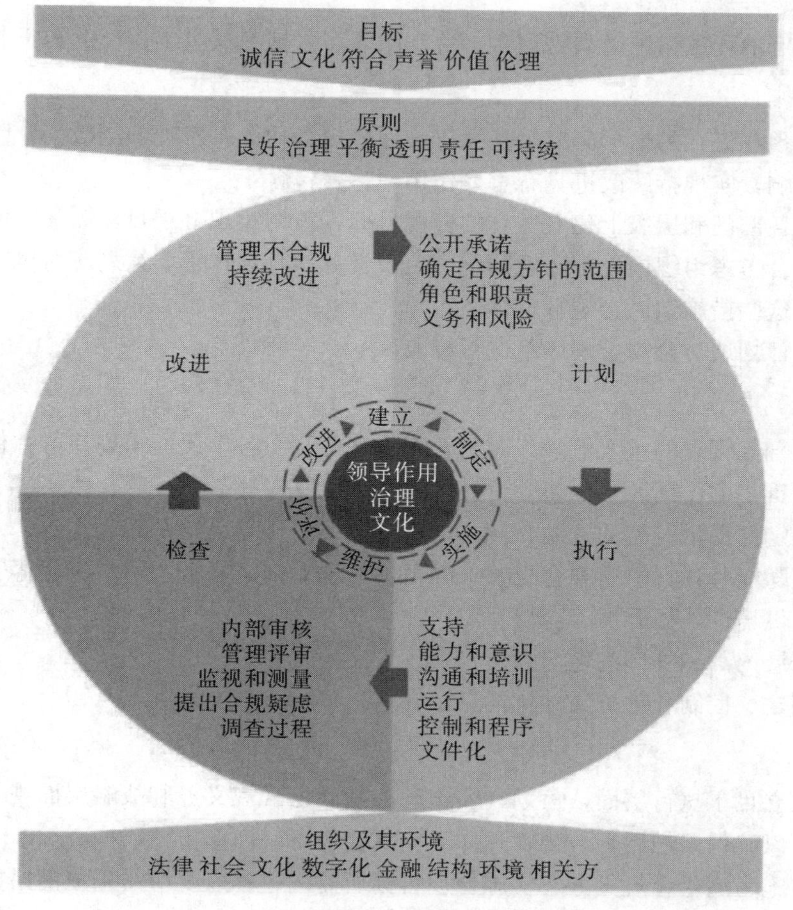

图2－1 合规管理体系通用要素的框架构成

1. 组织环境

组织所处的环境构成了组织赖以生存的基础。这些环境涉及法律法规、监管要求、行业准则、良好实践、道德标准，以及组织自行制定或公开声明遵守的各类规则。因此，建立合规管理体系，首先要对组织所处的环境予以识别和分析：

(1) 确定影响组织合规管理体系预期结果能力的内部和外部因素；

(2) 确定并理解相关方及其需求；

(3) 识别与组织的产品、服务或活动有关的合规义务，评估合规风险；

(4) 确定反映组织价值、战略的合规管理体系及其边界和适用范围。

2. 领导作用

领导是合规管理的根本，对于整个组织树立合规意识、建立高效的合规管理体系具有至关重要的作用。主要包含：

(1) 治理机构和最高管理者要展现对合规管理体系的领导作用和积极承诺；

(2) 遵守合规治理原则；

(3) 培育、制定并在组织各个层面宣传合规文化；

(4) 制定合规方针；

(5) 确定治理机构和最高管理者、合规团队、管理层及员工相应的职责和权限。

3. 策划

策划是预测潜在的情形和后果，对于确保合规管理体系实现预期效果，防范并减少不希望的影响，实现持续改进具有重要作用。主要包含：

(1) 在各部门和层级上建立适宜的合规目标，策划实现合规目标需建立的过程；

(2) 综合考虑组织内外部环境问题、合规义务和合规目标，策划应对风险和机会的措施，并将这些措施纳入合规管理体系；

(3) 有计划地对合规管理体系进行修改。

4. 支持

支持是合规管理的重要保障，对于合规管理体系在各个层面得到认可并保障合规行为实施具有重要的作用。主要包含：

(1) 确定并提供所需的资源，例如财务资源、工作环境与基础设施等；

(2) 招聘能胜任且能遵守合规要求的员工，建立岗位职责、组织纪律等管理措施；

(3) 提供培训，提升员工合规意识；

(4) 开展内部和外部沟通与宣传；

(5) 创建、控制和维护文件化信息。

5. 运行

运行是立足于执行层面，策划、实施和控制满足合规义务和战略层面规划的措施相关的流程，以确保组织运行合规管理体系。主要包含：

(1) 实施为满足合规义务、实施合规目标所需的过程以及所需采取的措施；

(2) 建立并实施过程的准则、控制措施，定期检查和测试控制措施，并保留记录；

（3）建立举报程序，鼓励员工善意报告疑似和已发生的不合规；

（4）建立调查程序，对可疑和已发生的违反合规义务的情况进行评估、调查和了结。

6. 绩效评价

绩效评价是对合规管理体系建立并运行后的绩效、有效性的评价，对于查找可能存在的问题、后续改进合规管理体系等具有重要意义。主要包含：

（1）监视、测量、分析和评价合规管理体系的绩效和有效性；

（2）有计划地开展内部审核；

（3）定期开展管理评审。

7. 改进

改进是对合规管理体系运行中发生不合格/不合规情况做出反应、评价是否需要采取措施，消除不合格/不合规的根本原因，以避免再次发生或在其他地方发生，并持续改进，以确保合规管理体系的动态持续有效。主要包含：

（1）持续改进合规管理体系的适用性、充分性和有效性；

（2）对发生的不合格/不合规采取控制或纠正措施。

组织建立合规管理体系的根本还是在于识别合规义务或合规风险，从而遵守合规承诺、开展合规管理、建立合规体系、塑造合规文化、确保和促进组织的健康发展。

2.2 创新管理体系

企业的核心竞争力所带来的竞争优势是企业生存和发展的基础，创新是企业始终保持竞争优势的重要源泉，管理与技术的创新是企业获得核心竞争力最根本的法宝，也是引领企业高质量发展的重要保障。为响应企业提升创新管理水平的需求，2008 年11 月，欧洲成立了创新管理标准化技术委员会（CEN/TC 389），致力于创新管理方面的标准化工作。CEN/TC 389 在 2013—2015 年陆续发布了《创新管理体系》（CEN/TS 16555—1）、《战略情报管理》（CEN/TS 16555—2）、《创新思维》（CEN/TS 16555—3）、《知识产权管理》（CEN/TS 16555—4）、《合作管理》（CEN/TS 16555—5）、《创造力管理》（CEN/TS 16555—6）和《创新管理评价》（CEN/TS 16555—7）等 7 个创新管理标准，随后英国、法国、西班牙等将 CEN/TS 16555 系列标准转化为本国的国家标准，并在各自国家开展创新管理体系认证工作。2013 年，国际标准化组织成立创新管理标准化技术委员会（ISO/TC 279），负责制定创新管理的国际标准。目前，ISO/TC 279 已发布 3 项国际标准，分别是 2019 年 2 月发布的《创新管理-创新伙伴关系的工具和方法-指南》（ISO 56003）、《创新管理评价-指南》（ISO/TR 56004），2019 年 7 月发布的《创新管理-创新管理体系：指南》（ISO 56002）等创新管理标准。

创新管理体系把组织所有的活动及其相互关联或相互作用的要素作为整体纳入管理，通过创新获得的增值不仅限于经济效益，还包括社会价值、环境价值等其他方面的价值。该标准仍然采用 PDCA 循环模式及高阶结构，提出建立时间管理方法、知识管理方法、战略情报管理方法与知识产权管理方法，在强调社会责任的基础上，从横向的立项、研发（或采购）、应用、后续服务，到纵向的获取、维护、应用、保护、控制等维度进行描述，为组织建立和改进创新管理体系、控制创新管理风险、开发创新管理能力、评价创新管理绩效和实现创新管理预期效果等提供通用型框架结构。

创新管理体系包含八个基本原则：价值的实现；着眼于未来的领导人；战略导向；文化；开发、开拓和应用洞察力；管理的不确定性；适应性；系统方法。与 ISO 9000 族标准体系相似，创新管理体系包含了组织环境、领导作用、策划、支持、运行、绩效评价和改进七个重要章节，但在政策制定者、培训提供者、愿景和战略、系统角色定位等方面有着显著差异。

【视野拓展】

ISO 9000 族标准体系

ISO 9000 族标准体系是国际标准化组织（ISO）在 1994 年提出的概念，是指由 ISO/TC 176（国际标准化组织质量管理和质量保证委员会）制定的所有国际标准。ISO 9000 族标准可以帮助组织建立、实施并有效运行质量管理体系，是质量管理体系通用的要求或指南。它不受具体的行业或经济部门的限制，可广泛用于各种类型和规模的组织，在国内和国际贸易中促进相互理解和信任。因此，ISO 9000 族标准也称为质量管理体系标准，主要包含以下系列标准：

（1）《质量管理体系 基础和术语》（ISO 9000：2015）；

（2）《质量管理体系 要求》（ISO 9001：2015）；

（3）《质量管理-组织质量-对实现持续成功的指南》（ISO 9004：2018）；

（4）《管理体系审核指南》（ISO 19011：2018）。

ISO 9000：2015 质量管理体系中明确地提出了七项质量管理基本原则，分别是以顾客为关注焦点、领导作用、全员参与、过程方法、改进、基于事实的决策方法（循证决策）、与供方互利的关系（关系管理）；与 ISO 9000：2000 相比，删除了“管理的系统方法”，将“持续改进”修订为“改进”。

2.3 法律地位及授权

为社会提供公证性检验检测结果，或从事公证性检验检测活动的机构必须取得相应的法律地位和/或授权，并承担相应的法律责任。法人或法人授权是体现检验检测机构法律地位的重要证明文件。

按《检验检测机构资质认定管理办法》（2021 年修改）第九条及《关于实施〈检验

检测机构资质认定管理办法〉的若干意见》对检验检测机构主体准入条件（一）～（四）的解释，以及《国家认监委办公室关于能否受理已取得资质认定证书的企业法人内设检验检测机构复查申请的复函》，除机关或者事业单位的内设机构可由法人授权取得资质认定外，其他检验检测机构在资质认定前应当取得独立法人资格。

按《检测和校准实验室认可受理要求的说明》（CNAS-EL-15：2020），申请人具有明确的法律地位，其活动应符合国家法律法规的要求。实验室在登记注册地址之外设立的经营场所，应在设立地的法定登记机关登记注册，除非法律法规另有规定。对于跨省建立实验室的申请人，要求其在当地取得注册或允许经营证明。例如在四川成都登记注册的某公司，申请认可的实验室设在西藏拉萨，则应在拉萨取得注册。

为社会出具具有证明作用的数据、结果的检验检测机构的许可由政府部门实施管理。

1. 法人

包含机关法人、事业单位法人、企业法人、社会团体法人等。

【视野拓展】

非独立法人检验检测机构及其过渡期

2020 年 4 月 13 日，河北省市场监管局印发《关于深入推进检验检测机构资质认定改革的通知》，明确指出，逐步取消检验检测机构以授权名称取得的资质认定证书，目前暂以在检验检测机构母体法人资质认定证书的名称后加备注形式保留其授权名称。允许具备集团公司条件的检验检测机构设立跨行政区域异地分场所。

《国家认监委办公室关于能否受理已取得资质认定证书的企业法人内设检验检测机构复查申请的复函》指出：“对于已经获得资质认定的生产（施工）企业以及转企改制的科研院所等单位内设检验检测机构，可继续受理其复查申请”；“过渡期不超过一个证书周期，在此期间，鼓励和引导上述企业出资设立具有法人资格的检验检测机构”；“直接从事产品生产的企业，其内设实验室开展本企业所生产产品的检验检测活动，不适用于上述规定”。

2. 地位

具有法人地位的检验检测机构应当拥有所处地位（上级机构）、性质（国有、合资、合伙、私有等）、组织机构图（各职能部门构成与关系，包含与资质认定、行业质监等外部机构关系），以及承担法律责任的独立实体的证明文件。

《市场监管总局关于进一步加强国家质检中心管理的意见》指出，非独立法人检验检测机构应当拥有法律地位证明文件、法人授权文件；其单位名称应能体现出与其控制法人的从属关系，或其名称前应冠以控制法人名称，如“国家××产品质量监督检验中心”名称统一调整为“国家××产品质量检验检测中心”，仍简称“国家质检中心”，但

“国家质检中心应当遵守国家法律法规和检验检测各项规章制度，坚持依法合规运行，确保国家质检中心活动的公正性、科学性和权威性；应当按照规定要求参加能力验证活动、上报年度工作总结和社会责任报告。国家质检中心不得擅自设立分支机构（跨省异地实验室）；不得以国家质检中心名义开展评比活动或向社会推荐其检验的产品，不得对其检验的产品通过监制、监销等方式参与产品经营活动；不得以国家质检中心名义承担商业委托检验活动；不得单独以国家质检中心名义对外出具检验检测报告；不得违规向企业收费。承担产品质量监督抽查、风险监测、强制性产品认证指定检测等政府任务的国家质检中心，应当严格遵守有关管理规定和行为规范要求，确保检验检测数据的真实性、准确性和保密性”。

2021 年 7 月 15 日，国家市场监督管理总局办公厅发布《关于国家产品质量检验检测中心及其所在法人单位资质认定等有关事项的通知》（市监检测发〔2021〕55 号），要求自 2022 年 1 月 1 日起，相关检验检测机构不得单独以国家质检中心名义对外出具检验检测报告，应当由国家质检中心所在法人单位对外出具检验检测报告，使用所在法人单位的资质认定标志，并加盖所在法人单位的公章或者检验检测专用章，允许在检验检测报告上体现与检验检测项目对应的国家质检中心名称。

3. 授权

具有上级控制法人的检验检测机构（无论其自身是否是独立法人），必须取得其独立开展检验检测活动，不受来自上级机构及其从属部门之间的行政与经济的干扰承诺，在其授权范围内独立开展检验检测活动。法人检测机构的分支机构、派出机构属于法人的组成部分，不具有独立责任能力，其经营活动必须在法人授权范围内进行，参与民事活动时须同时取得所属法人机构授权。

非独立法人检验检测机构的各级各类质检中心、中心实验室、工程实验室等内设实验室，须经所在法人单位授权其独立运作，所需资源由其控制法人提供，但具有完全的调配和使用权；非独立法人检验检测机构的派出机构，须取得非独立法人检验检测机构的授权。

4. 组织机构图（组织结构图）

组织机构图是直观地表达检验检测机构所处地位的证明文件，除在体系中明确外，还应当对外公布。在组织机构图中，除内部管理层级架构外，还应包含外部关系，尤其是与资质授予部门、政府质量监管部门之间的关系。

2.4 建立三大管理体系

被誉为现代管理学之父的彼得·德鲁克说过，管理的实质是建立原则，表现的是标准化、流程化和网格化。管理就是要建立标准、把握尺度、讲求规范，表现为工艺标准化、程序标准化、作业标准化以及工作术语标准化等，把人的行为和意识巧妙地嵌入标准内，形成其独特的核心基因；管理应建立流程、厘清思路、讲求次序，把一个个分散的点（标准）转变成一条条连贯的链（流程）；管理应建立网格化、格式化理念，分工明确，责任到人，责权利相辅相成，将管理的科学化和管理的人性化有机地融合在一起，形成一套完善的管理体系。

在这个科学的管理体系下，检验检测机构通常又分解成三大管理体系，从而明确行政管理体系、技术管理体系、质量管理体系之间的相互协作关系。

1. 行政管理体系——保障作用——支持性（资源保障）服务体系——组织机构图

检验检测机构成立后，首先应明确并建立行政管理体系，具体包含法律地位的维持、法律责任的承担、机构的设置、检验检测活动范围的规定，以及明确机构人员的责任、权力和相互关系，确保管理体系的完整性，保证客户和所有相关方的沟通顺畅，制订工资绩效及其奖惩制度等。

2. 技术管理体系——主线作用——全过程管理——程序文件、作业指导书、规范样表（记录和报告）

技术管理体系是利用人员、环境、设施设备、计量溯源、外部供应品和服务等资源，将客户的需求转化为输入，通过合同评审、分包、方法选择、抽样、样品处置、结果质量控制等检验检测活动得出数据和结果，形成报告的全过程管理，是为机构创造效益、实现价值的最充分、最显著体现，是机构全过程管理的主线。简单地讲，技术管理就是指自识别客户需求开始，到检验检测活动的进行及报告（产品）的发出为止的一系列活动。

3. 质量管理体系——保证作用——保证技术管理体系、规范行政管理体系——质量手册、程序文件

检验检测机构应当首先明确机构的质量方针、质量目标，以及为维护质量方针和质量目标顺利实现而进行的质量策划、质量控制、质量保证、质量改进等一系列的质量管理体系文件，对保证技术管理体系的有效运行、规范行政管理体系的有效运作具有强化和促进作用。

检验检测行业通常所说的管理多数指质量管理，即检验检测机构在开展检验检测活动时与工作质量有关的相互协调的活动。质量管理通常包括质量方针、质量目标，以及开展质量策划、质量控制、质量保证和质量改进等所进行的一系列管理活动，是建立在ISO/IEC 17025基础之上的认证认可实验室管理体系。

行政、技术和质量管理体系都深刻地体现了ISO 9000体系的质量管理思想，也是机构全方位、全过程管理的灵魂和指导思想。

2.5 建设高标准市场体系行动方案

2018年7月20日，国家市场监督管理总局等八部门联合发布了《关于实施企业标准“领跑者”制度的意见》（国市监标准〔2018〕84号）。企业标准“领跑者”制度是

通过高水平标准引领，增加中高端产品和服务有效供给，支撑高质量发展的鼓励性政策，对深化标准化工作改革，推动经济新旧动能转换、供给侧结构性改革和培育一批具有创新能力的排头兵企业具有重要作用。党的十九大指出，要支持传统产业优化升级，加快发展现代服务业，瞄准国际标准提高水平；《中共中央国务院关于开展质量提升行动的指导意见》（中发〔2017〕24 号）明确提出实施企业标准“领跑者”制度。为强化标准引领作用，促进质量全面提升，坚持以推进供给侧结构性改革为主线，以创新为动力，以市场为主导，以企业产品和服务标准自我声明公开为基础，建立实施企业标准“领跑者”制度，发挥企业标准引领质量提升、促进消费升级和推动我国产业迈向全球价值链中高端的作用，更好地满足人民对美好生活的需要。

2021 年 1 月 31 日，中共中央办公厅、国务院办公厅发布了《建设高标准市场体系行动方案》，要求各地区各部门结合实际认真贯彻落实。建设高标准市场体系是加快完善社会主义市场经济体制的重要内容，对加快构建以国内大循环为主体、国内国际双循环相互促进的新发展格局具有重要意义。该方案涉及检验检测领域的有以下几方面。

1. 完善质量管理政策措施

完善强制性产品认证制度，建立科学合理的认证目录动态调整机制。

2. 优化企业标准“领跑者”制度

推动第三方评价机构发布一批企业标准排行榜，引导更多企业声明公开更高质量的标准。修订企业标准化管理办法，整合精简强制性标准。

3. 深化竞争规则领域开放合作

促进内外贸法律法规、监管体制、经营资质、质量标准、检验检疫、认证认可等相衔接。推动检验检测认证与海外投资、产能合作项目紧密对接，加强国际合格评定人才培养，主动参与认证认可有关国际标准和规则的制定。

4. 推动消费品国内外标准接轨

在医用电器、消毒用品、智能照明电器、家用电器、学生用品、婴幼儿配方食品等领域制定、修订一批国家标准及其检测方法，加大国际标准采用力度。实施内外销产品同线同标同质工程，在消费品领域积极推行高端品质认证。

5. 发挥行业协会商会作用

鼓励行业协会商会制定发布产品和服务标准，参与制定国家标准、行业标准、团体标准及有关政策法规。

6. 发挥市场专业化服务组织的监督作用

在全国范围内推行检验检测机构资质认定告知承诺制度，深化检验检测机构和认证机构市场化改革，促进第三方检验检测机构和认证机构的发展。

坚持和加强党对高标准市场体系建设的领导，增强“四个意识”、坚定“四个自信”、做到“两个维护”，把党的领导贯穿高标准市场体系建设全过程，确保改革始终沿着正确方向前进。各地区各部门要充分认识建设高标准市场体系的重要意义，按照职责分工，完善工作机制，积极主动作为，破除本位主义，增强合作意识，认真抓好行动方案落实工作，支持有条件的地区开展高标准市场体系示范建设。国家发展和改革委员会（以下简称发展改革委）、国家市场监督管理总局、国家商务部负责统筹协调有关任务落实，及时对行动方案落实情况进行跟踪评估和督促指导，推动各项工作落到实处，重要情况及时按程序请示报告。

2021 年 3 月 16 日，国家发展改革委联合国家市场监督管理总局等部门印发了《关于加快推动制造服务业高质量发展的意见》（发改产业〔2021〕372 号），进一步指出要加快检验检测认证服务业市场化、国际化、专业化、集约化、规范化改革和发展，提高服务水平和公信力，推进国家检验检测认证公共服务平台建设，推动制造业产品和服务质量提升。

2021 年 6 月 15 日，国家市场监督管理总局再度发布《2021 年度实施企业标准“领跑者”重点领域》（2021 年第 22 号），将检测服务列为专业技术服务业实施企业标准领跑者重点领域。

【视野拓展】

检验检测服务机构“领跑者”

2020 年 12 月 16 日，中国检验检测学会联合中国标准化研究院、中国质量认证中心、中国计量科学研究院、中国检验检疫科学研究院、中国家用电器研究院、中国特种设备检验协会、中国信息通信研究院等多家单位起草并发布了《标准“领跑者”评价通则 检验检测服务机构》（T/CITS 0001—2020）团体标准。该标准自 2021 年 1 月 1 日起实施。

该标准对检验检测服务机构“领跑者”建立了评价通用要求，该通用要求共有三个指标，分别是基础指标、核心指标以及创新性指标。其中基础指标在法律法规标准执行力、人员素质、技术要求、管理要求、社会公平方面设定符合性要求；核心指标在检验检测能力、服务能力方面按基准水平、平均水平、先进水平设定量化指标；创新性指标在科研创新能力、行业影响力方面按平均水平、先进水平设定指标。

陕西省市场监督管理局随后也发布了《企业技术创新管理体系要求》（DB61/T 1429—2021）。该要求自 2021 年 3 月 2 日起实施，对指导企业技术创新管理、推进品质品牌建设、强化企业在技术创新中的主体地位、增强企业核心竞争力具有重要的指导作用。

【视野拓展】

区域品牌培育与建设及其价值评价

2021 年 3 月，国家市场监督管理总局、国家标准委发布《区域品牌培育与建设指南》（GB/T 39904—2021）和《区域品牌价值评价产业集聚区》（GB/T 39905—2021）

两项推荐性国家标准，并定于10月1日起正式实施。

培育区域品牌并不断提升区域品牌价值，发挥其规模效应，已成为推动区域经济发展的有效途径，越来越受到国内外各级政府的重视。“十四五”期间，我国经济社会发展将以推动高质量发展为主题，以推动产业基础高级化与产业链现代化为目标，培育和发展具有特色优势的产业集群，加强区域品牌建设，进而增加优质产品供给，是实现高质量发展、更好满足人民群众对美好生活需要的重要抓手。

《区域品牌培育与建设指南》立足于国内外典型区域品牌成长案例与产业集群发展理论研究，给出了区域品牌培育与建设的一般方法与途径；《区域品牌价值评价产业集聚区》则通过对多周期超额收益法等多种品牌评价模型进行深入研究，再结合我国产业集聚区的发展现状及特点，给出了产业集聚区的区域品牌价值测算模型、品牌强度影响因素和测算过程等评价要素。两项标准的发布和实施将有利于地方政府依托产业集群优势，打造特色鲜明、竞争力强、市场信誉好的区域品牌。

检验检测作为战略性新兴产业和高技术服务业，对提高产业技术创新、促进产业质量提升具有重要作用。为贯彻党中央、国务院关于开展质量提升行动的部署要求，充分发挥检验检测在产业优化升级中的作用，在国家市场监督管理总局的指导下，以自主、自愿、合规为原则，中国航空综合技术研究所等17家检验检测机构、行业协会、科研院所和生产企业，于2021年6月9日在“世界认可日”主题活动上共同发起成立检验检测促进产业升级创新联盟。

该联盟以加快建设制造强国、质量强国，推动先进制造业和现代服务业深度融合发展为宗旨，以促进产业技术创新和质量提升为目标，立足我国产业高质量发展需求，围绕制约产业发展的“难点”“痛点”共性问题，搭建集产学研用测为一体的检验检测协同创新平台，引领和支撑产业创新发展。在联盟成立仪式上，中国航空综合技术研究所党委书记孙东伟代表联盟发出优化服务模式、深耕专业技术、完善公共服务、夯实产业基础、强化人才培养、开展政策研究、深化国际合作、加强协同创新等八项倡议。联盟将积极响应国家市场监督管理总局的倡导和政策指引，共同为检验检测高质量发展贡献力量。

联盟成立后，将聚焦高新技术产业和战略性新兴产业发展，在航空、工业芯片、新能源、新材料、北斗导航、新能源汽车、轨道交通、智能家电等领域加强协同创新，着力扬优势、补短板、强弱项，不断提升公共服务能力，推动产业优化升级。

2023年4月，在四川省德阳市市场监督管理局的指导下，40余家检验检测单位联合发起成立德阳市检验检测联盟。该联盟涉及质量、计量、特种设备等十大行业领域，按照“政府引导、多方参与、资源共享、风险共担、互利共赢”的原则，以推动德阳先进制造业和现代服务业深度融合发展为宗旨，以促进产业技术创新和质量提升为目标，建立全市检验检测技术公共服务平台，为企业提供检验检测、技术咨询、标准查询、仪器共享等系列服务，为质量强市提供技术支撑。同时，搭建集产学研用测为一体的检验检测协同创新平台，引领和支撑产业创新发展，共同推进德阳检验检测行业市场化、社会化和国际化发展。

2.6 “三原则”和“两要求”

检验检测机构及其人员从事检验检测活动，应遵守国家相关法律法规的规定，遵循客观独立、公平公正、诚实信用原则，恪守职业道德，承担社会责任，即人们常说的“三原则”和“两要求”。

公正性包含了是否有影响其检验检测活动公正性的经营项目；诚信性则包含了识别影响公正诚信的风险，坚持诚信守法检验检测，实行检验检测事务公开。我国检验检测诚信建设的规范主要有《检验检测机构诚信基本要求》(GB/T 31880—2015)、《检验检测机构诚信评价规范》(GB/T 36308—2018)。检验检测是国家质量基础（NQI）的重要组成部分，检验检测机构从业人员是检验检测机构提供服务的主体。2021 年 4 月 28 日，国家市场监督管理总局正式出台了《检验检测机构监督管理办法》(国家市场监督管理总局令第 39 号)，对检验检测机构及其人员从事检验检测活动更加明确地提出了“三原则”和“两要求”；2021 年 5 月 21 日，国家市场监督管理总局、国家标准化管理委员会联合发布了《检验检测机构从业人员信用档案建设规范》(GB/T 40149—2021)，自 12 月 1 日起实施，为检验检测机构从业人员信用档案的建设提供指导，完善检验检测机构从业人员信用管理体系建设，促进检验检测机构实现传递信任、提升公信力和信用品牌构建的目标，该标准规定了检验检测机构从业人员信用档案的建设原则、建设内容、信息来源、信息项及其要求、建设与管理、使用与共享等内容，进一步落实了“三原则”和“两要求”的具体工作方法。

2.7 公正性和诚信度

检验检测机构必须建立和保持维护其公正和诚信的程序，检验检测机构及其人员应不受来自内部或外部的，不正当的商业、财务和其他方面的压力和影响，确保检验检测结果真实、客观、准确和可追溯，并形成长效机制。国家市场监督管理总局发布的《市场监督管理严重违法失信名单管理办法》(国家市场监督管理总局令第 44 号）第二条指出，“当事人违反法律、行政法规，性质恶劣、情节严重、社会危害较大，受到市场监督管理部门较重行政处罚的，由市场监督管理部门依照本办法规定列入严重违法失信名单，通过国家企业信用信息公示系统公示，并实施相应管理措施”；对“出具虚假或者严重失实的检验、检测、认证、认可结论，严重危害质量安全；伪造、冒用、买卖认证标志或者认证证书；未经认证擅自出厂、销售、进口或者在其他经营性活动中使用被列入强制性产品认证目录内的产品”的，均将列入严重违法失信名单。

2021 年 4 月 30 日，国家市场监督管理总局联合国家标准化管理委员会共同发布了《检验检测机构诚信报告编制规范》(GB/T 39663—2021)。该规范规定了检验检测机构诚信报告编制的基本原则、报告内容及格式，适用于检验检测机构编制《检验检测机构诚信自评报告》，专业诚信评价机构可受市场监管部门或有关部门委托，依据该规范对《检验检测机构诚信自评报告》的真实性进行诚信核查和核验。政府采购、招标投标、行政审批、市场准入、资质审核、建立诚信档案、分类监管等事项中可参考使用。

《检验检测机构诚信报告编制规范》（GB/T 39663—2021）是《检验检测机构诚信基本要求》（GB/T 31880—2015）和《检验检测机构诚信评价规范》（GB/T 36308—2018）的重要保障和补充，它们共同构成了检验检测行业诚信标准体系的基础，对检验检测机构主动落实主体责任，进一步提升检验检测机构诚信建设水平和诚信度，为检验检测机构开展诚信建设工作提供了操作规范。

在检验检测机构主动落实主体责任的情况下，专业诚信评价机构可受市场监管部门或有关部门委托对其真实性进行诚信核查和核验，为监督检查、日常监管以及在政府采购、招标投标、行政审批、市场准入、资质审核等事项提供技术支撑。检验检测机构诚信报告分为检验检测机构诚信自评报告和检验检测机构诚信评价报告两种形式。

为确保检验检测机构的公正与诚信，在履职过程中，检验检测机构应当做到以下几方面。

1. 与关联机构或部门的关系处理

当检验检测机构所属法人单位的其他部门从事与其所承担的检验检测项目相关的研究、开发和设计时，检验检测机构应明确其职责，确保各项活动不受其所属单位其他部门的影响，保持机构的独立和公正。

2. 自律承诺

检验检测机构应在其官网、办公场所或其他适宜地点，对公平公正、诚信履约、廉洁自律等作出公开承诺；检验检测人员应以合同或声明（包含机构官网）等方式，承诺不同时在两个及以上检验检测机构从业，以及是否建立检验检测机构及其从业人员诚信档案，适时进行诚信测评，档案数据信息是否不可篡改、不可伪造、可追溯等，确保其从业人员具有较强的诚信意识、履约愿望与履约能力。

从主动发布诚信声明、诚信报告、检验检测机构社会责任报告或诚信评价报告，主动接受社会监督，主动参与诚信建设试点工作，主动参与合规性评价和（或）诚信度测评，主动参加检验检测领域诚信标准制（修）订工作，以及从检验检测机构对诚信要素的识别、评价、监控方面描述，包括是否建立守信激励、失信惩戒机制，对社会及相关利益方承担的责任，如经济、法律、公益和慈善等，分析判断机构及其人员实现公平公正与诚信自律的意愿。

3. 检验检测机构的实力

从注册资本实缴到位率、资金来源、银行存款、应收应付账款、资产与负债等方面分析资金支撑能力及赔偿能力，确保检验检测机构兑现公正与诚信的能力。

4. 技术能力

从检验检测机构人员数量与能力、设备与环境配置及管控能力、样品管理、标准方法管理、能力验证、报告证书管理等方面分析其检验检测技术服务能力，确保其兑现技术服务的能力。

5. 质量管理能力

从组织、管理体系、独立性和公正性、人员管理、记录控制、客户服务、采购、诚信文化、诚信保障等方面，分析其检验检测服务保证能力。

6. 风险评估与风险控制

检验检测机构应建立风险评估与风险控制管理程序，明确风险（点）识别、风险评估、风险处置和风险监控内容，并结合实际情况，识别和规避显现的或潜在的各种风险，并对其进行科学评价。

检验检测机构应在其成立初期，或其成长成熟期、规模扩张期进行必要的风险识别和风险评估，并将风险管控情况（报告）提交管理评审。

如检验检测机构一旦遭遇到因风险造成的损失或后果，或虽未造成损失或后果但有相关案例可能对本机构具有显著的警示效应，检验检测机构应当启动风险识别和风险评估，并召开管理评审会议。

2.8 保护客户机密和所有权

检验检测机构应建立保护客户机密和所有权的程序，正确认识客户资源并尊重和保守客户秘密。客户资源既包含有形的资源，也包含无形的资源，检验检测机构及其人员必须在法律规定的范围内保守其可能获得的所有的客户秘密，并尊重客户的所有权。

（1）无论是检验检测机构自有人员还是其他客户，应对进入检验检测现场、涉及记录/报告管理的计算机安全系统、传输技术信息、保存检验检测记录和形成检验检测报告等环节制定和实施保密措施。如在操作室设置检测区和观察区，一是预防可能涉及其他客户的样品及其检测结果信息的泄漏，二是确保观察人员安全等。

（2）客户的样品、图纸、技术资料，以及在检验检测活动进行过程中获得的需要为客户保密的信息均属于客户的财产，检验检测机构有义务保护客户财产的所有权。必要时，检验检测机构应与客户签订具有法律效力的协议，对检验检测过程中获得或产生的信息，以及来自监管部门和投诉人的信息承担保密责任。

（3）检验检测机构必须认真对待本属于客户的财产或资源，对客户委托机构进行检验检测活动的财产或所提供的资源，机构应按法律法规或合同规定，具有保密和有效保存的职责和义务，对检后样品的处置应当取得客户的授权，并保存相关记录。

检验检测机构在运用公用或内部网络、计算机信息系统（包含仪器设备自带的自动化检测软件和用于办公的计算机信息系统、监控系统等）实施检验检测、数据传输或者对检验检测数据和相关信息进行管理时，应当具有保障安全性、完整性、正确性的措施。

《中华人民共和国保守国家秘密法》《中华人民共和国保守国家秘密法实施条例》《中华人民共和国反不正当竞争法》《中华人民共和国数据安全法》及《检验检测机构保护客户秘密实施指南》（DB51/T 2874—2022）指出，每一个中华人民共和国公民，对其所知悉的国家秘密、商业秘密和技术秘密均负有保密义务。维护国家安全和利益，保障改革开放和社会主义建设事业的顺利进行，促进社会主义市场经济健康发展，鼓励和保护公平竞争，制止不正当竞争行为，保护经营者和消费者的合法权益，任何以电子或者其他方式对信息的记录，包括数据的收集、存储、使用、加工、传输、提供、公开等数据安全处理，必须采取必要措施，确保属于国家秘密、商业秘密和技术秘密的信息、数据处于有效保护和合法利用的状态，以及具备保障持续安全状态的能力；将保障数据安全提升到了保护个人及组织的合法权益、维护国家主权、安全和发展利益的高度，对涉及客户秘密的过程识别、涉密人员、涉密载体及风险等进行了细致明确的规定。

2.9 派出机构管理

对于涉及多场所、临时场所、分支机构的检验检测机构，应建立和保持派出机构或分支机构管理程序，以确认各场所或分支机构、派出机构与母体机构管理体系之间的关系和管理要求，母体管理体系组织机构图应反映出各场所或分支机构、派出机构的层级关系。

内审、管理评审、监督检查和内部质量控制等应覆盖检验检测机构的各场所及其分支机构、派出机构。

2.10 检验检测机构的主体责任

按照《国务院关于加强质量认证体系建设促进全面质量管理的意见》(国发〔2018〕3号)，要严格落实从业机构对检验检测结果的主体责任、对产品质量的连带责任，健全对参与检验检测活动人员的全过程责任追究机制。《检验检测机构监督管理办法》第五条明确规定，检验检测机构及其人员应当对其出具的检验检测报告负责，依法承担民事、行政和刑事法律责任。

《中华人民共和国刑法》《中华人民共和国行政许可法》《中华人民共和国产品质量法》《中华人民共和国食品安全法》等多部上位法规定，检验检测机构及其人员应当对其所出具的检验检测报告负责，除应当承担行政法律责任外，还须依法承担民事责任。构成犯罪的，依法承担刑事责任。

1. 民事法律责任

《中华人民共和国民法典》第一千一百六十八条规定："二人以上共同实施侵权行为，造成他人损害的，应当承担连带责任。"我国现有法律法规中明确检验检测机构民事赔偿责任的规定有三种类型：一是明确食品检验机构因虚假检验行为造成损害承担连带责任（见《中华人民共和国食品安全法》第一百三十八条第三款）；二是明确机构因虚假或不实检验检测承担损害赔偿责任（见《中华人民共和国产品质量法》第五十七条第二款、《中华人民共和国消防法》第六十九条）；三是机构涉及虚假宣传或虚假广告承担连带责任（见《中华人民共和国产品质量法》第五十八条、《中华人民共和国消费者权益保护法》第四十五条）。

2. 刑事法律责任

一是提供虚假证明文件罪，二是出具证明文件重大失实罪。

3. 行政法律责任

《检验检测机构资质认定管理办法》（2021年修改）、《检验检测机构监督管理办法》也有承担行政法律责任的相关规定，主要包括：责令限期改正；罚款；撤销、吊销、取消检验检测资质或者证书。

3 人 员

检验检测机构应建立完善的人事管理制度，并在现行体制和法律框架下与全体工作人员建立劳动、聘用或录用关系，明确其责、权、利，以及任职要求和工作关系。

检验检测机构应配置满足其检验检测能力的管理与技术人员，人员的数量和能力应与其工作量相匹配，尤其是从事技术管理和技术操作的人员的资质和能力是否胜任其所从事的检验检测岗位，是否经过能力确认后持证上岗，其他管理人员和关键支持人员是否胜任其所在岗位工作。这是检验检测机构必须长期重视的一项工作。

检验检测机构的所有人员在从事与检验检测相关的活动前均应取得授权。对检验检测人员的授权应重点强调其所从事的检测领域。检验检测人员应经过培训、考核，并进行经历、能力等各方面的综合评价后确定能否授权。政府机关、国有企事业单位多采用红头文件方式确认授权，对于人员相对比较稳定的检验检测机构，也可以直接在体系文件中予以明确。

3.1 建立卓越的管理层

3.1.1 管理层与领导作用

管理层是检验检测机构有效开展经营活动并良好运行的核心，在管理体系的运行中起领导作用，是检验检测机构各项资源的提供者和维护者，是开展检验检测活动，实现独立性、客观性、公正性检验检测活动的承诺者。管理层负责检验检测机构管理体系的建立和有效运行，负责制定质量方针和质量目标，以及为实现预期目标而开展的各项活动。

领导是领导者（核心管理层）为实现目标而运用权力向下属施加影响力的行为或行为过程。领导应充分发挥其影响，为下属创造实现目标的环境。

管理层对管理体系的有效性承担责任，管理体系的策划、实施、保持和持续改进都需要管理层强有力的领导和推动。没有领导的参与和支持，管理体系不可能有效运行或发挥作用；没有高瞻远瞩的站位，机构难以获得持续健康发展的动力。

风险是指在某一特定环境下，在某一特定时间内，某种损失发生的潜在可能性。管理层应基于风险的思维，运用过程方法建立管理体系，对机构所处的内外部环境进行分析，对风险进行评估和处置。这是管理层最重要的职责。

在管理层中，最高管理者负责提供确保检验检测机构技术与质量运作所需的各项资源。技术负责人负责技术管理体系的建立、运行和检验检测活动的正常开展等全面工作，机构应规定其资质资格、职责权限等要求。质量负责人的管理职责一般包含两个方面：对内，负责体系运行维护、文件控制、不符合及其纠正/预防措施的组织处理和实施、内部审核、内部监督等；对外，负责外部审核前的准备、接待、客户满意度调查、客户投诉处理、分包方质量审核等工作。

3.1.2 最高管理者

最高管理者是检验检测机构的灵魂，质量方针的制定者，质量目标的审批人，各项资源的保障人，负责检验检测机构内各岗位职责、权限的分配，负责组织和主持管理评审。

【视野拓展】

最高管理者

一、任职资格

(1) 能高效地配置实验室合规运行所需的各类资源，以保证实验室管理的有效性、行为的公正性和数据的准确性。

(2) 熟悉数据质量责任及处罚规定，掌握实验室安全管理要求，能落实安全生产和确保工作人员的人身安全。

(3) 熟悉管理评审的意义和管理评审流程，主持召开管理评审会议，落实管理评审输出改进措施。

二、工作职责

(1) 全面组织、主持检验检测机构的管理工作。依照法律法规、标准规范要求，结合机构实际，有效建立、实施管理体系并持续改进其有效性，确定质量方针和目标，批准质量手册、程序文件、质量体系评审计划和报告，负责管理体系评审及对不适应发展的制度和程序的改进。

(2) 审定和签发机构内、外部文件及上报材料，建立管理体系有效运行沟通机制，保证将管理体系中的各项要求传达给全体员工，并得以贯彻执行，确保管理体系实现其预期结果。

(3) 任命技术负责人、质量负责人和其他关键岗位人员，并赋予其相应的权力和资源；任免中层管理人员，聘用或解聘一般人员，并对以上人员进行工作考核。

(4) 制订生产管理、经营拓展、企业建设、行政人事管理、资产管理等各项工作计划，并安排落实，确保完成年度经营目标。

(5) 制定公司重大经营、对外投资方案，负责人员、设备、资金的调配，达到提高效率、降低成本的目的。

(6) 建立完善的管理制度，实行严格的制度化管理；组织、安排、督促公司各部门按照职责要求高效有序开展工作，及时解决工作中出现的问题。

(7) 协调处理好与行业主管单位、业务协作单位、用户单位之间的关系，确保各部门及全体员工的团结协作。

(8) 强化员工的质量安全意识，加强员工思想教育，确保不发生重大质量事故、安全事故，不发生治安事故。

对于独立法人检验检测机构，最高管理者有两种：一种是机构的最大控股人，相当于董事会或董事长，负责机构方针、目标的制定和发布，资源的提供和保障，参与机构管理评审；另一种是董事会或董事长授权下的总经理（或职业经理人），负责执行董事会（长）的决定，以及方针、目标的实现，组织、主持机构的管理评审。

因此，最高管理者可以是个人，也可以是团体。

【视野拓展】

管理者代表

管理者代表是ISO 9000标准的专用名词，它特指推行ISO 9000的组织中主管质量管理体系的高层管理人员，是组织内最高管理层中的一员（可以兼职）。管理者代表由公司总经理任命，在质量管理体系范围内，可直接代表总经理协调、指导工作。新版的ISO 9001：2015取消管理者代表一职，改由最高管理者直接对体系的有效性负责。

3.1.3 技术负责人

对于检验检测项目/类别较多的，或覆盖领域较广，或涉及的检验检测活动技术难度或操作较复杂的检验检测机构，宜设置总技术负责人（或总工程师）负责制度，下设能够代表各专业分工的总工办或技术委员会，以指导检验检测活动的正常开展。

检验检测机构的技术负责人可以是1人，也可以是多人，应以是否能够覆盖检验检测机构不同的技术领域为设立宗旨。对于检验检测领域覆盖范围较广的机构，宜采取总工程师领导下的技术委员会工作制度，或总技术负责人工作制度。

一般情况下，技术负责人应具有中级及以上相关专业技术职称或者同等能力，能胜任所承担的工作，是检验检测机构技术活动良好运行的组织者和执行者。

技术负责人的管理职责主要包含两个方面：一是全面负责实验室的技术活动运作，包括重大技术问题的决策、检验技术的开发与应用、设备操作指导书以及各种技术类文件的审批、技术人员技术能力的确认等；二是确保实验室运行质量所需资源（人力资源、物质资源、信息资源等）的供应和提供技术保证。

在实验室认可领域，如建材和建设工程实验室，对技术管理者还有更高的要求，具体可参见《检测和校准实验室能力认可准则在建设工程检测领域的应用说明》（CNAS-CL01-A018：2021）、《检测和校准实验室能力认可准则在建材检测领域的应用说明》

（CNAS-CL01-A022：2021）等。

【视野拓展】

技术负责人

一、任职资格

（1）具备相应的工作经历和责权利。

（2）掌握所负责检验检测范围内相关专业知识、分析测试方法、质量控制方法、不确定度评定方法，熟悉所涉及技术领域内相关技术规范要求，检测标准和检测方法原理，能够选择符合要求的检测设备和检测方法，对机构的技术管理工作负总责，确保出具的检测结果的真实、准确和可靠。

（3）掌握计量溯源、数据处理、报告审核和出具、方法选择和验证，能开展相关技能或知识的培训和考核工作。

（4）掌握所涉及技术领域内设备设施的原理、性能参数及安装要求，能够根据拟开展的检测工作进行设备设施的选型和配置，能够进行仪器设备原理及使用维护的培训。

（5）掌握所涉及技术领域场地布局、装修、环境条件要求，以及安全、防护、救护基本知识，能够根据拟开展的检测工作对工作区进行设计和规划。

二、工作职责

（1）全面负责技术管理工作，贯彻执行《检验检测机构资质认定评审准则》（或CNAS-CL01：2018）及其相关要求，持续改进管理体系的有效性。

（2）负责技术作业指导书、技术记录表格/报告，以及第三层次文件的建立和批准，负责相关体系文件的审核。

（3）负责新开展项目的提出、论证审批，组织有关人员解决检验检测活动中的技术问题、质量事故，并保证资源的提供。

（4）制定年度培训计划、考核计划，审批年度质量监控计划、参加能力验证计划与实验室间比对计划，审批期间核查计划、核查方案、作业指导书及不确定度报告等。

（5）负责环境设施的配置、改造或维修报告的审批，制订技术改造措施和方案，负责规划措施的论证和审定。

（6）负责对从事检验检测活动的人员技术能力和水平及其资格的确认。

（7）批准允许偏离的申请，审批分包方评审结论和合格供方名册，审核供应品和服务采购申请中的技术内容。

（8）主持不符合工作的评价，审批仪器设备周期检定、校准计划，确保量值溯源。

3.1.4 质量负责人

质量负责人一般只有1人，全面负责质量管理体系的建立、实施、维护、保持等，应具有中级及以上相关专业技术职称或同等能力，胜任所承担的工作；负责组织、主持体系内审。

【视野拓展】

质量负责人

一、任职资格

（1）掌握资质认定和/或实验室认可相关法规、准则、规则、应用说明的要求，具有建立实施和保持质量管理体系的能力。

（2）熟悉资质认定和/或实验室认可申请的流程、提交文件资料的要求、现场评审的流程，能够组织资源以应对资质认定和/或实验室认可的迎审、监督等现场评审工作。

（3）熟悉实验室质量管理活动的内容和程序，具备策划内部审核、配合外部审核、协助管理评审，以及开展质量监督、人员培训、质量控制，组织对已发现或潜在的问题/不符合项进行整改、预防、纠正等活动，具有持续改进和优化实验室工作流程的能力。

二、工作职责

（1）全面负责质量工作管理，贯彻执行《检验检测机构资质认定评审准则》《检测和校准实验室能力认可准则》及其相关要求，持续改进管理体系的有效性。

（2）负责体系文件的建立、实施、维护、保持等工作，同时负责贯彻执行；审核质量记录，批准对过期作废文件的销毁。

（3）制订内部审核计划，报最高管理者批准，并组织实施内部审核。在内审过程中，负责内审组成员分工、批准现场审核计划，审核内审报告。对于不符合项，应严格按《不符合工作控制程序》《纠正措施程序》等要求进行整改，并在规定时间内完成，以及落实跟踪验证，审查相关整改记录，并输入管理评审。

（4）组织质量监督。按照监督计划实施日常监督与重点监督，通过定期和不定期查阅记录和报告、旁站观察、提问考核等方式进行日常监督；对重要操作过程、关键环节、主要步骤、新上岗人员、客户申诉和投诉、能力验证和内外部比对、现场考核项目进行重点监督，并做好相应的监督记录。发现不符合应立即进行处置，必要时停止当事人的检验检测活动。

（5）随时关注和抽查各部门在日常检测过程中的规范化程度和检测流程执行情况，包括资料整理、检测规范化，发现有不符合应及时制止并发出整改通知，事后跟踪验证，直至满足要求。

（6）以顾客为关注焦点，负责落实客户的申诉和投诉，并根据申诉、投诉内容和涉及部门、人员，本着积极、认真、公正、负责的态度进行调查核实；对涉及检测结果的申诉，应会同技术负责人进行调查，给出处理建议报最高管理者批准，并将处理结果输入年度管理评审。

（7）会同领导和技术负责人迎接外部审核，对于外审中发现的不符合，要责成相关部门和人员严格按要求进行整改并跟踪验证，整理出完整的整改资料。

（8）配合管理评审。管理评审是检验检测机构最高管理者组织实施的，对检验检测机构质量管理体系的适宜性、充分性和有效性进行的一次综合衡量，以确保质量方针和质量目标的实现和满足客户的要求。质量负责人要协助最高管理者做好评审前的准备工作，包括编制管理评审计划。对于管理评审报告中的质量改进，质量负责人审核后应进行跟踪和验证。

（9）纠正措施的审批和验证。对于在质量管理体系运行中发生的不符合和偏离的原因，为防止以后再发生类似情况，质量负责人应审批相关部门及相关人员制定的纠正和预防措施，并加以落实验证。

（10）调查核实违规行为，制订质量考核奖惩方案。为了确保检验检测机构在检测能力、公正性、诚实性和保密性等方面的可信度，对于违反规定的，由质量负责人组织有关人员进行调查核实，提出处理意见，报检验检测机构最高管理者处理。为完善检验检测机构的各项规章制度，推动质量管理体系的贯彻执行，质量负责人要在质量管理体系运行中制定出相应的质量考核和奖惩制度，以促进质量管理体系在日常工作中能健康稳定地运行。

3.1.5 质量负责人和技术负责人的关系

1. 相互独立

质量负责人与技术负责人既相互配合又相互监督，每一个都是整体的一部分。质量负责人懂技术、技术负责人懂质量，双方的配合与监督更容易进行，双方的交流更容易达成共识，从而高质高效地解决实验室存在的问题。技术负责人懂质量，就可以用质量管理的手段为技术服务，则保证检测结果的一致性、准确性，控制影响检测的关键环节，使先进的技术固化，就更容易实现；质量负责人懂技术，则对关键质量控制点的选择，对内部检查审核点，对不符合的处理，对纠正措施的验证，都会更加准确、有效，也更容易提高工作的质量和效率。

检测活动的每一个环节都可能既涉及质量又涉及技术，因此，质量负责人和技术负责人的共同参与、协调一致就变得更为重要。但技术负责人和质量负责人的侧重点也有不同，考虑问题的角度也不同，更容易从不同的专业方向挖掘出深层次的原因和改进举措，推进实验室的发展。

2. 相互配合

质量管理和技术管理是实验室管理的两个方面，岗位不同，工作内容与着重点自然也不同，质量负责人和技术负责人都有具体的职责和权限。技术负责人侧重于技术活动的运作，与检测活动有关的人机样法环测都要达到要求，例如人员的能力、设备的使用、样品和消耗品的控制管理、方法的选择、检测环境的控制等，通过有效的手段和决策，保证实验室检测结果和数据的准确；而质量负责人则侧重于对体系运行的保证和维护，包括管理规定的健全，不符合情况的监控，关注客户的要求，执行客户满意度调查，以及管理体系内部的审核评价，接受外部审核，改进跟踪。质量和技术两个方面，权责明确、岗位平等，工作相对独立，质量和技术既统一又不同，是一只手的两个面，是从不同的角度共同推进和完善实验室管理，进而共同确保检验检测工作质量。

3. 相互监督

质量负责人和技术负责人不仅要相互配合，还要相互监督。单从质量或技术的角度考虑问题，往往是不全面的、容易走向极端的，这就需要双方相互监督、共同进步。不重视技术会导致检测数据不准确，试验结果有误，甚至造成无法弥补的损失；同样，不重视质量会导致管理工作混乱，技术难以固化，类似或同样的问题反复发生，浪费人力、物力。只有质量负责人和技术负责人有效地结合起来，协调一致，实验室才能持续发展。

4. 相互渗透

在实验室管理中，需要培养具备质量知识的技术负责人和具有良好技术背景的质量负责人，这种复合型人才才是实验室的最佳选择。

5. 相互分享

质量负责人与技术负责人之间需要经常交流沟通、相互学习、相互提醒、取长补短、共同进步。

3.2 关键岗位人员

3.2.1 授权签字人

检验检测机构授权签字人实质上是由机构授权对其所出具的检验检测报告批准（或签发）的人员。授权签字人是由机构法定代表人授权，经资质认定部门（评审组）考核确认，在其考核确认的能力范围内签发检验检测报告的人员，对保证报告的正确性、完整性、合理性和合法性具有至关重要的作用。授权签字人是机构产品质量控制的关键岗位人员，也是机构规避风险的最后把关人员。

一般情况下，授权签字人不是具体的行政职务，只是一个重要的技术岗位，体现的不是权力，而是担当和荣誉，承担的主要是责任。授权签字人应当是本机构、本领域的资深人员，对其所授权签字领域的检验检测技术有较好的理解，对检测结果的准确性能给出恰当的判断。为体现授权签字人的责任担当，授权签字人宜为参与实验室管理的部门主管或技术骨干，必须具备敏锐的法律意识和风险识别意识，必须具备优良的专业技术能力，必须具备高度的工作责任心，能够科学、公正地对待检测结果。

报告编制人在将委托合同、任务单、客户提供的资料及检验检测原始记录与报告初稿按规定的签字、复核程序进行校对、复核（无论是否已经修改均签字确认）后，才能将签字后的校对、复核资料转交授权签字人审批。如果在校对、复核、审批过程中发现有需要修改之处，可按规定进行修改；如果存疑，应追溯；如果修改结果不影响检验检测报告，授权签字人可直接签发。

《检验检测机构管理和技术能力评价 授权签字人要求》（RB/T 046—2020）对授权签字人的任职资格和工作职责都有明确的规定。

【视野拓展】

授权签字人

一、任职资格

（1）具备相应且适宜的工作经历，以及相应的责权利和良好的职业道德。

（2）熟悉检验检测机构体系管理程序和运作流程，能够对检测过程的符合性做出判断和评价。

（3）熟悉或掌握所承担签字领域的相应技术标准及方法，掌握标准和规范重点内容和特殊情况处理的原则，确保所使用标准和规范的有效性。

（4）熟悉检验检测报告要求及其审核签发程序，以及实验室对本领域检验检测技术的专项规定，保证检验检测报告的完整性，确保结论不会产生歧义。

（5）具备对检测结果做出相应评价的能力，掌握关键检测设备的相关技术参数和运行状态，掌握不同检测项目的相关性，掌握与检测对象相关的生产加工、工艺流程、污染物排放的基本知识，能够把握检测数据的准确性。

二、工作职责

（1）熟悉检验检测机构的质量方针和目标，负责正确掌握检验检测机构资质认定项目的限制范围和行业资质认定项目的能力，并对检验检测报告的结果承担相应的技术及法律责任。

（2）负责通过检验检测资质认定授权范围内，且属于通过本专业领域资质认定授权签字人范围内的检验检测报告的审批工作，并对审批的检验检测报告结果负责。审批内容包括：该项检验检测任务的资料是否齐全；依据的检验检测标准、技术规范或规程是否与所检项目相符；原始记录、报告格式及所用计量单位、符号是否符合准则要求；原始记录中的检验检测数据、结果计算及分析和报告评价或结论等信息的充分性、完整性、正确性；检验检测结论用语是否准确；报告中相关签字人资质是否符合要求；有关印章使用是否恰当等。

（3）确认并处理授权签字范围内检验检测工作中出现的重大技术问题，在报告审批过程中如发现有弄虚作假、伪造数据行为的人员，有权提出处罚意见。

（4）参与检验检测活动的技术观察，总结公司质量体系管理运行和业务工作的开展情况。

（5）对审批检验检测报告中发现的可疑数据或结果有权组织复检或要求有关人员重新检测，并督促技术管理部跟踪验证其效果。

3.2.2 检验检测人员

所有直接从事检验检测活动的人员，含新上岗人员和转岗人员，应明确其资质要求、技术要求、培训和考核、责权利。

【视野拓展】

检验检测人员

一、任职资格

(1) 掌握检验检测基础知识，如仪器设备计量与常用仪器设备的使用及维护保养，实验用水、标准滴定溶液的配制、标定和保存基础知识，标准物质分类、采购、使用和管理基础知识，有效数字的保留和数值修约基础知识，原始记录的填写和检验报告的出具基础知识，检测方法验证基础知识，不确定度评定基础知识，质量保证和质量控制基础知识，常用数据统计和处理基础知识等。

(2) 掌握授权范围内检测仪器设备的使用和维护及其基本原理和结构，能够解决一般性故障问题。

(3) 掌握实验室安全相关知识，能识别实验室危险源，正确使用安全防护用品，了解实验室一般事故的急救措施。

二、工作职责

(1) 负责按相关工作程序要求检查并核对任务单与检验检测样品的一致性、完善性、符合性。

(2) 负责按现行国家、行业或地方检验检测标准或技术规范完成对自身范围内的检测项目或参数的检验检测工作，对检验检测数据及结果的真实、正确、可靠性负责，并对检验检测报告结果承担相应的技术及法律责任。

(3) 熟悉仪器设备的性能，严格按操作规程及相关要求使用仪器设备。

(4) 负责仪器设备的日常保管和定期维护保养，在检验检测活动进行过程中及时填写仪器设备使用记录；发生故障或异常情况时，及时报告部门负责人，并提出解决问题的建议和措施。

(5) 负责检验检测原始记录信息的完整性、有效性、可溯源性，按时限要求出具科学、公正、准确的检测报告。

(6) 负责对完成检验后的样品按样品管理规定进行存储、处理、记录，负责检测功能区的环境卫生工作。

3.2.3 签约人员与非签约人员

约，也就是合同、协议，是指由签约方通过平等协商达成的，包含了责、权、利等条款，具有法律效力的文件。签约人员应明确其职责、任职条件、工作内容、培训与考核等，尤其是直接从事检验检测活动的人员，对其职责、权力、培训、考核应当形成制度。直接从事检验检测工作的签约人员是关键岗位人员，非签约人员不得独立从事检验检测工作，且不得审核和签发检测检验报告。

检验检测机构一般不得使用非签约人员。

3.2.4 关键岗位人员及其代理人

除管理层、授权签字人、检验检测活动签约人外，检验检测机构的报告审核人员、方法验证/确认与技术研发人员、采样及样品管理人员、仪器设备管理人员、药品管理人员、信息管理人员，以及管理体系内审人员、质量与技术监督人员、文件资料管理人员和财务管理人员等，都是机构的关键岗位人员。

实际上，机构的所有岗位人员均可能成为或转化为关键岗位人员，或者是“潜在的”关键岗位人员。如安保人员，可能在某个特定情况下涉及客户委托业务，涉及客户机密信息，涉及检验检测场所的信息远程监控，这个时候，也就转化成了关键岗位人员。在检验检测机构内部，经过评估所设置的任何一个岗位其实都是关键岗位，这一点需引起管理层的重视。

为保证检验检测工作的正常进行，避免机构在行政、技术、质量管理上出现“真空”，当行政负责人、技术负责人、质量负责人等关键岗位人员暂时不在岗时，应有能暂时代理其职责的岗位人员，以确保各项工作的正常进行。暂代其职责的代理人，应经委托并授权。

授权签字人一般不可设置代理人。即便设置，也只能是机构内部具备同等或以上能力的人，且其授权签字范围应能覆盖授权人的授权签字范围。

3.3 人员管理

人员管理主要包含人员资格确认、所起作用、给予授权和能力保持等。

3.3.1 劳动合同与社保

按《中华人民共和国劳动法》《中华人民共和国劳动合同法》《中华人民共和国劳动合同法实施条例》及《关于确立劳动关系有关事项的通知》（劳社部发〔2005〕12号），用人单位与劳动者建立劳动关系，应当订立书面劳动合同。用人单位招用劳动者未订立书面劳动合同，但用人单位和劳动者符合法律、法规规定的主体资格，用人单位依法制定的各项劳动规章制度适用于劳动者，劳动者受用人单位的劳动管理，从事用人单位安排的有报酬的劳动，且提供的劳动是用人单位业务的组成部分的，均视为劳动关系成立。

现行的检验检测机构资质评审体系都对人员从业要求进行了明确的规定，如《检验检测机构资质认定评审准则》（国家市场监督管理总局2023年第21号）第九条、《〈检测和校准实验室能力认可准则〉应用要求》（CNAS-CL01-G001：2018）第6.2.2a。

关于不得在两个及两个以上检验检测机构从业的问题，除劳动合同、签约或声明外，另一个更显明的证据是社保。在我国，社保具有个人身份的唯一性，即一个人只能拥有一份社保，这也是在资质评审时倡导或要求检验检测机构应当以自身名义为其检验检测人员缴纳社保的根本原因。而且，即使明知其实际就在“一家”检验检测机构从业，但因其是母公司、子公司或兄弟公司所提供的社保或其他证明，一般也不易被审评机构或其他组织所接受。但以下人员的社保可以不包含在机构内部。

1. 退休（含内部退养）返聘人员

按现行劳动管理制度，由于退休人员不再缴纳社保，内部退养也实质上离开了原工作岗位，在其提供有效合法证明（如原工作单位提供的退休证或内部退养通知书）的前提下，雇佣机构应当与其签订劳务合同，以规范其责任、权利和义务等相互关系。

2. 劳务派遣人员

按现行劳动管理制度，劳务派遣人员的社保在其劳务派遣公司，检验检测机构不再与其签订劳动合同，但机构应保留与劳务派遣公司的劳务派遣合同或相关文件，如工资发放记录、各种与劳务公司的转账记录等。《中华人民共和国劳动合同法》第六十六条规定，劳务派遣用工是补充形式，只能在临时性（存续时间不超过六个月的岗位）、辅助性（为主营业务岗位提供的非主营业务岗位）或者替代性（因脱产学习或休假等原因导致的可以由其他劳动者替代工作的岗位）的工作岗位上实施，但如因法律法规规定，劳务派遣人员需注册到用人机构才能满足记录、报告等签字规定时，劳务派遣人员的劳动关系必须转由用人单位签订，其社保同时应转由用人单位缴纳。

3. 其他人员

检验检测机构中非直接从事检验检测活动的人员，如财务、车辆驾驶、安保或其他无明确岗位的人员，或不涉及客户机密信息的人员。

3.3.2 人员培训

机构人员知识和技能的提升是保障机构持续改进或进步的重要前提，机构应结合对人员考核或监督的结果，制订当前的或预期的培训计划，确保机构各方面能力的持续有效。机构的培训计划应当由技术负责人、质量负责人及各部门共同制订。培训计划及其培训效果应当包含以下内容：

（1）在培训计划方面，应结合质量方针、质量目标要求，确定机构培训需求、目的、内容、涉及领域（法律法规、技术、管理、安全、客户要求与服务等）、形式、时间安排等，除短期培训计划（如年度培训计划）外，应结合机构发展目标或远景规划，建立中长期培训计划。同时，机构也应结合业务的开展与市场的发展情况适时调整培训计划。

（2）在培训有效性评价方面，机构应对培训计划的实施情况进行总结，对培训效果进行有效性评价。培训有效性评价包含内部审核、质量控制、人员监督、实际操作或工作能力考核等内容。

（3）在培训结果的应用方面，机构应根据培训有效性评价结果，给出相应岗位人员是否维持、转岗、提升、辞退、再培训（或继续教育）等的建议，并将培训活动及其效果评价提交管理评审。

按照《专业技术人员继续教育规定》（人力资源社会保障部令第 25 号）规定，专业技术人员应当适应岗位需要和职业发展要求，积极参加继续教育，完善知识结构、增强创新能力、提高专业水平。继续教育内容包括公需科目和专业科目。公需科目包括专业技术人员应当普遍掌握的法律法规、理论政策、职业道德、技术信息等基本知识；专业科目包括专业技术人员应掌握的新理论、新知识、新技术、新方法等专业知识。专业技术人员参加继续教育的时间，每年累计应不少于 90 学时，其中，专业科目一般不少于总学时的三分之二。

3.3.3 资格确认

人员资格确认是指通过验证并提供客观证据，以证实其能满足所从事岗位的要求，并为其安排恰当的岗位。对新进人员或新转岗的检验检测技术人员，应在考核和监督下从事工作，并经确认其资格和能力后才能独立开展检验检测活动。

对于建设工程检验检测行业而言，除国家人力资源和社会保障部发布的《国家职业资格目录》（2021 年版），对从事公路水运工程质量检测专业技术人员和水利工程质量检测两项水平评价类职业资格纳入了岗位持证要求外，其他均不得擅自增加对岗位资格的第三方持证规定。相应地，对岗位资格的符合性，各检测机构应立足于自我认定其能力。

在人员技术资格方面，按《检验检测机构资质认定评审准则》（国家市场监督管理总局 2023 年第 21 号）附件 4 序号 12 的规定，人员的同等能力所对应的中级技术职称是指：

博士研究生毕业，从事相关专业检验检测活动 1 年及以上；

硕士研究生毕业，从事相关专业检验检测活动 3 年及以上；

大学本科毕业，从事相关专业检验检测活动 5 年及以上；

大学专科毕业，从事相关专业检验检测活动 8 年及以上。

从事相关专业检验检测活动，是指所从事的检验检测技术活动之间没有显著的技术壁垒或技术障碍，如铁路工程检验检测与公路交通、市政建设、水利水电等建设工程检验检测属于相关专业检验检测活动，而建工建材检验检测与环境、食品、机动车、机电设备等检验检测则不属于相关专业检验检测活动。

【视野拓展】

专业技术职业资格与技术职称评聘评价

人才评价是人才发展体制机制的重要组成部分，是人才资源开发管理和使用的前提。建立科学的人才分类评价机制，对于树立正确的用人导向、激励引导人才职业发展、调动人才创新创业积极性、加快建设人才强国具有重要作用。当前，我国人才评价机制仍存在分类评价不足、评价标准单一、评价手段趋同、评价社会化程度不高、用人主体自主权落实不够等突出问题，亟须通过深化改革加以解决。《关于分类推进人才评价机制改革的指导意见》（中办发〔2018〕6号）、《国务院关于推行终身职业技能培训制度的意见》（国发〔2018〕11号）指出，我国将建立创新技术技能人才评价制度，以适应工程技术专业化程度高、标准化程度高、通用性强等特点，分专业领域建立健全工程技术人才评价标准，着力解决评价标准过于追求学术化问题，重点评价其掌握必备专业理论知识和解决工程技术难题、技术创造发明、技术推广应用、工程项目设计、工艺流程标准开发等实际能力和业绩。探索推动工程师国际互认，提高工程教育质量和工程技术人才职业化、国际化水平；健全以职业能力为导向、以工作业绩为重点、注重职业道德和知识水平的技能人才评价体系，加快构建国家职业标准、行业企业工种岗位要求、专项职业能力考核规范等多层次职业标准；完善职业资格评价、职业技能等级认定、专项职业能力考核等多元化评价方式，做好评价结果有机衔接；坚持职业标准和岗位要求、职业能力考核和工作业绩评价、专业评价和企业认可相结合的原则，对技术技能型人才突出实际操作能力和解决关键生产技术难题要求，对知识技能型人才突出掌握运用理论知识指导生产实践、创造性开展工作要求，对复合技能型人才突出掌握多项技能、从事多工种多岗位复杂工作要求，引导鼓励技能人才培育精益求精的工匠精神。当前，在工程专业技术职业资格与技术职称评聘评价方面，主要有以下重要文件：

(1)《工程技术人员职务试行条例》（职改字〔1986〕第78号）；

(2)《人力资源社会保障部、交通运输部关于印发〈公路水运工程试验检测专业技术人员职业资格制度规定〉和〈公路水运工程试验检测专业技术人员职业资格考试实施办法〉的通知》（人社部发〔2015〕59号）；

(3)《人力资源社会保障部 工业和信息化部关于深化工程技术人才职称制度改革的指导意见》（人社部发〔2019〕16号）；

(4)《人力资源社会保障部办公厅关于进一步做好民营企业职称工作的通知》（人社厅发〔2020〕13号）；

(5)《人力资源社会保障部关于进一步加强高技能人才与专业技术人才职业发展贯通的实施意见》（人社部发〔2020〕96号）；

(6) 各省、市、自治区发布的关于深化职称制度改革的实施意见，如川委办〔2018〕13号、川人社办发〔2018〕122号等。

人才评价应坚持科学评价，进一步破除唯论文、唯学历、唯资历、唯奖项倾向，强化技术技能贡献，突出工作业绩，保持两类人才（高技能人才和专业技术人才）评价标准大体平衡，适当向高技能人才倾斜，让各类人才价值得到充分尊重和体现。

对两类人才贯通的职称系列，具备高级工以上职业资格或职业技能等级的技能人才，均可参加职称评审，不将学历、论文、外语、计算机等作为高技能人才参加职称评审的限制性条件。2022年9月1日，安徽省交通运输厅在发布的《关于开展2022年度交通运输工程专业职称评审工作》的通知中明确提出，对于实行聘任制企事业单位的专业技术人员，通过统一考试取得的公路水运工程试验检测师、建造师（公路工程）、注册土木工程师（港航、岩土）等，被单位聘任且已满一个基本任职年限的，可持该证书及有关聘文、聘用劳动合同申报高一级职称；取得注册安全工程师、计算机技术与软件专业技术资格证书、注册监理工程师申报交通运输工程专业的需转评。

职业技能等级认定是指经人力资源社会保障部门备案的用人单位和社会培训评价组织，按照国家职业技能标准或评价规范对劳动者职业技能水平进行考核评价的活动，是技能人才评价的重要方式。2019 年 12 月 30 日，国务院常务会议决定分步取消水平评价类技能人员职业资格，推行社会化职业技能等级认定，由人社部门（含其他部委）备案的评价机构依据《职业技能等级认定工作规程（试行）》（人社职司便函〔2020〕17 号）的相关规定，评价机构应根据国家职业标准确定评价内容和方式，综合运用理论知识考试、技能操作考核、工作业绩评审、过程考核、竞赛选拔等方式，对劳动者进行职业能力水平的科学、客观、公正评价。

在实际工作中，执业资格通常分为专业技术人员职业资格和技能人员职业资格两大类，即常说的水平评价类资格证书和准入类执业证书，这两类证书的主要差异如下。

水平评价类资格证书和准入类执业证书的差异

序号	项目	水平评价类资格证书	准入类执业证书
1	定义	社会通用性强、专业性强的职业建立的非行政许可类职业资格制度	对涉及公共安全、人身健康、人民生命财产等特殊职业，依据有关法律、行政法规设置（国家人事部门备案公布）
2	等级划分	5 个等级：五级（初级工）、四级（中级工）、三级（高级工）、二级（技师）、一级（高级技师）	一级、二级
3	作用	代表技术能力高低	从事相关职业必须持证上岗
4	报考条件	各行业内部主管部门或协会负责，有一定的工作经历、学历要求，或参加技能培训获得	国家或地区统一组织，需满足工作经历、学历等多项要求，并须经过资格审查
5	使用方式	个人能力的证明，不需要强制注册和继续教育	必须注册成功才能开展执业，且注册后有一定有效期，期满须参加继续教育培训并合格

另外，水平评价类职业资格在通过技能培训方式取得时，一般还设置有“特级技师”级别。当水平评价类职业资格比照准入类职业资格纳入管理时，其等级一般划分为中级（如检测师）、初级（如助理检测师）两种，以对应准入类职业资格的一级、二级。

【视野拓展】

人员资格要求

《福建省住房和城乡建设厅办公室关于住房城乡建设行业从业人员职业教育培训工作有关事项的通知》（闽建办人〔2020〕3号）指出，建设工程检测试验人员岗位证书由用人单位自行培训发放，用人单位也可委托其他培训机构、行业协会培训后发证。但法律、行政法规对检验检测人员执业资格或者禁止从业另有规定的，依照其规定。如《建设工程质量检测管理办法》《公路水运工程质量检测管理办法》《铁路工程质量监督检测管理办法》《无损检测人员资格鉴定与认证》等，对从业人员资格要求都有其特别的规定。

人员资格确认的方法，具体以沥青和沥青混合料试验要求为例说明。

1. 试验员岗

经过培训，取得资格和授权，熟悉沥青及沥青混合料检测技术。

2. 复核人员岗

熟悉沥青及沥青混合料检测技术，中级及以上技术职称。

3. 报告批准或签发人员岗

了解沥青及沥青混合料检测技术，熟悉相关基本原理，熟悉识别和判定检测结果的符合性，经过质量管理体系培训并能正确地运用质量管理知识，具备中级及以上技术职称，通过资质认定部门批准。对从事公路工程项目的相关人员，应同时取得试验检测工程师资格。

3.3.4 能力确认

严格而言，检验检测机构的所有人员都应当纳入能力确认与考核，尤其是直接从事检验检测的人员或关键岗位人员。能力确认或考核应包含教育、培训、技能、经验、资质、上岗证的有效性，以及业绩（包含经历、获奖和处罚）等。人员能力确认或考核的目的是要不断提高检验检测人员的职业素养，最终成为一个在检验检测行业“更加专业的人”：说专业的话、做专业的事、留下专业的记录和报告，是其最重要的体现。

考核是检验检测机构确认人员能力的一种手段，但根本的还是在于检验检测人员主动提高素质。除了取得相应的资格证书，检验检测人员还应勤于操作、勤于总结、勤于应用。如在进行某项检验检测活动时，提前学习标准并收集与检验检测活动相关的资料，过程中严格执行标准程序，事中、事后如果发现有偏离，积极探索偏离对检验检测结果可能带来的影响或不确定程度，以及产生的风险是否可控等。

3.3.5 日常监督管理

检验检测机构应当建立人员日常监督管理程序，以确认和评价人员的技术或质量管理能力。应根据监督管理的需要，设置能够覆盖各领域且数量适宜的监督人员。

所有直接从事检验检测活动的各岗位人员、新上岗人员（含实习人员和转岗人员）、提出意见和解释人员，以及涉及客户机密信息的人员等，都应当纳入监督范围。在实际工作中，对新上岗人员应实行全方位监督；对熟练人员，应重点关注关键项目、关键参数以及诚信和涉密情况的监督。

人员监督既可定期开展，也可随时进行。人员监督方式应灵活多样，既可旁站，也可通过问询、侧面了解、所参与或主持的文件资料管理属于侧面了解等方式进行。

监督员（又称质量监督员）应是该领域的资深人员，或接受过高等技术培训，能够对所承担监督领域有深入认知的人员。监督员应熟悉检验检测目的、程序、方法，能够评价检验检测结果。监督员应明确监督计划并按计划对检验检测人员实施有效监督。检验检测机构可根据监督结果对人员能力进行评价并确定培训需求，监督记录应存档，监督报告应输入管理评审。

质量监督计划应明确监督对象、监督内容、监督形式，以及结果建议或评价等，并将监督情况及时报告技术负责人，定期评价监督结果的有效性。

对人员的监督可采用现场见证（实际操作或演示）、检查记录/报告、面谈或考试、成果检查、内部比对、留样再测、盲样测试、测量审核、实验室间比对、能力验证等，除个人职业素养外，还包含对设备的校准、核查、操作、维护、保养，对环境条件的监控，对试剂药品的验收，对技术标准的把控，对操作技能的熟练程度等方面。

监督员的监督工作应将定期与不定期相结合。监督结果评价方式可采用分值评价、等级评价、质量控制图评价、允差评价、重复性或再现性评价、Z 比分数评价等，同时给出对受监督人员客观、综合的监督评价，如不合格、基本合格、合格、良好或优秀等。评价结果可作为受监督人员维持、晋职、转岗、辞退等的依据，在管理评审前应对人员日常监督结果进行总结报告。

【视野拓展】

管理标准对人员监督、人员能力监控确认的规定

(1)《检验检测机构资质认定评定评审准则》（国家市场监督管理总局 2023 年第 21 号）附件 4 序号 29；

(2)《检验检测人员监督和监控实施指南》（T/CCAA 60—2023）；

(3)《建设工程质量检测人员职业能力评价技术导则》（JD 37-004—2023）；

(4)《检验检测机构资质认定能力评价 检验检测机构通用要求》（RB/T 214—

2017）第4.2.1、4.2.5、4.2.7；

(5)《检测和校准实验室能力认可准则》（CNAS-CL01：2018）第6.2.5；

(6)《CNAS-CL01〈检测和校准实验室能力认可准则〉应用要求》（CNAS-CL01-G001：2018）。

其中，《CNAS-CL01〈检测和校准实验室能力认可准则〉应用要求》中第6.2.5d和7.7.1a指出：

实验室应关注对人员能力的监督模式，确定可以独立承担实验室活动人员，以及需要在指导和监督下工作的人员。负责监督的人员应有相应的检测或校准能力。

实验室对结果的监控应覆盖到认可范围内的所有检测或校准（包括内部校准）项目，确保检测或校准结果的准确性和稳定性。当检测或校准方法中规定了质量监控要求时，实验室应符合该要求。适用时，实验室应在检测方法或其他文件中规定对应检测或校准方法的质量监控方案。实验室制定内部质量监控方案时应考虑以下因素：

检测或校准业务量；

检测或校准结果的用途；

检测或校准方法本身的稳定性与复杂性；

对技术人员经验的依赖程度；

参加外部比对（包含能力验证）的频次与结果；

人员的能力和经验、人员数量及变动情况；

新采用的方法或变更的方法等。

实验室在制定内部质量监控方案时，应当采取多种适用的质量监控手段，如：

定期使用标准物质、核查标准或工作标准来监控结果的准确性；

通过使用质量控制物质制作质控图，持续监控精密度；

通过获得足够的标准物质，评估在不同浓度下检测结果的准确性；

定期留样再测或重复测量以及实验室内比对，监控同一操作人员的精密度或不同操作人员间的精密度；

采用不同的检测方法或设备测试同一样品，监控方法之间的一致性；

通过分析一个物品不同特性结果的相关性，以识别错误；

进行盲样测试，监控实验室日常检测的准确度或精密度水平。

【视野拓展】

人员监督、人员能力监控的比较

序号	项目	人员监督	人员能力监控
1	对象不同	对象是人，针对的是人员的初始能力，如实习、新上岗、转岗、从事新项目、使用新方法、操作新设备等，暂不能识别对活动程序偏离的重要程度的人员	对象是能力，针对的是已获授权人员的能力的持续保持，故包含可能影响实验室活动结果的所有人员，包括实验室各职能部门人员
2	监督内容	主要针对人员正确使用方法和设备操作的能力、样品制备能力、环境监控能力、自控检测/校准过程能力等，以及对出具检测/校准结果的正确性、可靠性进行监督	建立在风险评估的基础上，应考虑人员的教育背景、经验、工作经历和所从事技术活动的特点等评估风险，建立监控方案，确保人员能力持续满足实验室能力要求
3	实施方式不同	口试、笔试、演示、现场见证、全程监控、样品考核、结果评估等	现场见证、调阅记录、审核/批准报告、盲样考核、内部质量控制结果、实验室间比对、能力验证结果等。具体可定期和/或不定期进行。定期可由人员主管部门、使用部门根据人员绩效与其任职能力要求比较进行监控；不定期可以根据内外部质量监控结果、客户投诉等，以及技术复杂性、方法稳定性和客户现场等实验室活动安排人员能力监控，保证实验室活动和结果的有效性
4	制定依据不同	依据专业类型、实验室活动特点，规定监督方式、监督结果评估方法、记录保留要求等	基于风险分析，根据技术复杂性、方法稳定性、人员经验、专业教育、客户现场、工作量、各种可能的变动内容等
5	达到效果	建立监督计划，有完整的监督活动和结果评价记录	建立监控计划，有完整的监控活动和结果评价记录
6	检查重点不同	检测过程中的技术行为（人员的初始能力）	技术能力的维持（人员的持续能力）
7	结果应用	确定培训需求，也可用于能力评价和确认；监督记录应存入技术人员档案，监督报告应输入管理评审	确定培训需求，也可用于能力评价和确认；监控记录应存入技术人员档案，监控报告应输入管理评审

【视野拓展】

人员日常监督记录表

<table>
<tr><td colspan="2">被监督部门</td><td></td><td>被监督人员</td><td></td></tr>
<tr><td colspan="2">被监督岗位</td><td></td><td>监督日期</td><td></td></tr>
<tr><td colspan="2">监督方式</td><td colspan="3">□现场旁站　□面试、面谈
□检查记录/报告　□其他：</td></tr>
<tr><td colspan="2">监督对象</td><td colspan="3">□新上岗人员　□新转岗人员
□结果不满意人员　□操作关键项目人员
□其他人员：</td></tr>
<tr><td rowspan="2">监督内容</td><td>人员能力</td><td colspan="3">□要求、标书和合同评审能力
□方法开发、修改、验证和确认能力
□运用检验方法进行测试的能力
□识别和监控环境设施条件的能力
□试剂或消耗性材料的验收、评估和制备能力
□适用时，良好特定操作能力
□不确定度评定能力
□实验室信息管理系统操作、评估和维护能力
□纸质或电子文档管理能力
□安全识别、防护和救护能力
□突发事件应变和处理能力
□检验检测风险分析能力
□实验废弃物处置能力
□分析结果，包括符合性声明或意见和解释的能力</td></tr>
<tr><td>实验室活动符合性</td><td colspan="3">□人员资格的符合性
□仪器设备操作的符合性
□样品处理及处置的符合性
□检验检测操作的符合性
□原始记录的符合性
□数据处理的符合性
□签发报告的符合性</td></tr>
<tr><td colspan="5">监督记录：
通过对××试验的现场操作（或工作程序的面询），并结合抽样、分样、检测结果、质量与技术记录及其异常情况的处置、偏差处置、风险监控等进行综合考察，该检测员综合工作能力能够胜任××。</td></tr>
<tr><td colspan="5">结果评价：
对检测结果可能产生的风险处置、操作熟练程度、样品验收等的培训还需要进一步加强。
监督员：　　　　年　月　日</td></tr>
<tr><td colspan="5">结果处理：
继续实行不定期监督，在接受监督期间，不得独立从事除××以外的工作。
部门负责人：　　　　年　月　日</td></tr>
</table>

注：××条款的监督支撑记录另附。

3.3.6 人员培训与考核评价管理

检验检测机构应建立和保持人员培训与考核评价管理程序，制定人员教育和培训的工作目标，明确培训需求和实施人员培训。检验检测机构在实施人员培训计划后，应对培训的有效性进行评价，以验证是否达到培训目的。

有效性评价既可针对每次培训进行，也可以针对某一时间段或者某一领域的培训进行，最终以达到预期目的为评判标准。

对人员培训结果有效性评价的方法有很多。对于接受外部培训活动的有效性评价，应以实际工作能力或工作水平，或达到的实际工作效果，以及所取得的证书证件，由技术负责人、质量负责人、质量监督员或其上级主管人员做出；对于参加内部培训活动的有效性评价，可以采用现场观察、问询、笔试、同事或客户评价（反馈）、所承担的工作查验、实际操作、阶段或年度考核、质量控制结果等方式进行。

人员能力的确认应与其所从事的岗位直接相关，除学历、经历、经验与实际操作技能外，还可以包含质量管理、职业操守、诚实信用等内容。

4 场所与环境

检验检测机构应当有固定的工作场所，工作环境应符合检验检测要求。检验检测活动的场所包含固定场所、临时场所、可移动场所和多个地点的场所，且这些场所还应满足相关法律法规、标准或技术规范的要求。检验检测活动的场所一般包含以下几种形式。

1. 固定场所

固定场所指机构不随检验检测任务而变更且不可移动的场所，在资质认定证书上必须明示。

2. 临时场所

临时场所指机构根据现场检验检测工作需要临时建立的，由机构自身核查或确认其符合性的场所。如某桥梁工程监测在现场建立的观察站，监测工作一旦结束，该监测观察站即撤离，应在检测报告上予以说明。

3. 可移动场所

可移动场所指机构拥有的车载式、船载式检测设施设备，表现为特征检测参数，应在检测能力中予以限制或说明。

4. 多个地点的场所

多个地点的场所指多个固定场所，或通常所说的分场所，一般为机构的分支机构，如分公司、较长期存在的派出机构等，应在资质认定证书上明示。

机构对场所必须具有完整的使用权。工作场所性质包括自有产权、上级配置、出资方调配或租赁等，应有相关的证明文件；如租用、借用场地的，其租借期限不能少于1年。同时，机构应配置与法律法规、技术标准要求一致的环境控制设施，并形成相应的文件。

4.1 场所与环境的符合性

机构对场所与环境制定成的文件，其形式可以多种多样，如直接在操作室公示，或制订成作业指导书、图表等。

机构场所与环境的符合性与机构的检测能力直接相关，或与机构检验检测能力所涉及的方法标准直接相关。场所的符合性包含场所面积或空间体积，场所与环境的符合性主要包含其所涉及的方法标准对温度、湿度及其干扰的技术要求。场所环境应满足技术标准的规定。当技术标准未明确规定时，实验室应当建立适宜的控制标准。

舒适的场所环境有利于工作人员保持饱满的工作热情和持续的工作动力，为企业创造更好的效益。按照《检验检测实验室技术要求验收规范》（GB/T 37140—2018）、《检验检测机构管理和技术能力评价 设施和环境通用要求》（RB/T 047—2020）的要求，检验检测机构应对场所环境加以控制，并根据特定情况确定控制范围。

【视野拓展】

建设工程实验室环境控制规定

按《检验检测机构管理和技术能力评价 设施和环境通用要求》（RB/T 047—2020)，检验检测机构应对温度和湿度加以控制，并根据特定情况确定控制的范围。当检验检测对环境温度和湿度无特殊要求时，工作环境的温度宜维持在 16℃～26℃，相对湿度宜维持在 30％～65％。对于建设工程实验室，除外检仪器设备保管室外，收样室、样品管理室、样品加工或成型室及其他各操作室，一般都应对环境温度、湿度、光照、振动、气流、通风等进行适当控制，以确保检验检测活动在稳定可控的环境中进行。水泥试验室部分检测项目/参数的温度、湿度环境控制规定见下表。

水泥试验室部分检测项目/参数的温湿度控制规定

项目	温度、湿度控制要求	依据标准
试样准备	环境：20℃±2℃，≥50％RH； 烘干：110℃±5℃	GB/T 1346—2011 JTG 3420—2020
密度	环境、恒温水槽：20℃±1℃	GB/T 208—2014
	环境：20℃±0.5℃	JTG 3420—2020
比表面积	环境：≤50％RH	GB/T 8074—2008
胶砂强度	成型：20℃±2℃，≥50％RH； 标养：20℃±1℃，≥90％RH； 水养：20℃±1℃	GB/T 17671—2021
	环境：20℃±2℃，＞50％RH； 标养：20℃±1℃，＞90％RH； 水养：20℃±1℃； 压蒸养护：126℃～128℃，140～160kPa（快速法）	JTG 3420—2020
胶砂耐磨性	环境：20℃±2℃，＞50％RH； 标养：20℃±1℃，＞90％RH； 水养：20℃±1℃； 烘干：60℃±5℃	JTG 3420—2020 JC/T 421—2004

续表

项目	温度、湿度控制要求	依据标准
标准稠度用水量、凝结时间、安定性	环境：20℃±2℃，≥50%RH； 标养：20℃±1℃，≥90%RH	GB/T 1346—2011
	环境：20℃±2℃，>50%RH； 标养：20℃±1℃，>90%RH	JTG 3420—2020
胶砂流动度	环境：20℃±2℃，≥50%RH	GB/T 2419—2005
	环境：20℃±2℃，>50%RH	JTG 3420—2020
水泥浆体流动度、钢丝间泌水、充盈度	环境：20℃±2℃，>50%RH	JTG 3420—2020
水泥浆体自由泌水率、自由膨胀率	环境：20℃±2℃，≥50%RH	JC/T 2153—2012 JTG 3420—2020
胶砂干缩率	环境：20℃±2℃，>50%RH（成型）； 标养：20℃±1℃，>90%RH； 水养：20℃±1℃； 干缩养护：20℃±3℃，(50±5)%RH	JTG 3420—2020
	环境：20℃±2℃，≥50%RH（成型）； 标养：20℃±1℃，≥90%RH； 水养：20℃±1℃； 干缩养护：20℃±3℃，(50±4)%RH	JC/T 603—2004
水化热	环境：20℃±1℃，≥50%RH； 恒温槽纯净饮用水水温：20℃±0.1℃； (2.00±0.02) mol/L硝酸溶液：13.5℃±0.5℃	GB/T 12959—2008
	环境：20℃±2℃，>50%RH； 恒温槽纯净饮用水水温：20℃±0.1℃； (2.00±0.02) mol/L硝酸溶液：13.5℃±0.5℃	JTG 3420—2020
砂浆抗裂性	环境：20℃±3℃，(60±5)%RH	JC/T 951—2005

《公路工程沥青及沥青混合料试验规程》(JTG E20—2011) 对沥青及沥青混合料试验室环境控制的规定如下。

(1) 温湿度：未明确要求，一般可控制在20℃±5℃；同时，对不同的项目/参数，应控制与之相匹配的环境温度，如针入度试验，有可能要求提供5℃、10℃、15℃、20℃、25℃、30℃等不同温度梯度时的针入度值，此时的室内环境温度就应控制在与介质温度接近的温度范围，以减小环境温度对介质温度的影响。

(2) 有毒气体：应安装通风橱、排风扇、排风通道等。

(3) 有毒废液：应采用专用容器密封盛装，集中无害化处理。

(4) 特殊要求：对针入度、延度、软化点等，应有防震、防风等措施。

(5) 压力容器：应有防火、防爆、防泄漏控制措施。

(6) 水电设施：水路布置充分合理，电路控制应采用合页式闸刀、固定插孔等。

4.2 设施和场所环境的影响

检验检测机构应当有效识别检验检测活动所涉及的安全因素，如危险化学品的规范存储和领用、危险废物处理的合规性、气瓶的安全管理和使用等，并设置必要的防护设施、应急设施，制定相应预案，建立设施和检测环境控制程序，以明确环境因素对检测结果的影响。检验检测机构应做到以下几点：

(1) 识别检验检测标准或技术规范对环境条件的要求及其对检验检测结果的影响，并采取措施予以控制，保留控制记录。

(2) 当环境条件不能满足检验检测技术标准要求，客观上又必须开展检验检测活动时，应按照《不符合工作控制程序》《允许方法偏离和程序偏离的程序》的要求，记录实际环境状态，并得到客户的认可和审批；当检验检测结果不能正确地反映实际状态时，应当停止检验检测活动，实施纠正、纠正措施等相关活动。因偏离可能导致对检测结果的影响，应在相应的委托书、技术记录和报告中予以明示。

(3) 并不是所有的检验检测活动都必须监测、控制和记录所有的环境条件，只有当检验检测标准或技术规范对环境条件有要求或潜在影响时，才必须加以控制和记录。

(4) 环境指包含了所有可能影响检验检测结果的因素，如天气、温度、湿度、电磁场、辐射、振动、灰尘、电压等。

4.3 内务管理

检验检测机构应建立和保持完善的内务管理程序，其工作内容应包含：

(1) 安全、健康与环境污染，如建立防护设施、应急设施，制定应急预案等。

(2) 合理规划场所布局与分区，识别相互干扰并有效隔离。当相邻区域的活动不相容或相互影响时，应有效隔离且具有明显标识。

(3) 在确保不对检验检测质量产生不利影响的同时，还应保护客户和检验检测机构的机密及所有权，保护进入或使用相关区域的人员安全。

(4) 对安全的评价主要涉及化学危险品、毒品、有害生物、电离辐射、高温、高电压、撞击、溺水、有毒及易燃易爆气体、火灾、触电事故、高压气体等的评价。

(5) 对环境的评价主要是对检验检测过程中产生的废气、废液、粉尘、噪声、固体废弃物等的评价。

(6) 环境条件的监控、检查与记录。凡管理或技术标准对检验检测场所与环境有具体而明确规定的，都应当予以适当的监控、检查，并留下相应的记录；管理或技术标准未对检验检测场所与环境有具体而明确规定的，在可能时，亦应将其纳入实验室管理体系，以确保检验检测工作总是处于一个稳定的受控状态。对监控用设施设备要定期或不定期进行检查、维护，并保存检查、校准等相关记录。

【视野拓展】

与实验室环境保护相关的法律法规及技术标准

1. 法律法规

《中华人民共和国安全生产法》《中华人民共和国环境保护法》《中华人民共和国消防法》《中华人民共和国突发事件应对法》《中华人民共和国固体废物污染环境防治法》《中华人民共和国水污染防治法》《中华人民共和国大气污染防治法》《中华人民共和国土壤污染防治法》《中华人民共和国放射性污染防治法》《中华人民共和国噪声污染防治法》《危险废物名录》《危险化学品安全管理条例》《易制毒化学品管理条例》等。

2. 技术标准

(1)《固体废物鉴别标准通则》(GB 34330—2017);

(2)《危险废物鉴别标准通则》(GB 5085.7—2019);

(3)《危险废物鉴别技术规范》(HJ 298—2019);

(4)《工作场所物理因素测量噪声》(GBZ/T 189.8—2007);

(5)《工作场所空气中粉尘测定》(GBZ/T 192.1~192.6);

(6)《常用危险化学品贮存通则》(GB 15603—1995);

(7)《一般工业固体废物贮存和填埋污染控制标准》(GB 18599—2020);

(8)《生活垃圾填埋场污染控制标准》(GB 16889—2008);

(9)《危险废物贮存污染控制标准》(GB 18597—2023);

(10)《检测实验室安全 第1部分:总则》(GB/T 27476.1~27476.5);

(11)《实验室废弃化学品收集技术规范》(GB/T 31190—2014);

(12)《检验检测机构危险化学品安全管理规范》(DB61/T 1467—2021);

(13)《建设工程施工现场环境与卫生标准》(JGJ 146—2013)。

5 设施设备

检验检测机构应当具备从事检验检测活动所必需且性能符合要求的检验检测设备和设施，包括用于抽样、样品制备、环境条件控制、软件、数据处理与分析等的设备和设施，并具有独立支配使用权。

在《中华人民共和国计量法实施细则》中，测量仪器又称测量设备、仪器设备、计量器具，指单独或与一个或多个辅助设备相组合，能用以直接或间接地测出受测对象某个或某一系列量值的设施设备或装置、仪器仪表、量具和用于统一量值的标准物质，包括软件、计量基准、计量标准、标准物质、参考数据、工作计量器具，以及试剂、溶液与化学药品等消耗品，辅助设备、工具或工装及其相应的组合装置等。

同时，《检验检测机构管理和技术能力评价 设施和环境通用要求》（RB/T 047—2020）对固定场所、临时场所、可移动场所在给排水、供配电、气体供应、暖通空调、废物处置、网络和通信，以及温湿度、空气质量、照明、噪声、电磁辐射、静电、振动和冲击等支持保障设施、内外部环境方面也有明确、细致、全面的规定。

5.1 设施和设备管理

检验检测机构应建立和保持检验检测设备和设施管理程序，以确保设备和设施的配置、维护和使用满足检验检测工作要求。检验检测机构应对设备设施进行有效的管理和控制，包括设备设施的选择、采购、验收、安装、调试、使用、维护、校准、保养、报废等方面。

5.1.1 配置满足检验检测活动要求的设施设备

检验检测机构在开展检验检测活动前应建立完善的、符合自身检验检测能力需要的设备设施或测量标准（如标准物质）管理体系（职责与制度）。其中，设备设施包含固定设施、临时设施、移动设施、样品搬运或吊装设施等（注：在检验检测行业，测量标准、抽样、样品制备及状态调节、数据处理与分析均属于设备设施），所配置的设备设施应能满足相关技术标准的规定，并有利于检验检测活动的正常进行。

用于开展检验检测活动的设备设施，包含影响检验检测结果的所有仪器、软件、测量标准、标准物质、标准溶液、参考数据、试剂、药品、消耗品、辅助设备或其组合装置，应能满足确定的准确度等级、示值误差（最大允许误差）或测量不确定度等的有关要求。

其中，测量仪器的准确度等级指在规定工作条件下符合规定的计量要求，使测量误差或仪器不确定度保持在规定极限内的测量仪器或测量系统的等别、级别或等级，其准确度等级通常用限值的绝对形式（如某百分表为0.01mm、某分析天平为0.1mg）、或相对形式（如某压力试验机力值为±1%、某千斤顶荷载值为0.5%）、或代号（如1级、0.02级、A级）表示，多数时候以最大允许误差表示。当用代号表示时，说明是按引用误差的最大允许误差表示，一般应同时说明每个代号所对应的限值，而数值代号的限值通常为%，如1级表示1%，0.02级表示0.02%；当为非数字代号时，可在相应的检定规程中查得。

需要注意的是，仪器设备准确度等级是指在规定工作条件下，符合规定的计量要求，使测量误差或仪器不确定度保持在规定极限内的测量仪器或测量系统的等别或级别。等是按仪器不确定度大小划分的档次，级是按测量仪器示值误差大小划分的档次。有的分等，如活塞压力计；有的分级，如压力表、扭矩扳手、电工仪表；有的既分等也分级，如砝码、量块。测量仪器的准确度等级与仪器设备的不确定度或最大允许误差密切相关。

另外，由于测量仪器本身存在一些不可控制的因素，即使是在相同的测量条件下对同一被测量对象进行测量，也会出现不同的结果，这反映的是测量仪器的重复性；测量仪器显示装置对输入信号的感应是有一定范围的，输入信号在小于某个区间的范围内变化时，其显示装置并不响应，即给出相同的示值，这就是测量仪器的分辨力，表征的是引起相应示值产生可觉察到的变化的被测量的最小变化量。如数字显示式百分表，最末位分度为0.01mm，则其分辨力为0.01mm；指针式的百分表，最小分度为0.01mm，则分辨力可取0.005mm。测量仪器的稳定性、漂移、鉴别阈、灵敏度、死区等，也会对测量结果带来不确定度的影响。

检验检测机构租借的设备设施，应确保：

（1）检验检测机构有合法的租用、借用合同，租借期限不得少于1年，并对租借的设备设施拥有完全的使用权和支配权，且应纳入本检验检测机构的管理体系。

（2）检验检测机构具有对租借的设备设施独立的操作、维护、检定/校准以及对使用环境和贮存条件进行控制的能力。

（3）同一台设备设施不得在同一时期被不同的检验检测机构共同租借或使用，更不能共同作为申请或取得资质认定的依据。

5.1.2 采购服务和供应商评价

检验检测机构在选择或购买对检验检测质量有影响的服务和供应品时，应建立和保持服务和供应品的采购程序，该程序主要包含采购服务和供应商评价。

1. 采购服务

服务包含有形服务和无形服务两类。有形服务主要指对设备设施、消耗性材料等的采购；无形服务则主要包含检定/校准服务，质量与技术培训服务，场所环境与设施的设计、改造和施工（装饰）服务，设备设施的运输、安装、维护和保养服务，危化品或废弃物的处置服务，以及机构形象标识标牌的设计、制作、安装服务等。

2. 供应商评价

在《质量管理体系 基础和术语》（GB/T 19000—2016）中，供方指提供产品或服务的组织。供方可以是内部的，也可以是外部的。外部供方通常指供应商。对供应商的评价应当包含：

（1）对供应商的资质、诚信与质量保证能力的调查，同时应注意搜集其他检验检测机构对供应商的综合评价。

（2）供应品的技术性能指标和使用情况调查。在供应品的验收环节，应逐一核对合同，同时关注供应品的外观性状或其特征性能，包含是否为转手设备、贴牌产品等。

（3）供应商的售后服务情况或交货情况调查。尤其要重视安装调试过程中的跟踪验证、技术交底或培训等。

（4）建立供应商的其他资料，如服务的及时性、售后电话、联系地址等。

（5）建立供应商评价记录。所有的采购服务，在事前均应对服务供应商进行评价。对仪器设备、消耗性材料，以及检定/校准服务等长期稳定服务的供应商应开展定期评价，评价内容包含资质、能力、服务、履约、费用等；对临时性服务的供应商应进行必要的市场调查，除供应商资质外，应包含其他机构对其的履约能力和诚信度的评价，并保留相应证据。

对于检验检测活动中涉及的样品委外加工和外供标准物质、质控样品、蒸馏水、化学试剂、化学溶液、无水煤油、液压油、防冻液、各类标准砂、垫片等消耗性材料，及其他低值易耗品、办公用品等，可参照《检验检测关键消耗品供应商评价规程》（RB/T 021—2019）对供应商进行评价。

5.1.3 仪器设备验收

新购及调转仪器设备的进场验收，应包含以下几点。

1. 外观检查

检查仪器设备外观是否完好，是否标明仪器编号、执行标准、出厂日期、生产厂、接收单位，是否为原厂包装，有无拆封、破损、碰伤、浸湿、受潮、变形等情况；检查仪器设备及附件外表有无残损、锈蚀、碰伤等；依据合同检查是否有合同外生产厂家的产品、贴牌产品或以旧翻新、以次充好的产品等。

2. 数量验收

验收时应以供货合同和装箱单为依据，检查主机、附（配）件的规格、型号、配置及数量，并逐件清查核对；随机资料是否齐全，如说明书、合格证、保修单、操作规程、检修手册等；对照合同看商标，检查是否有三无产品、贴牌产品、非合同定购品牌产品等；做好数量验收记录，写明验收地点、时间、参加人员、箱号、品名、应到与实到数量。

3. 质量验收

质量验收应采取全面验收测试，一般不得抽检和漏检；应严格按照合同条款、仪器使用说明书、操作手册或技术标准的规定和程序进行安装、试机；对照仪器说明书，认真进行各种技术参数的测试，检查仪器的技术指标和性能是否达到要求；对照货物的技术指标和行业需要进行验收，一般只接受有利偏离，不接受不利偏离；质量验收时要认真做好记录，若仪器出现质量问题，视情况决定是否退货、更换或要求供应商/厂商派员检修等。质量验收应关注规格、型号、精度（精密度、准确度、精确度）、量程等是否与采购合同一致。

【视野拓展】

沥青试验用针入度仪及其配套装置的验收

对照《公路工程沥青及沥青混合料试验规程》（JTG E20—2011），沥青试验用针入度仪及其配套装置的验收应注意以下几点：

（1）针和连杆组合件等。针和连杆组合件总质量 50g±0.05g，另附砝码 50g±0.05g，试验时总质量是否满足要求。

（2）标准针。标准针应不少于 3 支，针和针杆总质量为 2.5g±0.05g，洛氏硬度（HRC）为 54～60，表面粗糙度（Ra）为 0.2～0.3μm，针杆有打印号码。

（3）盛样皿。圆柱形平底金属容器有以下三种：

针入度	类型	规格	深度
＜200（0.1mm）	小型	55mm（内径）	35mm
200～350（0.1mm）	大型	70mm（内径）	45mm（0.1mm）
＞350（0.1mm）	特殊型	≥125mL（容积）	≥60mm

（4）恒温水槽。容量不小于 10L，控温准确度为 0.1℃。内有带孔架子，架顶表面距底部不小于 50mm，距水面不小于 100mm。

（5）平底玻璃皿。容量不小于 1L，深度不小于 80mm。内有不锈钢三脚支架，能使盛样皿稳定。

（6）温度计或温度传感器精度为 0.1℃。

（7）计时器在起动/停止时均能与针入度仪标准针同步联动。

（8）位移计或位移传感器精度为 0.1mm。

（9）其他。盛样皿用平板玻璃盖、电炉（或沙浴）、石棉网、刮平刀、三氯乙烯溶剂等。

验收时做好相应记录并签字确认，具体应按《程序文件》中“设备和设施管理程序”“标准物质管理程序”的要求，或针对仪器设备的特别性能、特点，临时制订验收程序等。

5.1.4 仪器设备安装、调试与试运行

对于涉及水、电等特别要求的大型仪器设备或精密仪器设备，应邀请仪器设备专业技术人员安装，或委托供应商安装，但仪器设备操作人员应在现场监督或提供协助。

仪器设备，尤其是需要固定的较大型的仪器设备或计量器具，在安装前要仔细阅读有关安装说明书和技术标准的要求，一定要注意稳固、牢靠、平整度、垂直度，以及运行空间和安全性等特别规定。

仪器设备安装完毕后，应组织专业人员或指定（授权）操作人员、仪器设备供应商、专业安装人员共同对仪器设备进行调试或试运行，再进行功能性检查，如外观、开机等是否正常。必要时，应结合样品进行核查。

5.1.5 耗材管理

机构仪器设备管理，除小型辅助工具器械、货柜箱体、工装外，还包含化学物质、药品试剂、消耗性材料等所有低值易耗品、办公用品。实验室应当建立耗材管理控制程序，尤其是直接与检验检测活动相关或可能对检验检测结果产生影响的耗材，必须实施有效的管理控制。

1. 明确管理职责

制定采购、保管、使用耗材的考核制度，明确耗材管理人员。

2. 耗材分类

（1）试剂类：化学试剂、基准试剂、标准物质、实验室用水、标准溶液等。

（2）非试剂类：玻璃器具、实验室用气体、滤纸、橡胶制品等。

（3）化学药品类：易爆、易燃、有毒害、有腐蚀、有放射性等危险品，应按照《危险品货物分类和品名编号》《剧毒化学品目录》《易制毒化学品的分类和品种目录》确定。

（4）办公类：纸张、油墨等办公用品。

3. 管理要求

（1）制订采购计划。

（2）实施采购。

同一类供应品的供应商应至少保持 3 家以上，对供应商的资质、信誉以及经营品种进行调查评价，在既要经济又要保质的前提下把质量放在首位，宜按照《检验检测关键消耗品供应商评价规程》（RB/T 021—2019）定期对供应商进行评价，通过长期合作筛选出优质的供应商。

采购计划实施前，宜同时向 2 家以上互不关联的合格供应商询价。

4. 耗材验收

对于化学药品、试剂、蒸馏水、标准砂等检验检测活动中需要的消耗性材料，应参照仪器设备管理办法进行管理，按相应的技术要求或合同规定进行验收。

耗材验收既要全面，又要做到有的放矢，应将可能影响检验检测质量的环节作为检

查验收的重点，以排除可能影响检验检测的因素。物资设备管理人员应当会同使用部门或使用人员负责耗材的规格、级别、数量、质量、保质期、质量证明文件的验收，对关键性耗材应制定相应的验收要求来指导验收工作，必要时应对耗材进行质量符合性验证。

对刻度吸管、量筒、容量瓶等玻璃类计量器具，宜有唯一性蚀刻或打码编号且至少保留一套经过校准的器具，用于对所采购或在用的玻璃类器具的验收做比对，以确定采购或在用玻璃仪器准确度是否在可控范围内；对化学药品、化学试剂、蒸馏水等，有条件的应检查其是否有干扰或影响对应的化学分析结果。

办公耗材应由办公室负责验收并实施统筹管理，必要时应实行受控管理。如纸张能双面使用的绝不单面使用，能够再利用的则不进行碎化或燃烧处理等，这既是成本管控的需要，也是遵守国家节能减排战略以助推全社会向绿色转型发展的需要。

【视野拓展】

分析实验室用水要求

按照 ISO、CAP（美国临床病理学会）、ASTM（美国测试和材料实验社团组织）、NCCLS（临床试验标准国际委员会）、USP（美国药学会）、GB/T 11446.1—2013 等标准，实验室用纯水一般分为四个常规等级：纯水、去离子水、实验室Ⅱ级纯水和超纯水，但作为一般分析实验室检验检测用水，按 GB/T 6682—2008 分为一级水、二级水和三级水共三个级别。

1.《分析实验室用水规格和试验方法》(GB/T 6682—2008)

项目、等级及适用范围	一级	二级	三级
	有严格要求的，含对颗粒有要求的，如高效液相色谱分析试验	无机痕量分析，如原子吸收光谱分析	一般化学分析
pH 范围（25℃）	—	—	5.0～7.5
电导率（25℃）/（mS/m）	≤0.01	≤0.10	≤0.50
可氧化物质含量（以 O 计）/（mg/L）	—	≤0.08	≤0.40
吸光度（254nm，1cm 光程）	≤0.001	≤0.010	—
蒸发残渣（105℃±2℃）含量/（mg/L）	—	≤0.1	≤2.0
可溶性硅（以 SiO_2 计）含量/（mg/L）	≤0.01	≤0.02	—
制备或获得方法	用二级水经过石英设备蒸馏或离子交换混合床处理后，经 0.2μm 微孔滤膜过滤制取	多次蒸馏或离子交换等方法制取	蒸馏或离子交换等方法制取

2.《铁路工程水质分析规程》(TB 10104—2003)

附录A 试验室分析用水级别及质量标准

项目、等级及适用范围	一级	二级	三级
	有严格要求的，如高压液相色谱分析	微量、痕量分析，如原子吸收分光光度分析	一般化学分析
pH范围(25℃)	6.8～7.2	6.6～7.2	6.5～7.5
电导率(25℃)/(mS/m)	≤0.01	≤0.10	≤0.50
可氧化物质含量(以O计)/(mg/L)	—	<0.08	<0.40
吸光度(254nm，10mm光程)	<0.001	≤0.01	—
蒸发残渣(105℃±2℃)含量/(mg/L)	—	≤0.1	≤2.0
可溶性硅(以SiO_2计)含量/(mg/L)	≤0.01	≤0.02	—

3. 生活饮用水标准检验方法

实验室检验用一级水、二级水、三级水应符合GB/T 6682—2008的要求，微生物指标检验用水应符合GB 4789.28—2013的要求。在采用超痕量分析或其他有严格要求的分析时使用一级水，在高灵敏度微量分析时使用二级水，一般化学分析时使用三级水。

另外，一级水主要用于高效液相色谱(HPLC)、气相色谱(GC)、原子吸收(AA)、电感耦合等离子体光谱(ICP)和质谱(ICP-MS)、分子生物学实验及细胞培养等；二级水主要用于常用试剂、溶液、缓冲液等；三级水主要用于一般化学分析试验、洗涤玻璃器皿等。

〔注〕按《分析化学术语》(GB/T 14666—2003)，化学分析方法有半微量分析、微量分析、超微量分析、痕量分析、超痕量分析等，对1～10mg的试样进行的分析称为微量分析，对待测组分的质量分数小于0.01%的分析称为痕量分析，对待测组分的质量分数小于0.0001%的分析称为超痕量分析。

5. 耗材领用

责任部门和使用部门应做好耗材的交接或出库记录，定量供给，如出现不正常消耗，相关责任管理部门宜会同有关人员核查原因。

6. 耗材库管理

对可能影响检验检测结果的耗材，物资设备部门应建立耗材的入库记录、库存记录、出库记录和退库记录。这些记录可以整合在一起，做到账物相符，并实时更新。

对于剧毒品、危险品、危化品等，应有独立受控且符合有关规定的管理场所，并严格执行双人双控管理原则，可能会发生相互干扰或影响的化学物质应分类隔离。必要时，应配备相关的安全设施(如灭火器、淋浴器、洗眼器、防毒面具、消防水管等)，以及急救药品、急救设施等，并确保能够正常使用。

技术委员会、物资设备部门、安全管理人员应每年至少进行一次现场检查。

7. 耗材使用管理

使用耗材时应注意保护耗材标签标识，防止污损，对特殊要求耗材必须严格按规定要求保存；对有有效期规定的耗材应严禁超期使用，对已过有效期的耗材如需再利用，技术负责人应组织相关人员对其进行评估，并保存评估记录。

配制试剂或溶液时应符合规范要求，及时加贴标识标签，并应充分考虑到安全、光照、灰尘、密封等因素，合规保存。标识标签的信息至少应包含试剂或溶液的名称、浓度、配制日期、有效期、配制人等基本要素；实验室用水的标签应清楚标识制备时间、名称等信息，必要时还应根据不同用途注明相应的级别。

实验室应对耗材管理效果进行必要的考核，在满足检验检测活动需要的前提下，应尽量减少耗材的非合理消耗，避免造成资源浪费。应大力提倡和引导检验检测人员对耗材管理的节约意识和环保意识，培养其良好规范的耗材使用习惯。

5.1.6 组资设备管理

组资设备指满足固定资产管理要求的最小资产（价格）/台（套）或其组合，须实施专门受控管理。对工程试验检测仪器设备，一般规定为原价 5000 元/台（套）的耐用仪器设备应纳入组资设备管理，列入机构固定资产，以 5 年或 8 年折旧处理；对未纳入固定资产管理的仪器设备、耗材等，则一次性进入机构当期成本。

设备管理部门应单独制定组资设备管理细则，执行《设备和设施管理程序》。

5.1.7 台账与档案管理

机构的仪器设备、标准物质、标准溶液、化学试剂、消耗性材料，以及低值易耗品等均须纳入台账管理，必要时还应当做好周期检定/校准、期间核查、功能核查管理等。

仪器设备与标准物质档案应实行动态管理，且应包含该仪器设备的所有技术资料与履历资料。

5.2 检定与校准

所有可能对检验检测结果有效性产生影响的仪器设备在投入使用前，检验检测机构应采用核查、检定/校准等方式，确认其是否满足所对应方法标准的技术要求，并给予恰当的标识；在使用过程中应对产生量值，尤其是产生关键量值的仪器设备（包含其软件），实施定期或不定期的期间核查。

检定/校准和期间核查均是为了确保仪器设备能以正常工作状态进行工作。其中检定/校准主要是为了确认仪器设备输出（或给出）检验检测结果（或量值）的准确性，而期间核查的结果是为了确认仪器设备在使用期间输出（或给出）检验检测结果（或量值）的稳定性。

5.2.1 检定/校准与检验检测

通常所说的“校准”在非特指时，一般可包含对仪器设备、计量器具的标定、检定、校准、校验、测试、检验检测、功能核查等。检定/校准计划应包含委外校准和内部校准、内部功能核查等实施计划。

检定是查明和确认测量仪器符合法定要求的活动，包括检查、加标记和/或出具检定证书等一系列技术性操作，或者说，检定是为了评定计量器具（测量仪器）是否符合法定要求，确定其是否满足所进行的全部工作的要求。检定的依据是国家计量检定规程、部门计量检定规程和地方计量检定规程。

校准是确定由测量标准提供的量值与相应示值之间的关系，以及确定由示值获得测量结果的关系。校准可以用文字说明、校准图、校准函数（曲线）或校准表格的形式给出，可以包含示值的具有测量不确定度的修正值或修正因子。校准的对象是测量仪器（计量器具）、测量系统、实物量具或参考物质，而测量系统通常指一套组装的并适用于特定量在规定区间内给出测得值信息的一台或多台测量仪器，以及诸如试剂、电源等其他装置。校准依据的是国家计量校准规范，或经公开发布的，如国际、地区或国家的技术标准或技术规范，或由知名技术组织、科学书刊公布的，或仪器设备制造商指定的，或机构自编的，但均经程序确认过的校准方法，以及计量检定规程中的相关部分。校准的目的是确定被校准对象的示值与对应的由计量标准所复现的量值之间的关系，以实现量值的溯源性。

仪器设备、计量器具的检验检测，一般特指对新产品和进口计量器具的型式评价、法定包装商品净含量及商品包装和零售商品称重计量检验，以及用能产品的能源效率标识计量检测。仪器设备、计量器具与工程建设检验检测活动中的检验检测有着本质的区别。

5.2.2 内部校准

内部校准是指在实验室或其所在组织内部实施的，使用自有的设施和测量标准，为实现获认可的检测活动相关的测量设备的量值溯源而实施的校准。

对于拥有标准物质的检验检测机构，在人员、环境等各方面满足校准规范的前提下，机构可自行开展对自有仪器设备、工具器具等的校验、测试工作，以用于内部的检验检测活动。

当仪器设备不直接产生量值，或产生的量值对检验检测结果的影响基本可以忽略时，这类仪器设备可实行功能核查；对于实施功能核查的仪器设备，机构可将其归结到一般工具类仪器设备中进行管理，填写使用及维护记录即可。

对产生量值的仪器设备进行内部校准活动时，应保留内部校准记录。校准记录除应包含校准时产生的技术数据外，还应包含该仪器设备用于某检验检测方法标准时，对其的技术要求所进行的符合性判断（或合格与否判断）。

机构在对仪器设备实施内部校准时，应当：

（1）将实施内部校准的仪器设备/标准物质/消耗性材料等纳入一览表（或台账），

并明确校准周期或下次校准时间建议。

（2）明确内部校准项目/参数、“校准点”、溯源要求与实施环境。

（3）明确实施内部校准的人员资格要求（培训和授权）。

按照《国务院关于取消一批职业资格许可和认定事项的决定》（国发〔2016〕35号），取消了计量检定员资格许可，与注册计量师合并实施。对于企事业单位的内部校准人员，不再要求必须持有政府计量行政部门颁发的计量检定人员证件，但应经过计量专业理论和实践操作培训或考核合格，其能力证明可以是“培训合格证明”，也可以是其他能够证明具有相应能力的计量证件，以确保其具有从事校准工作的能力。

（4）明确内部校准方法或内部校准作业指导书，含内部校准结果的处置、测量不确定度评定等。

（5）质量控制和监督应覆盖内部校准工作。

需要引起注意的是，内部校准不同于“自校”或“自校准”。自校或自校准是指仪器设备运用自带的程序或功能，或设备生产商提供的没有溯源证书的标准样品对测量系统的“零值”或“基值”所进行的调整，在通常情况下，其不是有效的量值溯源活动，但特殊领域另有规定的除外。如仪器设备内部运行程序中的“清零”“去皮”操作，即为该仪器设备的自校或自校准操作。

对于认可实验室，内部校准应当取得授权。

5.2.3 量值传递与量值溯源

检验检测机构应建立和保持量值溯源程序。

按照《中华人民共和国计量法》规定，计量基准和标准物质由国务院计量行政部门负责审批和管理。为保证全国量值的统一，必须保证各类测量标准量值准确可靠。对于计量标准中的社会公用计量标准、部门和企事业单位最高计量标准，以考核的方式进行管理，由各级计量行政部门负责实施，其他计量标准则由建立计量标准的单位自主管理。

量值传递是指通过对测量仪器的检定/校准，将国家测量标准所实现的单位量值通过各等级的测量标准传递到工作测量仪器的活动，以保证测量所得的量值准确一致；而把通过文件规定的不间断的校准链，将测量结果与参照对象联系起来的特性称为量值溯源（或计量溯源性）。很显然，在校准链中的每一项检定/校准，均会引入测量不确定度。

无论是自上而下的量值传递还是自下而上的量值溯源，都离不开用准确度等级较高的计量标准在规定的不确定度之内，对准确度等级较低的计量标准或工作计量器具进行检定/校准，即每一次的检定/校准既是量值传递的一个环节，也是量值溯源的一个步骤。

量值传递和量值溯源是同一过程的不同表达形式，它们彼此互逆，其根本目的都是把每一种可测量的量从国际计量基准或国家计量基准复现的量值，通过检定/校准从准确度由高到低地向下一级计量标准传递，直到工作计量器具。在每个量或每一级的传递链（或溯源链）中均规定了相应的测量不确定度，从而使量值在传递过程中的准确度损失尽可能小，以实现量值的准确可靠。

我国的量值传递关系和量值溯源关系是用国家计量检定系统表来表示的，它反映了从国家计量基准到工作计量器具的量值传递关系，使用的方法和仪器设备，各级标准器复现或保存量值的不确定度，以及国家计量基准和计量标准进行量值传递的测量能力。

在实际工作中，检验检测机构所使用的仪器设备（或工作计量器具）检定/校准结果，或其输出的检验检测结果，应能溯源至有证标准物质、公认的或约定的测量方法、标准，或通过比对等途径，证明其测量结果与同类检验检测机构的一致性。当测量结果溯源至公认的或约定的测量方法、标准时，检验检测机构应提供该方法、标准的来源等相关证据，并编制机构自己的量值溯源程序和量值溯源图。

在理论上，检定/校准都应当溯源到 SI 单位。当技术上不能实现将计量溯源到 SI 单位时，检验检测机构一般可以采用以下 3 种办法解决：

（1）溯源至标准物质生产者提供的有证标准物质。一般指通过 ISO 17034 的实验室生产的标准物质，该标准物质并不要求溯源至 SI 单位，也没有强制要求必须是有证标准物质。

（2）描述清晰的参考测量程序、规定方法或协议标准的结果。如一些组织或者机构公布的方法，也可以是实验室制定的非标校准方法。

（3）通过比对实现溯源。一般应同时满足两个条件：3 家及以上实验室间比对；参与实验室应当获得 CNAS 认可或是 ILAC 多边承认协议成员认可的实验室。

检验检测机构应结合仪器设备特性（或属性），按照有关法律法规或实际情况制定仪器设备检定/校准计划（含内部校准与功能核查）、量值溯源计划，并对计划实施效果进行评估或总结。

5.2.4 证书确认

仪器设备检定/校准证书的确认包含合规性确认和量值确认两个部分。

合规性确认包含证书是否错误、疏漏等，如编号（型号）错误、检定/校准方法错误、采用标准物质（器）错误、给出结论错误，以及是否有漏页、漏项、漏印鉴等；量值确认又称为计量确认，实质上是为了确认检定/校准后仪器设备的示值误差是否在其使用的方法标准所规定的最大允许误差范围内。

除检查证书缺陷外，证书合规性确认还包含以下几方面。

（1）检定证书和检定结果通知书。

由国家市场监管部门授权，依据计量检定规程实施检定，检定结论为“合格”的，均应出具检定证书，其内容应包含检定机构标志（含授权编号）及名称、检定专用章钢印及防伪标识；证书编号、页号、总页数；委托方或申请方单位名称；被检定计量器具名称、型号、规格、制造厂及出厂编号；检定结论及准确度等级；检定、核验、批准人签名；检定日期及有效期；本次检定依据的计量检定规程名称及编号、使用的计量标准器具和主要配套设备的有关信息（如名称、型号、编号、测量范围、准确度等级/最大允许误差/测量不确定度、检定/校准证书号及有效期）；使用的计量基准或计量标准装置的有关信息；检定地点及检定时的环境状态；检定规程规定的检定项目及其结果数据和结论；检定规程要求的其他内容和机构声明等。如果检定过程中对被检定对象进行了调整或修理，则应予以注明，必要时同时提供检定前后的检定记录和结论。

当检定结论为“不合格”时，出具证书的名称为“检定结果通知书”，只给出检定日期，不给出有效期，指出不合格项，其他与检定证书格式相同。

（2）校准证书。

由国家市场监管部门授权的法定计量技术机构（在授权开展检定的同时也授权校准能力）和CNAS认可的校准机构，依据国家计量校准规范，或非强制检定计量器具依据计量检定规程的相关部分，或依据其他经确认的校准方法进行的校准，出具的证书名称为“校准证书”或“校准报告”，其内容应包含发出证书单位的名称、地址及其授权证书编号；被校准计量器具或测量仪器的名称、型号、规格、制造厂及出厂编号、接收日期和校准日期；本次校准所依据的校准方法文件名称及编号、所使用的计量标准器具和配套设备的有关信息；校准地点及校准时的环境状态；依据校准方法文件规定的校准项目及其结果数据和不确定度；校准、核验、批准人员签名；校准机构专用章；机构声明等内容。如果校准过程中对被校准对象进行了调整或修理，则应予以注明，必要时应报告调整或修理前后的校准结果。当客户要求对校准结果给出符合性判断时，应指明符合或不符合所依据文件的条款。

关于校准间隔，如果是计量标准器具的溯源性校准或客户要求，应按照计量校准规范的规定给出校准间隔；否则，校准证书一般不给出校准间隔。

（3）检验检测报告。

仪器设备检验检测报告，除特指的型式评价报告、商品净含量检验报告，以及用能产品检测报告外，如果报告中包含有适用且可溯源的标准物质、校验方法时，可以作为溯源性判定的依据（这时的报告应为“校准证书”或“校准报告”），否则不得作为溯源性判定的依据。

【视野拓展】

检定/校准证书合规性判识要点

按照《关于印发新版〈检定证书〉和〈检定结果通知书〉封面格式式样的通知》（国质检量函〔2005〕861号）要求，检定证书和检定结果通知书封面应有“计量检定机构授权证书号”，“检定专用章”应采用钢印（随着证书电子化发展的趋势，为便于识别，电子证书一般采用印章而非钢印），“批准人”“核验员”“检定员”等签字必须工整手写且清晰，不得涂改；有条件的单位，可以对封面采用防伪技术。

按照《国家计量校准规范编写规则》（JJF 1071—2010）、《检测和校准实验室能力认可准则在校准领域的应用说明》（CNAS-CL01-A025：2022），校准证书封面一般应有“计量检定机构授权证书号”，否则必须有CNAS校准授权标识；盖有“校准专用章”，应有“批准人”或“授权签字人”手写签字。既没有计量检定机构授权证书号，又没有

CNAS校准授权标识的，一般认为该证书不能作为测量设备的溯源性证据。

另外，仪器设备的检定应实行“能力和开展区域”双授权原则，即开展检定工作的实验室只能在其授权能力范围和授权地域内开展计量检定工作，但中国计量科学研究院和中国测试技术研究院除外。

5.2.5 量值确认所采用的依据

仪器设备检定/校准结果的有效性应当在其体系文件中明确规定，或在委外检定/校准计划中予以明确规定。检验检测机构所拥有的仪器设备，往往对应其检验检测能力中某一具体的检验检测方法，因此，检验检测方法标准是确认检定/校准有效性的首要依据。当所对应的检验检测方法没有对该仪器设备的技术指标或性能要求做出明确规定时，可按照仪器设备自身的属性规定，或行业要求，或机构自身的要求，或检定/校准仪器设备的检定规程、校准规范要求，对仪器设备的检定/校准或测试结果进行合规性和有效性确认。

对于一些通用性量具，可以以仪器设备检定规程或校准规范，或自有技术要求、技术特性作为检定/校准结果合规性和有效性的判定依据，但当某方法标准对某通用性计量器具有明确规定时，必须同时满足该方法标准的规定。

5.2.6 检定/校准结果的符合性判定

检验检测方法标准一般规定了所采用仪器设备应达到的计量特性或要求［多数是最大允许偏差（MPE）］，参照《测量仪器特性评定》（JJF 1094—2002），结合证书中给出的检定/校准结果值与最大允许偏差的绝对值（MPEV）进行比较，从而做出符合性判断。符合性判断应包含是否满足要求、是否须降级使用以及是否应停用、复检、报废处置等规定，当证书给出了修正值或修正因子时，还应包含如何利用修正值或修正因子，或是否采用修正值或修正因子的规定。

【视野拓展】

检定/校准结果符合性判定方法

对于委外检定/校准结果符合性的判定，一般应遵循以下两种方法。

（1）直接判定法。

查验检定/校准证书给出的扩展不确定度U_{95}，当$U_{95}\leqslant\frac{1}{3}MPEV$时，一般认为，因证书提供的检定/校准结果值（即“示值误差”，用Δ表示）引入的测量不确定度对符合性评定的影响可忽略，即合格评定误判概率很小，其合格与否的判据可直接采用与对应的检验检测方法标准的技术要求进行比较。

当$|\Delta|\leqslant MPEV$时，检定/校准结果的量值确认合格；

当$|\Delta|>MPEV$时，检定/校准结果的量值确认不合格。

如对某1级（即$MPEV=1\%$）万能材料试验机进行校准后计量确认，假设某一检定/校准点的示值误差为+1.0%，查其校准证书所提供的$U_{95,\mathrm{rel}}$，当$U_{95,\mathrm{rel}}\leqslant\frac{1}{3}MPEV=0.3\%$时，可以直接判定该点的示值误差合格，而不必考虑示值误差评定的测量不确定度$U_{95,\mathrm{rel}}\leqslant\frac{1}{3}MPEV=0.3\%$所带来的影响。

注：对于型式评价和仲裁鉴定，必要时U_{95}与$MPEV$之比也可取小于或等于1∶5。

（2）间接判定法。

将U_{95}与$\frac{1}{3}MPEV$进行比较，如发现证书提供的$U_{95}>\frac{1}{3}MPEV$，则必须考虑示值误差的测量不确定度对符合性评定的影响。

当$|\Delta|\leqslant MPEV-U_{95}$时，判定/校准结果的量值确认合格；

当$|\Delta|\geqslant MPEV+U_{95}$时，判定/校准结果的量值确认不合格。

但当$MPEV-U_{95}<|\Delta|<MPEV+U_{95}$时，一方面说明对该仪器设备的检定/校准应采用更高标准进行检定/校准，或更改环境条件、增加测量次数和改善测量方法等措施进行校准，以降低示值误差评定的测量不确定度；另一方面，如果仍然采用该仪器设备开展检验检测活动，其所提供的量值应给出其测量不确定度。

需要引起注意的是，在编写检定规程时，已经对执行规程时示值误差可能的测量不确定度进行过评定，并已验证其能够满足检定系统表量值传递的要求，因此，依据规程对计量器具进行检定时，由于该规程对检定方法、计量标准、环境条件等已做出明确规定，只要满足规程的要求且被检计量器具处于正常状态，规程要求的各个检定点的示值误差未超过某准确度等级的最大允许偏差的要求时，就可直接判定该计量器具符合该准确度等级的要求，而不再需要考虑示值误差评定的测量不确定度对符合性评定的影响。但当依据技术规范（即非检定规程时）对测量仪器示值误差进行评定，并且需要对示值误差是否符合最大允许偏差的绝对值做出符合性判定时，应当考虑U_{95}或$k=2$的U与$\frac{1}{3}MPEV$的关系是否满足规定。

通过确认后，应当明确该计量器具的状态标识，如合格、停用、降级、不合格、报废等。

【视野拓展】

2000 kN压力试验机检定/校准结果有效性确认记录

如对用于骨料压碎试验和岩石抗压强度、混凝土抗折/抗压强度试验的2000 kN压力试验机，其检定/校准结果有效性确认记录：

<table>
<tr><td>仪器设备名称</td><td>压力试验机</td><td>型号规格</td><td></td><td>出厂编号</td><td></td></tr>
<tr><td>设备制造商</td><td></td><td>准确度等级</td><td></td><td>管理编号</td><td></td></tr>
<tr><td rowspan="2">检定/校准或计量单位</td><td rowspan="2"></td><td>检定/校准周期</td><td></td><td>证书/报告编号</td><td></td></tr>
<tr><td>证书/报告性质</td><td colspan="3">□检定证书　□校准证书
□测试报告　□内部校准/核查记录/报告</td></tr>
<tr><td rowspan="5">证书报告合规性确认</td><td colspan="4">1. 有授权文件的标识</td><td>□是　□否</td></tr>
<tr><td colspan="4">2. 具有量值溯源信息（如上一级标准器的标识和检定/校准证书号）</td><td>□是　□否</td></tr>
<tr><td colspan="4">3. 有技术依据（检定/校准规程）</td><td>□是　□否</td></tr>
<tr><td colspan="4">4. 提供了具体的计量数据或校准结果</td><td>□是　□否</td></tr>
<tr><td colspan="4">5. 提供了测量不确定度或允差数据</td><td>□是　□否</td></tr>
<tr><td colspan="2">校准结果的技术要求所依据的检验检测方法标准或其他技术标准</td><td colspan="4">1.《混凝土物理力学性能试验方法标准》(GB/T 50081—2019)
2.《建设用卵石、碎石》(GB/T 14685—2022)
3.《液压式万能试验机》(GB/T 3159—2008)
4.《试验机　通用技术要求》(GB/T 2611—2007)</td></tr>
<tr><td rowspan="9">校准结果的有效性确认</td><td>检测项目（校准点）</td><td>检定/校准（测试）结果</td><td colspan="2">方法标准要求或设备自身技术要求</td><td>是否满足要求</td></tr>
<tr><td>示值相对误差</td><td></td><td colspan="2">≤±1%</td><td>□是　□否</td></tr>
<tr><td>1kN/s</td><td></td><td colspan="2">≤±1%</td><td>□是　□否</td></tr>
<tr><td></td><td></td><td colspan="2">*(0.02～0.05) MPa/s</td><td>□是　□否</td></tr>
<tr><td></td><td></td><td colspan="2">*(0.05～0.08) MPa/s</td><td>□是　□否</td></tr>
<tr><td></td><td></td><td colspan="2">*(0.08～0.10) MPa/s</td><td>□是　□否</td></tr>
<tr><td></td><td></td><td colspan="2">*(0.3～0.5) MPa/s</td><td>□是　□否</td></tr>
<tr><td></td><td></td><td colspan="2">*(0.5～0.8) MPa/s</td><td>□是　□否</td></tr>
<tr><td></td><td></td><td colspan="2">*(0.8～1.0) MPa/s</td><td>□是　□否</td></tr>
<tr><td colspan="6">根据证书、报告内容可确定：</td></tr>
<tr><td colspan="6">□根据检定/校准或计量核查结果，该仪器设备满足技术标准要求。</td></tr>
<tr><td colspan="6">□根据检定/校准或计量核查结果，该仪器设备应当降级使用，降级情况为：</td></tr>
</table>

续表

□根据检定/校准或计量核查结果，该仪器设备应予修正，修正情况为：
□根据检定/校准或计量核查结果，该仪器设备不能使用，建议：
设备（计量）管理员或使用人员：　　　　年　月　日
技术负责人意见： 技术负责人：　　　　年　月　日

注：表中 * 对应的单位 MPa/s 可结合最普遍的试件尺寸换算为 kN/s。

对于仪器设备检定/校准或检验检测结果的量值确认，还应当注意：

(1) 对于检测长度、质量、时间、温度等的通用型量具，可以量具自身的技术要求作为确认依据，当出具的是检定证书时可不予确认，但在使用时应执行方法标准的要求；

(2) 当方法标准对仪器设备的技术要求，明确指出还必须满足其检定/校准规程的规定时，应将其检定/校准规程同时作为其量值符合性确认的依据，但一般不得只包含 JJF 类标准或 JJG 类标准；

(3) 当校准证书提供的校准项目（或校准点）不能完全覆盖方法标准对该计量器具的所有技术要求时，应当按方法标准规定的技术要求重新进行校准，当实验室自身具备对其他校准点的内部校准能力时，应补足相关证据；

(4) 对于安装完好且固定的仪器设备，当有型式检验报告且经过首次检定时，可只对关键项目/参数进行校准，如液压式万能材料试验机、马歇尔稳定度仪，可只对力值、加荷速率、位移计量值（含引伸计）等对检测结果可能存在直接影响的项目/参数进行校准；

(5) 当某校准点确实暂无可靠的校准机构提供校准时，除严格按操作规程使用外，可通过设备比对、与标准物比对等方法确认其量值“准确性”，同时应当重点考察合格供应（生产）商的能力；

(6) 对于方法标准有规定但无允许偏差要求的项目/参数，应予校准，其允许偏差可与该方法标准规定采用的测量设备等级保持一致，如按 GB/T 14685—2022 进行的骨料压碎指标试验，要求加荷速度为 1kN/s，可按 1 级技术要求进行合格与否判定。

校准结果的确认一定与该仪器设备的用途直接相关。如实验室中常拥有多台型号或功能基本相同的恒温干燥试验用烘箱，可用于土及填料、集料、胶凝材料、岩石、化学药品、标准物质等的烘干试验，但这些试验对烘烤温度往往都存在一些差异，在对其进行校准确认时必须与其用途直接对应。

不同用途的恒温干燥箱烘烤温度规定

方法标准代号	烘烤温度（℃）	用途
GB/T 50123—2019	105～110	非有机质土的含水率试验
	65～70	含 5%～10%有机质的土的含水率试验

续表

方法标准代号	烘烤温度（℃）	用途
JTG 3430—2020	60～70	含有机质超过5%的土或含石膏的土的含水率试验
GB/T 50266—2013 GB/T 1596—2017 GB/T 18046—2017	105～110	岩块含水率、颗粒密度、块体密度、吸水性、耐崩解性等；粉煤灰含水率试验、矿渣粉含水量测定
GB/T 8077—2012	100～105	外加剂含固量、细度试验
	130～150	外加剂总碱量试验
GB/T 14684—2022 GB/T 14685—2022 DL/T 5151—2014	105±5	骨料烘干试验
GB/T 208—2014 GB/T 8074—2008 JTG3420—2020	110±5	水泥密度、比表面积试验前处理； 分析水泥和水泥熟料试样前不需要烘干试样
GB/T 328.11—2007	100+5T	沥青防水卷材耐热性试验（T 为 1～5 自然数）
JTG E20—2011	<100	石油沥青脱水试验（去除含水），一般为 80℃
	<50	煤沥青脱水试验（去除含水）
	80～135	沥青软化制样

【视野拓展】

什么是型式检验

按照《中华人民共和国计量法》《计量器具新产品管理办法》的规定，制造计量器具的企业、事业单位生产本单位未生产过的计量器具新产品，必须经省级以上人民政府计量行政部门对其样品的计量性能进行考核，合格后方可投入生产；市场监督管理部门负责对样品进行技术评价，确定计量器具型式是否符合计量要求、技术要求和法治管理要求并适用于规定领域，批准计量器具的型式是否符合法定要求，根据型式评价报告做出符合法律规定的决定，以期它能在规定的期间内提供可靠的测量结果，这个过程称为型式批准。

在建设工程检验检测行业，依据型式批准，也引申出了对工程材料（产品标准）定型所开展的型式检验，即按照某产品标准（或验收标准）所进行的全项目/参数抽样检验，以用于对产品综合定型鉴定，或评定所有产品质量是否全面地达到标准和设计要求的判定，简单地讲，就是按照产品标准对某产品的定“型”定“式”检验。

5.2.7 修正值与修正因子

在仪器设备检定/校准或核查证书中，有时会出现修正值或修正因子。修正值为修正某一测量器具的示值误差等系统误差，并在其检定/校准证书上注明（或根据检定/校准结果计算得到）的一个特定值，它的大小与示值误差相等，但符号相反；修正因子为修正某一测量器具的示值误差等系统误差，并在其检定/校准证书上注明（或根据检定/校准结果计算得到）的，与未修正测量结果相乘的因子。

当测量结果与相应的标准值比较时，测量结果与标准值的差值为测量结果的系统误差估计值：

$$\Delta = \bar{x} - x_s$$

式中，Δ 为测量结果的系统误差估计值，$\bar{x}$ 为未修正的测得值，x_s 为标准值。当对测量仪器的示值进行修正时，Δ 为仪器的示值误差。这时，修正值 C 为：

$$C = -\Delta$$

修正因子 C_{rel} 为标准值 x_s 与未修正的测得值 $\bar{x}$ 之比：

$$C_{\mathrm{rel}} = \frac{x_s}{\bar{x}}$$

经修正后的测量结果 X_{C} 为：

$$X_{\mathrm{C}} = \bar{x} + C \text{ 或 } X_{\mathrm{C}} = C_{\mathrm{rel}} \cdot \bar{x}$$

在实际工作中，是否采用获得的修正值或修正因子，一般应结合以下两种情况进行综合考虑：

1. 需要采用获得的修正值或修正因子

（1）当仪器设备测量结果与检测结果的运算无关，但对应的检测方法对其准确度却有明确要求，且检定/校准结果符合相关计量规程要求时，应采用相应的修正值或修正因子。

（2）当仪器设备测量结果参与检测结果的运算或直接读取检测结果，且检定/校准结果满足相关计量规程要求时，应采用相应的修正值或修正因子。

（3）当仪器设备的准确度等级等于或略高于检测方法所要求的准确度等级，且其检定/校准结果符合相关计量规程要求时，应采用相应的修正值或修正因子。

（4）当需对样品做出是否合格的评判，且检测结果接近或超出标准值最高或最低限值时，必须采用经核查确认的修正因子，并根据最佳的检测结果做出评判。

2. 不需要采用获得的修正值或修正因子

（1）当仪器设备测量结果与检测结果的运算无关，且对应的检测方法对其准确度也没有明确要求时，只要其检定/校准结果符合相关计量规程要求，就不必再采用修正值或修正因子。

（2）当仪器设备检测结果以非数值形式报告（如阴性、阳性、检测、未检测）时，所使用的仪器设备只要其检定/校准结果符合相关计量规程要求，就不需再采用修正值或修正因子。

（3）当仪器设备的准确度等级远高于（大于 10 级）检测方法所要求的准确度等级时，只要其检定/校准结果符合相关计量规程要求，就不必再采用修正值或修正因子。

如实验室某台烘箱，在其校准证书中给出 105℃时的修正值为+1℃。在实际对样品进行加热的过程中，若实验室样品要求温度在105℃±5℃的温度下进行烘干，则对该烘箱的设定温度（即仪表显示温度）应修正为103℃～108℃范围内，即当仪表显示温度为103℃时，烘箱的实际温度可能为103℃+1℃=104℃；当仪表显示温度为108℃时，烘箱的实际温度可能为108℃+1℃=109℃，则烘箱烘干温度始终在要求温度范围内，满足规定。如实验室样品要求温度在105℃±5℃的温度下进行加热，也可以直接将该烘箱的设定温度设置为105℃，即不予修正。

5.3 期间核查

期间核查是根据规定程序，为了确定计量标准、标准物质或其他测量仪器是否保持其原有校准状态而进行的操作，也是为保持对设备校准状态的可信度，在两次检定/校准之间进行的一次或多次量值稳定性或可靠性核查；其对象是测量仪器，包括计量基准、计量标准、辅助或配套的测量设备等。期间核查应按规定的程序进行，通过期间核查可以增强机构的信心，以保证检测数据的准确可靠。期间核查应参考漂移、零点稳定度、重现性、灵敏度等因素建立核查计划，采用常规核查标准或有证标准物质，对仪器设备进行准确度和精密度的检测。

《检测和校准实验室能力的通用要求》（GB/T 27025—2019）对期间核查工作明确规定：应根据规定的程序和日程对计量基（标）准、传递标准或工作标准以及标准物质进行核查，以保持其检定/校准状态的可信度；当需要利用期间核查以保持设备校准状态的可信度时，应按照规定的程序进行。

因此，期间核查是指为保持测量仪器校准状态的可信度，而对测量仪器示值（或其修正值、修正因子）在规定时间间隔内是否保持其在规定的最大允许偏差、扩展不确定度、准确度等级，所进行的一种机构内部核查。

实际上，一些仪器设备在使用一段时间后，由于受操作方法、存在环境（如温度、湿度、电流电压波动、电磁、辐射、灰尘、振动、震动等），以及移动、样品或试剂溶液污染等因素的影响，并不能保证检定/校准状态的持续可信度。因此，实验室应对这些仪器设备开展期间核查。

仪器设备的期间核查分为两种：一种是产生量值的仪器设备，应进行输出量值的稳定性核查；另一种是不产生量值的仪器设备，应进行使用功能是否正常的功能性核查。

期间核查一般是由机构自己进行的，利用自有资源（或自有核查标准）对拟核查仪器设备输出量值稳定性进行的核查。自有核查标准可以是在一定条件下给出量值保持相对稳定的“标准物质”“质控样品”或某待检样品；稳定性，一般指对不止1次的核查结果是否在实验室设定的可控风险范围内（一般为该仪器设备的MPE）。对于输出量值稳定性的期间核查必须制订作业指导书，并保留相关核查和评价记录，形成核查报告；对于不直接输出测量结果的功能性仪器设备，一般不需要进行期间核查，也不需要制订专门的作业指导书，可直接采用该仪器自有使用说明书进行核查，并填写仪器设备使用记录。

不是每台仪器设备都需要开展期间核查。一般情况下，当出现下列情况之一时，应进行期间核查：

（1）产生关键量值或测量结果的；

（2）检定/校准周期较长，或拟调整检定/校准周期的；

（3）使用频率高、易出现示值漂移的；

（4）易于老化或损坏，或需经常搬迁、移动的；

（5）性能不稳定，或发现其测量结果有不利发展趋势的；

（6）对检测结果有争议或测量结果长期处于临界范围的；

（7）精密、贵重，需要谨慎操作的；

（8）在高温、潮湿、腐蚀性或其他检测环境发生较大变化，或较恶劣环境中使用的；

（9）内部质量控制或维护保养时发现不满意或异常的；

（10）发生碰撞、跌落、电压冲击等原因受损或发生意外情况的；

（11）经过改进、改造，或拟调整其使用范围的；

（12）其他应纳入期间核查的情形，如将进行重要检测活动、出库与入库返回等。

对于历次校准结果（或稳定性核查结果）表明稳定性好、校准结果的最大误差“远离”最大允许误差（如示值误差位于“中心线”附近）、核查难度大的设备，或无法获得有效的核查标准或核查标准的配置成本过高的设备，或在有效期内正常存储的有证标准物质，通常不需要进行期间核查，除非怀疑其给出的结果有重大疑虑或可能被污染或变质时。

对于库存量较大的化学药品、试剂、溶液及标准物质，如对存储条件和有效期表示怀疑时，应采用空白试验、比对试验、样品复测（留样再测）、能力验证等方式进行期间核查，也可建立长期监测质控图。核查时，如发现满足存储规定且未发现明显异常的化学药品或标准物质超过有效期，可降级使用、培训使用或直接报废。

检验检测机构应结合实际情况，提前制订仪器设备期间核查计划。

5.3.1 期间核查方法及结果评定

对输出量值的仪器设备、标准物质（标准溶液）、化学物质等，期间核查方法通常包含两种：一种是利用本次量值核查结果与上一次同一标准的核查结果进行比较；另一种是在一定时间内连续多次地对量值核查结果进行偏差分析，以确定其输出结果是否满足规定的偏差要求进行的核查。

期间核查可以是等精度等量程核查，且一般为对其常用量程（或量值）的输出结果所进行的“量值稳定性”核查。

期间核查通常包含定期核查或不定期核查两类，常采用的方法有以下几种。

1. 传递标准比较法

当对仪器设备进行期间核查时，如果实验室具备适用的、有效的、可溯源的传递标准（即可溯源的参考值和测量不确定度），且其测量不确定度 U 不超过被核查设备最大允许偏差的 1/3，即$U\leqslant\frac{1}{3}MPEV$，则可直接采用传递标准对仪器设备进行期间核查。当核查结果表明被核查的相关特性符合其技术指标时，可认为核查通过。

2. 非传递标准核查法

大多数实验室一般都不可能配置充分的具备溯源性的核查标准，这时可结合实际情况选择某稳定的常规检测对象作为核查标准。其核查方法是：被核查对象经校准返回后，立即用核查标准对其进行核查，得到核查结果 x_0 及测量不确定度U_0；期间核查时，用同样的方法、同样的核查标准再次对其进行核查，得到核查结果 x_1 及测量不确定度 U_1，然后按比率值判定法（E_n 法）进行判定：

$$E_n=\frac{x_1-x_0}{\sqrt{U_1^2+U_0^2}}$$

若$|E_n|\leqslant1$，则核查通过，该设备可以继续正常使用。

需要注意的是，采用 E_n 法判定时，一定要考虑检测/校准方法对该设备的要求，否则容易产生误判。

3. 两台（套）或多台（套）设备比对法

当实验室具有两台（套）同类测量设备时，可用它们对同一稳定的核查标准进行测量，得到的测量值分别为y_1、y_2，测量不确定度分别为U_1、U_2，则该核查结果的合格判定准则为：

$$|y_1-y_2|\leqslant\sqrt{U_1^2+U_2^2}$$

当实验室具有三台及以上的具有相同准确度等级的测量设备时，分别用这些测量设备对同一稳定的核查标准进行测量，得到的测量值分别为y_1，y_2，…，y_n 及平均值为 $\bar{y}$，则该核查结果的合格判定准则为：

$$|y_i-\bar{y}|\leqslant\sqrt{\frac{n-1}{n}}U$$

若这些测量设备的计量特性能溯源到同一计量标准，它们之间具有相关性，在评定不确定度时应予考虑。

4. 标准物质法

当实验室具有被核查设备的标准物质时，可用标准物质作为核查标准。若用标准物质去核查该测量设备时得到的测量值为 y，标准物质的代表值为 Y，则该核查结果的合格判定准则为：

$$\left|\frac{y-Y}{MPE}\right|\leqslant1$$

用于期间核查的标准物质应能溯源至 SI，或是在有效期内的有证标准物质。此时，标准物质也包含经过定值的标准溶液。

5. 留样再测法

当测量设备经检定/校准得到其性能数据后，立即用其对某核查标准（并作为留样样品）进行测量，把得到的测量值 y_1 作为参考值。然后在规定或计划的期间核查时，用该测量设备继续对该核查标准进行测量，得到测量值 y_2，y_3，…，y_n，该核查结果的合格判定准则为：

$$|y_2-y_1|\leqslant\sqrt{2}U，|y_3-y_1|\leqslant\sqrt{2}U，\cdots，|y_n-y_1|\leqslant\sqrt{2}U$$

式中，U 为扣除由系统效应引起的标准不确定度分量后的扩展不确定度，一般只考虑重复性引入的测量不确定度、测量设备分辨力引入的测量不确定度、测量设备不准引入的测量不确定度和结果数据修约引入的测量不确定度，其中在计算合成标准不确定度时只考虑重复性和分辨力两个影响因素的较大者。

6. 实验室间比对法

实验室间比对法与两台（套）或多台（套）设备比对法相似，只不过在实验室间进行。需要注意的是，在评定不确定度时应考虑相关性的影响。

7. 方法比对法

方法比对法是指采用不同的方法对测量设备进行核查。当利用同一台（套）被核查测量设备对核查标准进行测量时，核查结果的判别原则可按留样再测法进行；当两种方法的两次测量是在不同测量设备上进行时，可按两台（套）设备比对法进行判别。

期间核查针对仪器设备、标准物质、化学药品等的方法还很多，如直接测量法、标样核查法等，其实质是要明确期间核查的根本目的，要结合日常使用情况（频率、异常等），利用常规核查标准核查某“常用量程”输出结果的量值稳定性，而不是输出结果的量值准确性，并结合自身实验室的基本情况，采用适宜的核查方法。

需要注意的是，期间核查与委外检定/校准不同，期间核查是实验室利用自有资源，安排自己的人员，根据己方制定的核查方案，以保持仪器设备校准状态（示值误差、修正因子、修正值）的可信度为目的，对自有仪器设备量值的稳定性进行的仪器设备所处状态符合性的核查，表现的是系统效应对仪器设备测量示值的影响是否发生不可接受的变化。

另外，期间核查的“核查点”通常是结合对被核查仪器设备的日常使用情况和方法标准要求，对其最常用量程进行的量值稳定性输出结果的核查。

对期间核查发现有问题的仪器设备，应立即排查自最近一次检定/校准或核查以来所给出量值的有效性，并评估可能造成的影响；必要时须重新安排检定/校准，如仍不满足使用要求的，应当停用、降级或报废处理，并予以明显标识。

为规范期间核查行为，一些省市也制订了仪器设备期间核查办法，如《公路工程试验检测设备期间核查规范》（DB42/T 1544—2020）、《实验室常见化学测量设备期间核查管理规范》（DB42/T 1957—2023）等。

5.3.2 期间核查与稳定性

1. 期间核查

期间核查是按照规定程序，对参考标准、基准、传递标准或工作标准，以及标准物质进行的核查，以保持其校准状态置信度的操作。

随着时间的推移和测量仪器的使用，测量仪器的示值可能偏离校准时的状态，即测量仪器示值与参考值之间的关系发生了变化。期间核查就是期望及时发现这种变化的可能性，或者确认这种变化是否发生，或者这种变化是否超出允许范围。通过这种确认活动，获得了测量仪器还保持着其校准状态的证据，可提高测量仪器示值可靠性的置信度。

另外，期间核查是由使用测量仪器的实验室在两次检定/校准之间，在实际工作的环境条件下，对预先选定的同一核查标准进行定期或不定期的测量，所得到的测量数据与允许误差限进行比较，以确认测量过程处于质量控制之中。如果期间核查结果保持在允许误差限内，仪器可以继续使用。

测量仪器的检定/校准通常是在理想条件下进行的，即检定/校准只对测量仪器本身进行，因此，测量仪器符合要求不等于给出的测量结果的质量得到保证。测量结果的质量除取决于测量仪器本身，还可能受到操作方法、环境条件、测量方法等多种因素的影响。如果期间核查结果符合要求，说明测量过程受控，测量仪器的校准状态没有出现不可容忍的变化；如果期间核查结果不符合要求，说明测量过程失控，则要从影响测量过程的各种因素分析其原因。

通过期间核查可以提供证据，增强测量数据的置信度；可以及时发现测量误差的变化趋势，并采取预防措施，从而有效地控制测量结果的准确度，使其保持在规定的要求之内。当核查结果的变化趋近允许误差限时，应采取措施避免状态进一步恶化，以防止错误的测量结果被采用。

2. 稳定性

稳定性是指在消除了测量设备重复性和漂移的影响后，测量仪器的计量特性在间隔了足够长时间后仍然能够得到保持的能力。其中，重复性反映的是仪器的随机效应，显示的是短时间内多次测量所获得示值的变化情况；漂移指的是测量仪器在开机后的持续运行过程中，以一定的时间间隔采样，每次采样通过取多个示值的平均值作为采样结果，在消除重复性的影响后，该采样结果随时间的变化（慢变化）程度，反映其多次测量结果在消除随机误差后获得的平均值，从而得到一系列数据，由此可以绘制其变化规律的曲线。因此，稳定性反映的是利用被考核仪器去测量一个核查标准，经历数个校准周期积累数据构成的曲线，是测量系统保持其计量特性不随时间变化的能力。

当利用测量仪器校准结果作为稳定性考核数据来源时，稳定性仅反映被考核仪器的计量性能，例如利用对标准砝码的周期校准获得的是标准砝码质量保持不变的能力；反之，如果使用砝码考核电子天平的稳定性，则反映的是包含环境条件和空气密度在内的环境影响下的电子天平示值与砝码量值的变化。

3. 期间核查与稳定性的关系

（1）都是实验室用于出具数据的测量仪器。

期间核查与稳定性的考核对象相同，都是针对测量仪器、测量标准进行的核查。

（2）都是考核计量特性不随时间变化的能力。

期间核查是从前一次校准后的示值开始，稳定性核查是从设备的最初示值开始。

（3）都是考核测量仪器在一个时间周期内量值的变化情况。

期间核查仅是针对被考核对象在一个校准周期内的变化，在下一次校准后，其参考值归零；而稳定性核查的是被考核对象建立以后的长期变化，时间往往跨越多个校准周期，一般应延续到该测量仪器的整个生命周期。

(4) 都需要有一个稳定的核查标准。

被考核计量特性所对应的量值必须非常稳定，其量值的变化可以忽略。

(5) 都可以绘制成量值变化曲线。

均可用一条曲线反映其量值的变化情况。

(6) 任何测量仪器都可以进行稳定性考核。

测量仪器可以利用一个稳定的实物量具或校准数据进行稳定性考核，但当核查单位没有更高准确度的测量仪器或核查标准时，期间核查往往不易进行。

5.3.3 期间核查作业指导书

期间核查作业指导书可参照《测量设备期间核查的方法指南》（CNAS-GL042：2019）等要求编制，对拟纳入期间核查的仪器设备，应编制经技术负责人审批确认的作业指导书。

期间核查作业指导书一般应包含以下信息。

1. 核查目的

对检测用设备在两次检定之间的技术指标进行期间核查以保持设备校准状态的可信度，确保检测结果准确可靠。

2. 适用范围

机构主要或重要检测仪器设备、现场检测仪器设备的期间核查。

3. 人员职责

(1) 质量负责人负责编制年度期间核查计划；

(2) 项目负责人具体实施期间核查，检测室负责人负责对核查结果进行确认；

(3) 质量监督员负责督促完成期间核查过程。

4. 核查时机

期间核查一般在仪器的检定/校准周期内进行1～2次为宜，当出现以下情况时应考虑实施期间核查：

(1) 因使用环境发生变化，如温度、湿度变化较大，有可能影响仪器的准确性；

(2) 在检测过程中发现可疑数据，对仪器设备提出怀疑时；

(3) 遇到重要的检测，如发生重大水质污染事故或委托用户对检测结果有争议时。

5. 核查方法

(1) 使用有证标准物质进行核查。

使用有证标准物质核查时应注意所用的标准物质的量值是否能够溯源且有效。

(2) 使用仪器自带标准进行核查。

有的仪器设备自带有核查标准或内部自动校准系统，可采用其自带标准或自校准系统进行核查，如电子天平自带的标准工作砝码。

(3) 采用仪器设备之间的比对。

当有多台相同或类似的仪器设备时，可采用另一台相同或更高精度的仪器设备进行比对。

(4) 使用不同检测方法进行比对。

(5) 留样再测法核查。

如果保留的样品性能稳定，可对保留样品量值重新测量。

(6) 采用标准方法中规定的核查方法。

如《回弹法检测混凝土抗压强度技术规程》(JGJ/T 23—2011) 规定了对回弹仪的保养、率定要求；《焊缝无损检测 超声检测 技术、检测等级和评定》(GB/T 11345—2013) 规定，“至少在每次检测前，应按 JB/T 9214—2010 推荐的方法，对超声检测系统工作性能进行测试”，“检测过程中至少每 4 小时或检测结束时，应对时基线或和灵敏度设定进行校验”等，这些都是可直接借鉴的期间核查方法。

(7) 利用设备检/校规程等进行期间核查。

当具备条件时，也可直接采用或参照仪器设备检定规程、仪器设备使用说明书及产品标准或供应商提供的方法进行核查。

(8) 自编核查方法进行核查。

对于没有成熟核查方法的仪器设备，也可以结合仪器设备操作程序，自编期间核查实施细则。该细则应包括：被核查仪器名称、测量范围及主要技术参数名称；所采取核查方法中涉及的核查标准物质的名称、测量范围；所采取的期间核查方法、核查测量过程的描述；核查数据记录的要求、核查结果的判定方法。

6. 核查记录

期间核查应有记录，根据期间核查内容可以采用不同的记录方式：对于需要经常进行的期间核查，可直接记录于检测原始记录上；对于需要较频繁进行的期间核查，可直接记录在仪器设备的维护记录上；对于比较复杂的期间核查，应编制专门的期间核查记录表格进行记录。

7. 核查结果的判定

期间核查应对核查结果进行合格判定或评价。

若在实施期间核查的过程中，发现被核查检测设备技术状态异常，应进行分析并查找原因，在更换核查方法仍然不满足核查标准时，应当进行委外检定/校准。

8. 相关文件

仪器设备管理程序、仪器设备操作规程、期间核查作业指导书。

9. 相关记录

仪器设备期间核查记录，包含核查技术记录。

10. 核查报告

比较复杂的期间核查结果应编制期间核查报告，报告内容应包含测量不确定度评价、结果判定或评价等内容。

化学分析试验用仪器设备、量（器）具的期间核查可参照《实验室化学检测仪器设备期间核查指南》（RB/T 143—2018）、《化学检测仪器核查指南》（CNAS-GL 046：2020）执行。

5.4 标准物质管理

《中华人民共和国计量法实施细则》规定，用于统一量值的标准物质属于计量器具的范畴；《标准物质管理办法》规定，用于统一量值的标准物质，包括化学成分分析标准物质、物理特性与物理化学特性测量标准物质和工程技术特性测量标准物质。

标准物质的国际通用术语为“标准样品”，是指“具有一种或多种规定特性、足够均匀且稳定的材料，已被确定其符合测量过程的预期用途”。标准物质通常必须具备两个特点：一是具有量值准确性；二是能作为基准用于测量。按照全国标准物质管理委员会发布的标准物质目录，标准物质按其属性和应用领域可分成十三大类，每个大类又按照其特性的准确度水平分为一级标准物质和二级标准物质，其中一级准确度最高。这十三个大类分别是：

（1）钢铁成分分析标准物质；

（2）有色金属及金属中气体成分分析标准物质；

（3）建材成分分析标准物质；

（4）核材料成分分析与放射性测量标准物质；

（5）高分子材料特性测量标准物质；

（6）化工产品成分分析标准物质；

（7）地质矿产成分分析标准物质；

（8）环境化学分析标准物质；

（9）临床化学分析与药品成分分析标准物质；

（10）食品成分分析标准物质；

（11）煤炭石油成分分析和物理特性测量标准物质；

（12）工程技术特性测量标准物质；

（13）物理特性与物理化学特性测量标准物质。

按《国家标准样品管理办法》（国市监标技规〔2021〕1号）规定，标准样品指以实物形态存在的标准，其规定的特性可以是定量的或定性的，应当具有均匀性、稳定性、准确性和溯源性。需要在全国范围内统一的标准样品，应制作国家标准样品。标准物质管理应遵循以下规定：

（1）《标准样品工作导则》；

（2）《标准物质标准样品生产者认可规则》（CNAS-RL07：2018）；

（3）《检测和校准实验室标准物质标准样品验收和期间核查指南》（CNAS-GL 035：2018）；

(4)《基于标准样品的线性校准》(GB/T 22554—2010)。

5.4.1 标准物质

标准物质(RM)是一种已经确定了具有一个或多个足够均匀的特性值的物质或材料,作为“量具”,在校准测量仪器、评价测量分析方法、测量物质或材料特性值、考核分析人员操作技术水平,以及在生产过程中产品的质量控制等领域起着不可或缺的作用。标准物质可以是纯的或混合的气体、液体或固体,但在多数情况下(或未附加特别说明时),标准物质一般指具有某种化学稳定特性的均质物质或材料。

通常情况下,标准物质具有三个非常重要的特征:有标称特性值及其不确定度;无论赋值或未赋值,均可用于测量精密度控制,但只有赋值的标准物质才可用于校准或测量正确度控制;既具有“量”,也包含“标称特性”。

化学类标准物质不一定是高纯度物质,多数化学类标准物质实质上并非纯净物而是混合物。

是否将具有某个量值或标称特性的物质作为标准物质,应结合机构自身的检测能力或其具体的用途确定。只有可以将其作为基准,以用于标称其他物质(包含仪器设备)的标称特性的“物质”,才应当纳入标准物质管理。

从量值传递和经济观点出发,又将标准物质分为一级和二级两个级别。一级标准物质采用定义法或其他准确、可靠的方法对其特性量值进行计量,其不确定度达到国内最高水平,主要用于对二级标准物质或其他标准物质定值,或者用来检定/校准高准确度的仪器设备,或评定和研究标准方法;二级标准物质采用准确、可靠的方法或直接与一级标准物质相比较的方法对其特性量值进行计量,其不确定度能够满足日常计量工作的需要,主要作为工作标准使用,用于现场方法的研究和评定。

5.4.2 有证标准物质

标准物质是量值传递的一种重要手段,是统一全国量值的法定依据,它又分为有证标准物质和无证标准物质两类。其中,有证标准物质(CRM)指附有证书的标准物质,被国家计量主管部门批准、发布,其一种或多种特性值依据溯源性程序确定,使其能溯源到准确复现的、用于表示该特性值的计量单位,而且每个标准值都附有给定包含区间的测量不确定度;无证标准物质一般只作为机构的内部质控样品,用于测量设备的内部校准。

5.4.3 标准溶液

标准溶液就是已知其主体成分或其他特性量值的溶液。按照用途的不同,分为滴定分析用标准溶液、杂质测定用标准溶液和 pH 测量用标准溶液。

1. 滴定分析用标准溶液

滴定分析用标准溶液主要用于测定试样中主体成分或常量成分,有两种配制方法:一是用一级或二级标准物质(又称“基准试剂”)直接配制;二是用分析纯以上规格的试剂配成接近所需浓度的溶液,再用标准物质进行测定(称为“标定”)。《化学试

剂 标准滴定溶液的制备》（GB/T 601—2016）规定了化学试剂标准滴定溶液的配制和标定方法。标准滴定溶液用物质的量浓度表示，符号为 c(B)，单位为 mol/L，指每升溶液中含有滴定剂 B 为基本单元的物质的量（mol)，如某硫酸标准滴定溶液浓度为 $c\left(\frac{1}{2}H_2SO_4\right)=0.1000$mol/L。

除另有规定外，标准滴定溶液在 10℃～30℃条件下，密封保存时间一般不超过 6 个月；碘标准滴定溶液、亚硝酸钠标准滴定溶液 c（$NaNO_2$）＝0.1mol/L 密封保存时间为 4 个月；高氯酸标准滴定溶液、氢氧化钾-乙醇标准滴定溶液、硫酸铁铵标准滴定溶液密封保存时间为 2 个月。超过保存时间的标准滴定溶液应进行复标定后方可继续使用。

标准滴定溶液在 10℃～30℃条件下，开封使用过的标准滴定溶液保存时间一般不超过 2 个月（倾出溶液后立即盖紧）；碘标准滴定溶液、氢氧化钾-乙醇标准滴定溶液一般不超过 1 个月；亚硝酸钠标准滴定溶液一般不超过 15d；高氯酸标准滴定溶液开封后应当天使用。

当标准滴定溶液出现浑浊、沉淀、颜色变化等现象时，应重新制备。

2. 杂质测定用标准溶液

杂质测定用标准溶液又称仪器分析用标准溶液，《化学试剂 杂质测定用标准溶液的制备》（GB/T 602—2002）给出了 85 种杂质标准溶液的制备方法。该种溶液所含的元素、离子、化合物或基团的量，以每毫升含有多少毫克表示。该标准规定的标准溶液浓度为 0.1mg/mL 计 56 种，1mg/mL 计 28 种，仅 1 种是 10mg/mL（乙酸盐 CH_3COO^-）。规定浓度下溶液比较稳定，可称为贮备液，当需要使用更低浓度时可按要求稀释，制成标准系列溶液。

除另有规定外，杂质测定用标准溶液在常温（15℃～25℃）下保存时间一般为 2 个月，当出现浑浊、沉淀或颜色变化等现象时，应重新制备。

3. pH 测量用标准溶液

当用 pH 计测量溶液的酸度时，必须先用 pH 标准溶液对 pH 计进行校准。

5.4.4 标准物质的管理与期间核查

1. 管理要点

标准物质管理的关键是受控与保存，其根本目的是如何确保标准物质的特性稳定。

另外，标准物质（包含所有化学物质、管控化学药品，以及有放射性的管控设备）还应关注是否需要在公安机关备案，是否需要双人双控，是否满足温度、光照、有毒、易制毒、强腐蚀，以及通风、监控、报警等对其的管理规定。

2. 期间核查范围

与仪器设备一样，标准物质也应进行期间核查，对于需要纳入期间核查的标准物质，期间核查的范围和内容包括：

(1) 作为有效的预防措施的（或控制试验结果的）；

（2）标准物质使用频率高的；

（3）性状不稳定或可能发生时效变化的；

（4）储存环境条件发生变化的（如温度、湿度、不受实验室控制后返回、场所搬迁等）；

（5）疑似受污染的；

（6）检测结果争议大，受质疑的；

（7）临近失效或已过使用有效期，拟仍将使用的。

3. 对不允许回收使用的标准物质的期间核查方式

对不允许回收使用的有证标准物质和无证标准物质、开封标准物质和未开封标准物质，所采用的期间核查方式不同：

（1）有证标准物质在期间核查时只需对照证书要求对包装、物理性状、储存条件、有效期等进行核查即可，对于一次性不能用完的标准物质，还要关注其密封状态；无证标准物质应使用已知的、稳定可靠的有证标准物质进行期间核查，当不能获得核查用有证标准物质时，可以采用机构间比对、委外校准、测试近期参加过水平测试结果为满意的样品、使用其他质量控制样品测试等。

（2）已开封标准物质应确保在其有效期内使用，在证书规定的开封有效期内，至少进行1次期间核查；未开封标准物质应核查其是否在有效期内，以及是否按照证书规定的存储条件和环境要求等保存，外包装是否完好，颜色状态是否正常。

4. 对允许回收使用或再利用的标准物质的期间核查方式

标准物质在有效期内允许回收使用或再利用时，应确保其使用及储存情况满足证书规定的要求。必要时，应根据其稳定特性、使用频率、储存条件变化、测量结果可信度等情况，选择以下项目之一对其特性量值的稳定性进行核查：

（1）检测足够稳定的、不确定度与被核查对象相近的实验室质控样品；

（2）与上一级或不确定度相近的同级标准物质进行量值比对；

（3）委托有资质的检测/校准机构确认；

（4）进行实验室间量值比对；

（5）测试近期参加能力验证且满意结果的样品；

（6）采用质量控制图进行趋势性核查。

一般情况下，回收再利用标准物质时，应对其特性量值进行评估，或降级，或作为定性分析用，或作为加标样品。如果发现标准物质已经过期，宜进行报废处理，或作为练习、参考、非质控比对或验证，以及培训使用。

在机构正常的期间核查活动中，如果发现标准物质不合格，须立即停止使用，并追溯对之前检测结果的影响，执行“不符合工作管理程序”。

5. 期间核查内容

试剂、溶液类化学标准物质，其核查内容应包括：

（1）是否在其有效期内，可参考《化学试剂标准滴定溶液的配备》（GB/T 601—2016）、《检验检测机构常用化学试剂储存管理指南》（T/SXCAA 015—2021）、《检验检测机构化学检测用标准物质管理及应用指南》（DB 14/T 2499—2022）的相关规定。

（2）储存条件和环境要求是否满足（与说明书要求一致）。

（3）外观（颜色、性状等）是否发生变化。

（4）是否按该证书所规定的适用范围、使用说明、测量方法与操作步骤使用。

（5）重新验证特征量值，以证实其是否保持校准状态时的置信度。对于稳定的标准物质（如氯化钠、重铬酸钾等），通常只需对前 4 项进行核查，而对于相对不稳定的标准物质（如实验室自配 EDTA 滴定液等标准溶液），应根据实际情况或相关标准要求对其实施全项核查。

如果上述情况的核查结果完全符合要求，则无须再对该标准物质的特征（性）量值进行重新验证；如果发现以上情况出现了偏差，则应对标准物质的特征（性）量值进行重新验证，以确认其是否发生了变化。

6. 特征（性）量值核查

化学类标准物质的核查，除了外观、存储条件等项目外，特征（性）量值的重新确认是一项十分困难的工作，绝大多数实验室都不容易做到对化学类标准物质的特征（性）量值核查，主要还是因为存量少、消耗快或核查价值不划算。必要时，可通过空白试验、留样再测或重复性试验、内部质控样品比对试验、实验室间比对或能力验证试验等方法对特征（性）量值进行期间核查。

7. 期间核查结果评价

假设标准物质的特征量值为 x_{CRM}，不确定度为U_{CRM}；核查实验室所用方法对该标准物质进行测量，其测量值为 x_{Lab}，测量方法的不确定度为U_{Lab}，核查结果可采用统计法（E_n 法）进行评价：

$$E_n=\frac{x_{\mathrm{CRM}}-x_{\mathrm{Lab}}}{\sqrt{U_{\mathrm{CRM}}^2+U_{\mathrm{Lab}}^2}}$$

当$|E_n|\leqslant 1$时，核查结果合格。

8. 使用和管理

标准物质、标准溶液的使用和管理应满足以下要求：

（1）标准物质、标准溶液的存放环境要符合要求，确保其不变质。

（2）标准物质、标准溶液的购置应在供应商评价目录中所选择的供应商处进行购买，不得购买无许可证或无标识的标准物质。

（3）标准物质应按需领取并履行登记手续，必须按其说明书规定期限定期更换，剩余的标准物质不能再倒回原处。

（4）标准溶液的制备必须严格按 GB/T 601、GB/T 602 的规定进行，由专人配制和标定（且不得少于两人），标定时应详细记录标定过程。

（5）标准溶液应实行标志管理，制备好的标准溶液应在标签上注明名称、浓度、基准物质名称、配制人、配制日期、标定人、标定日期、保存时间，并合理放置，由专人妥善保管。

（6）标准溶液的配制人和标定人要填写“标准溶液的制备与标定原始记录”，配制好的标准溶液应经审核后使用。

（7）标准溶液在检验室内应单独放置，并保证室内环境条件符合要求；标定好的标准溶液在常温下的保存时间不得超过两个月；超过期限的标准溶液应由配制人员重新标定，做好相应的记录和标签。

9. 实验室常用的标准物质

实验室常用的标准物质（通常包含“内部质控样品”）很多，除化学分析用基准物质、标准溶液外，还包含非化学分析用途的标准物质，如：

（1）天平质量称量核查用的基准砝码，钢材硬度试验前用的标准块，回弹仪率定试验用的钢砧，涂层测厚试验前用的基准薄膜片等；

（2）各种力标准器（测力仪）、标准测力环；

（3）用于校准用的万能角度尺、角尺、长度测量仪器基准；

（4）粉料细度试验用标准粉，外加剂拌和物性能试验用基准水泥，水泥胶砂试验用的 ISO 标准砂，路基路面压实度试验用的单级配标准砂；

（5）其他用于内部校准的自制“标物”，如混凝土钢筋保护层厚度检测用的预制件，混凝土超声回弹或声波、雷达等检测用的混凝土预制件，变形观测预埋的“基准观测物”、预埋基桩等。

以上所列标准物质，有的“有证”，有的“无证”，应按其重要程度分别进行管理。

5.4.5 标准曲线或工作曲线

在工作中我们经常碰到标准曲线或工作曲线，如集料（骨料）筛分、地基载荷、千斤顶校验、混凝土含气量测定、土工击实与液塑限试验、碱含量试验等，均涉及标准曲线或工作曲线的绘制。在建立或绘制标准曲线或工作曲线时应注意以下内容。

1.《基于标准样品的线性校准》（GB/T 22554—2010）的规定

（1）标准曲线的浓度范围应覆盖正常操作条件下的被测量范围；

（2）标准样品的组分尽量与被测样品组分一致；

（3）标准样品的浓度值应等距离地分布在被测量范围；

（4）标准样品的个数至少应有 3 个浓度；

（5）每个标准点至少重复 2 次，且这个重复包含从稀释开始。

2. 标准曲线或工作曲线中数据点的个数

标准曲线或工作曲线中数据点的个数与所检测组分的浓度范围、分析仪响应特性、检测信号响应特性及干扰因素等密切相关，一般应满足：

（1）对于一些低浓度，特别是微量分析，或者变化范围较小，检测器响应可靠，背景干扰非常小的，可以选用 3 个浓度点；个别可以只用一个浓度点，外加一个坐标原点。

（2）对于测量的样品浓度范围较宽，且检测器响应不完全是一次曲线（直线）的，可采用二次曲线或分段校正方式，以减少数据偏差，一般应有 4～6 个浓度点；如果采取分段校正，则每段应不少于 2 个浓度点。

对于浓度范围不确定的样品，如果检测响应可靠、环境因素影响较少，可以做校正曲线；否则，宜采用加标法测定。在实际工作中，多数采用5个浓度点（不包括零浓度或空白试验），且每个浓度点宜重复测定2～3次。

3. 标准曲线或工作曲线中的相关系数

一般情况下，对于筛选方法，线性回归方程的相关系数不应低于0.98；对于确证方法，相关系数不应低于0.99。

0.99是判断该曲线是否线性相关的标准，只有当大于0.999时才是理想的线性相关。相关系数在0.99～0.999之间的监测结果，只有在中间浓度时才是可靠的。如果某曲线线性不良，则应减少标准样品浓度的覆盖范围，即将标准样品的浓度调整到待测样品浓度附近。如某样品在0～50mg/L范围内建立标准曲线时，所获得曲线相关性不满足要求，预测该样品浓度应在20mg/L附近，这时应将标准样品浓度调整为（15～25）mg/L，并做5个测点。

很多化学分析方法标准都对标准曲线或工作曲线质量控制进行了规定。如《水泥化学分析方法》（GB/T 176—2017）对工作曲线的要求一般为5～9个测点（含空白），并进行平行试验；《铁路工程水质分析规程》（TB 10104—2003）附录B对标准曲线的质量控制规定为“配制标准系列溶液，包括试剂空白，每次应不少于6个测点，重复次数以不少于6次为宜”，“标准曲线应具有良好的线性，空白小、斜率大、减去空白后截距应趋近于零，相关系数γ宜处于$0.999<\gamma\leqslant 1$范围”。

4. 标准曲线或工作曲线检验

(1) 线性检验。

线性检验即检验校准曲线的精密度。

(2) 截距检验。

截距检验即检验校准曲线的准确度。在线性检验合格的基础上，对其进行线性回归分析，得出回归方程$y=a+bx$，然后将所得截距a与0作t检验，当取95%置信水平，经检验无显著性差异时，a可做0处理，方程简化为$y=bx$，$x=y/b$。在线性范围内，直接将样品测量信号值经空白校正后，计算出试样浓度。

当a与0有显著性差异时，表示校准曲线的回归方程计算结果准确度不高，应找出原因予以校正，重新绘制校准曲线并经线性检验和截距检验合格后，方可投入使用。

凡回归方程一般不宜直接使用，否则容易引入系统误差。

(3) 斜率检验。

斜率检验即检验分析方法的灵敏度。方法灵敏度是随试验条件的变化而改变的，在完全相同的分析条件下，仅由于操作中的随机误差导致的斜率变化不应超出一定的允许范围，此范围因分析方法的精度不同而异。

5.5 检定/校准周期

仪器设备，包含非计量仪器设备，使用前应定期检定/校准，或进行量值核查与功能核查。检定/校准周期或量值/功能核查周期的确定，可参照以下要求：

(1)《检测和校准实验室能力认可准则》（CNAS-CL01：2018）第 7.8.4.3，校准证书或校准标签不应包含校准周期的建议，除非已与客户达成协议。

(2)《建设领域典型检验检测设备计量溯源指南》（CNAS-GL 033：2018）第 3.3，国家强制检定外的有明确计量技术规范的检验检测设备，应按相应的计量技术规范开展计量溯源工作，并合理规定溯源周期。

(3)《测量设备校准周期的确定和调整方法指南》（CNAS-TRL-004：2017）。

(4)《计量器具检定周期确定原则和方法》（JJF 1139—2005）。

仪器设备溯源周期的确定应根据仪器设备使用情况及其期间核查结果等因素共同决定，对于长期停用或使用频率很低（如每年不足 2 次）的仪器设备，可根据核查情况适当延长校准周期。

(5)《测量设备校准周期的确定和调整方法指南》（RB/T 034—2020）。

对于采用检定方式进行量值溯源的测量设备，应严格遵循相应的检定规程的规定；对于采用校准方式进行量值溯源的测量设备，在参考有关检定/校准规程的要求的同时，其校准周期应结合使用情况，由使用者自行确定。

5.5.1 确定校准周期应考虑的因素

影响仪器设备校准周期的因素很多，当实验室拟调整仪器设备校准周期时，应考虑以下因素：

(1) 机构需要或声明的测量不确定度；

(2) 使用超出最大允许误差限值设备的风险；

(3) 使用不满足要求的设备进行测量时，机构采取纠正措施的代价；

(4) 设备的类型及其部件；

(5) 磨损和漂移的趋势；

(6) 制造商的建议；

(7) 使用的程度和频次；

(8) 使用的环境条件（气候条件、电离辐射等）；

(9) 历次校准结果的趋势；

(10) 与测量结果质量相关设备的重要性；

(11) 因设备未校准（不再具备溯源性）对后果风险的评估分析；

(12) 维护和维修的历史记录；

(13) 与其他参考标准或设备相互核查的频次；

(14) 期间核查的频次、质量及结果；

(15) 设备的运输安排及风险；

(16) 质量控制情况及有效性；

(17) 操作人员的熟练程度。

5.5.2 确定校准周期应遵循的基本原则

仪器设备校准周期的确定应当遵循两个基本原则：一是在这个周期内测量仪器超出允许误差的风险尽可能最小；二是经济合理，使校准费用尽可能最少。即在有效控制风险和费用的前提下，使用科学的方法，积累大量的试验数据，再经分析研究后确定。具体地讲，可以包含：

（1）使用的频繁程度。使用频繁的测量仪器，容易使其计量性能降低，故可以缩短校准周期来解决。

（2）测量准确度的要求。要求准确度高的测量仪器，可适当缩短校准周期。

（3）使用者的维护保养能力。

（4）测量仪器的性能，特别是长期稳定性和可靠性的水平。

（5）对产品质量的判断影响较大，或有特殊要求的测量仪器，其校准周期应相对短一些。

应当引起注意的是，盲目地缩短校准周期在造成资源浪费的同时，会对测量仪器的寿命、准确度等带来不利的影响；相应地，单纯地为了节约资源（人力、财力等）而延长校准周期，也是相当危险的，可能导致因使用准确度已发生较大偏离的测量仪器而带来更大的检验检测风险，甚至酿成严重后果。因此，机构应在经过充分地论证和权衡后，对每台仪器设备规定合理的校准周期，这也是实验室能力的一项重要体现。

5.5.3 确定校准周期的方法

机构可以根据仪器设备特点和使用频率等特性要求自定义校准周期。仪器设备校准周期的确定，一般可参照《测量设备校准周期的确定和调整方法指南》（RB/T 034—2020）进行，具体可采用以下方法。

1. 统计法

根据测量仪器的结构、预期可靠性和稳定性的相似情况确定仪器的校准周期。如对测量仪器进行分组，统计在规定周期内发现的超差或其他不合格数目，当超差或不合格仪器的数量占比很高时，应适当缩短校准周期。

2. 实际运行时间法

实际运行时间法是确认校准周期以实际工作的小时数表示，应经过统计确定，找出必须进行校准的时间节点或临界点。

3. 比较法

每台测量仪器按规定的校准周期进行校准，将校准数据和前几次的校准数据相比，如果连续几个周期的校准结果均在规定的允许范围内，则可以延长它的校准周期。

4. 图表法

测量仪器在每次校准中选择有代表性的同一校准点，将它们的校准结果按时间描点，画成曲线，根据这些曲线计算出该仪器一个或几个校准周期内的有效漂移量，从这些图表中去寻找变化趋势，从而推算出最佳的校准周期。

5.6 实施强制管理的计量器具管理规定

（1）按照《中华人民共和国计量法》的规定，县级以上人民政府计量行政部门对社会公用计量标准器具，部门和企业、事业单位使用的最高计量标准器具，以及用于贸易结算、安全防护、医疗卫生、环境监测方面的列入强制检定目录的工作计量器具，实行强制检定。未按照规定申请检定或者检定不合格的，不得使用。实行强制检定的工作计量器具的目录和管理办法，由国务院制定。

（2）按照《中华人民共和国计量法实施细则》的规定，企业、事业单位应当配备与生产、科研、经营管理相适应的计量检测设施，制定具体的检定管理办法和规章制度，规定本单位管理的计量器具明细目录及相应的检定周期，保证使用的非强制检定的计量器具定期检定。

（3）按照《中华人民共和国强制检定工作计量器具检定管理办法》的规定，强制检定指由县级以上人民政府计量行政部门所属或者授权的计量检定机构，对用于贸易结算、安全防护、医疗卫生、环境监测方面，并列入本办法所附《强制检定的工作计量器具目录》的计量器具实行定点定期检定。

（4）国家市场监督管理总局先后多次以总局令的形式，发布关于实施强制管理的计量器具目录公告，明确规定了对需要纳入强制管理的计量器具目录清单。2020 年 10 月 26 日，国家市场监督管理总局令第 42 号指出，为持续优化营商环境，深入落实“放管服”改革举措，国家市场监督管理总局决定对列入《实施强制管理的计量器具目录》且监管方式为“型式批准”和“型式批准、强制检定”的计量器具应办理型式批准或者进口计量器具型式批准，其他计量器具不再办理型式批准或者进口计量器具型式批准；对列入目录且监管方式为“强制检定”和“型式批准、强制检定”的工作计量器具，使用中应接受强制检定，其他工作计量器具不再实行强制检定，使用者可自行选择非强制检定或者校准的方式，保证量值准确。最终，国家市场监督管理总局将用于医疗卫生、贸易结算、安全防护、环境监测的 40 类 62 种计量器具列入目录管理。同时，根据强制检定的工作计量器具的结构特点和使用状况，强制检定采取“只做首次强制检定”和“周期检定”两种形式。

对实验室实行非强制检定管理的仪器设备，实验室应对其校准周期建立适宜的规则。对违反计量法律法规的行为，按照《计量违法行为处罚细则》进行处理。

5.7 仪器设备控制管理

检验检测机构应建立和保存对检验检测结果具有影响的仪器设备（包含其软件）的档案，并按一“机”一“档”的原则妥善保管。用于检验检测并对结果有影响的仪器设备及其软件，在可能的情况下均应加以唯一性标识，经过机构授权的人员才可以操作，并对其进行正常维护。

如因检验检测活动，仪器设备在需要离开其直接受控环境时，应建立出入库管理记录，以确保该仪器设备在离开和返回（出库和入库）前后，对其功能和检定/校准状态进行核查，并得到满意结果。

1. 标识管理

仪器设备的状态标识包含三种：唯一性标识（包括附属设备和软件）、设备计量状态标识（包括校准/检定状态）、设备异常（故障）标识。

（1）唯一性标识。

仪器设备的唯一性标识又称为“仪器设备管理卡”，主要包含仪器设备名称、生产厂家、编号（管理编号和出厂编号）、型号、量程/精度、购置日期、授权使用人、维修保养人及联系电话等。唯一性标识多采用白底黑字粘贴或悬挂在显著位置。

（2）设备计量状态标识。

机构控制下的所有仪器设备、工具工装，均应在仪器设备显著位置，或不影响使用和对所提供量值产生影响的适当位置，加贴标签、编码或其他适宜的标识，以表明其计量状态。设备计量状态标识一般采用合格、准用、停用三种方式。

合格：检定/校准结果的量值确认合格，或功能核查结果正常或适用；

准用：部分功能丧失或某一量程精度不合格，但可使用部分功能或量程，一般为降级仪器设备；

停用：仪器设备已损坏，或计量确认不合格，或性能无法确认的仪器设备。

设备计量状态标识一般应包含名称、编号、最近校准日期、下次校准日期或有效期至、确认人员等信息，当涉及修正信息时，还应包含修正信息的使用说明（必要时，可另附）。设备计量状态标识多采用绿底黑字。

对于试剂、药品和溶液，计量状态标识应包含名称、浓度、配制日期、有效期至、配制人等信息，当为非水或非纯水介质时，应标明介质名称及浓度，如“介质：75%酒精”。试剂、溶液的计量状态标识多采用白底黑字。

（3）设备异常（故障）标识。

曾经过载或处置不当、给出可疑结果，或已显示出缺陷、超出规定限值的仪器设备，均应停止使用并给以显著标识或隔离，直至修复后通过检定/校准和计量确认其能正常工作时为止。

对于长期未用于对社会提供公证性数据的测量设备，宜作停用处理，或通过期间核查等方式适当延长校准周期。但当需要利用其对社会提供公证性检测结果时，应确认其获得量值的准确性和稳定性，必要时应提前对其校准并确认其量值的有效性。

设备异常（故障）标识主要包含设备名称、编号、异常性状描述、设备管理员及联系电话等。设备异常（故障）标识多采用红底黑字。

（4）颜色标识。

颜色标识也是对仪器设备受控管理的一种简单标识方式，一般采用绿（合格）、黄（准用）、红（停用）三色标识。

（5）其他标识。

对易脱落、易腐蚀或影响检测结果的仪器设备，如玻璃量具、坍落度筒、砝码等，可采用蚀刻或打码、固定存放地点，或其他能够确认或反映出检定/校准、功能核查结果及其量值确认是否合格的标识。

2. 出入库管理

若仪器设备离开了原有固定的受控场所，尤其是当给出关键量值的仪器设备离开固定场所后，在离开和返回时均应对其检定/校准状态进行核查，必要时应进行量值稳定性或准确性核查，同时应建立仪器设备的出入库管理记录。

3. 编号管理

如果机构的仪器设备数量和门类较多，且用于检测和校准并对检验检测结果有影响的仪器设备，均应建立唯一性标识，其中唯一性编号管理是常用的方法之一。

5.8 仪器设备故障处理

当仪器设备出现故障或者异常时，机构应立即采取相应措施，如停止使用、隔离或加贴停用标签、标记，直至修复并通过检定/校准或核查，以表明能正常工作时为止。同时，对于在检验检测活动过程中给出量值的仪器设备，还应核查这些缺陷或偏离对此前所进行的检验检测结果可能造成的影响，当不能确认这些缺陷或偏离是否已经对此前的检验检测结果产生影响时，应重新安排此前已经进行或完成的检验检测活动。

曾经过载或处置不当、给出可疑结果，或已显示有缺陷、超出规定限度的设备，均应停止使用。同时为防止误用，应采取隔离、特别标识等直至修复。修复后的设备，为确保其性能和技术指标符合要求，必须经检定/校准或核查表明其能够正常工作后方可投入使用。

如因缺陷或超出规定极限而对过去进行的检验检测活动可能造成影响时，应予追溯，如发现不符合，应执行不符合工作处理程序。

【视野拓展】

仪器设备校准周期确定记录表

仪器设备名称		管理编号	
精度/量程		规格型号	
最近检定/校准日期			
最近批准延长日期			
最近1年调试或检定/校准、期间核查、功能核查等次数		次	

续表

最近半年调试或检定/校准、期间核查、功能核查等次数		次
维护保养或期间核查、功能核查次数		次
使用或维护保养、功能核查等过程中发生的异常情况		
维护保养、功能核查及仪器设备使用记录是否齐全		是□　否□　其他：
是否建议进行期间核查或期间核查记录是否齐全、核查结果是否支持推迟检定/校准日期		是□　否□　其他：
自上次核查以来对社会提供公证性检测结果的次数		次
最终建议的下次检定/校准日期		年　月　日
所在检测室意见	使用人员	年　月　日
	负责人	年　月　日
总工程师（技术负责人）意见		年　月　日

【视野拓展】

概念比较：检定/校准、期间核查

序号	项目	检定/校准	期间核查
1	目的、性质	评价测量仪器的计量特性和/或法制特性是否符合要求，主要关注示值是否准确，以确保其溯源性	核查计量特性有无变化，主要解决校准状态是否稳定，获取测量仪器是否给出正常的信息和证据，确保状态可信性，不具溯源性
2	实施条件	在标准条件下进行	在实际工作的环境条件下进行
3	执行主体	由具备资格的检定/校准人员进行	由本实验室人员进行
4	技术依据	按检定规程或校准规范进行	按自身制定的核查方案
5	参照对象	经考核合格具有溯源性的计量标准（参考标准或工作标准）	自己预先选定的，性能稳定的，可考察仪器性能变化的核查标准
6	针对对象	对测量结果或建立测量结果的计量溯源性有影响的测量设备	对其性能存疑的测量设备，或需要提高校准状态信心的测量设备
7	核查量程	全量程	最常用量程
8	执行时机	按检定/校准周期确定	视使用情况，定期或不定期，甚至可以随时进行
9	输出结果	检定/校准证书	（内部使用的）期间核查记录/报告
10	联系	1. 期间核查可为制定合理的校准间隔提供依据或参考； 2. 可以用校准代替期间核查，但不能用期间核查代替校准； 3. 期间核查的成本不应当比检定/校准更高	

概念比较：标定、检定、校准、校验

序号	项目	标定	检定	校准	校验
1	定义	通过测量标准器的偏差来补偿仪器系统误差，从而改善仪器或系统准确度（精度）的操作	依据国家计量检定规程，通过试验确定计量器具示值误差是否符合法定要求的活动	依据相关校准规范，通过试验确定计量器具示值的活动。通常采用与精度较高的标准器比对测量得到被校计量器具相对标准器的误差，从而得到被校计量器具示值的修正值或修正因子	在没有相关检定规程或校准规范时，按照组织自行编制的方法实施量值溯源的一种方式
2	适用范围	一般用于较高精度的仪器	纳入《实施强制管理的计量器具目录》的计量器具	非强制检定的计量器具	主要用于专用计量器具或准确度相对较低的计量器具、硬件或软件
3	目的	对测量装置进行强制性全面评定，属于量值统一的范畴，是自上而下的量值传递过程		对照计量标准，评定测量装置的示值误差，确保量值准确，属于自下而上量值溯源的操作	
4	效果	评定测量装置的误差范围是否在规定的误差范围之内		了解计量器具的示值误差，获得修正值或修正因子以指导测量过程	
5	对象	县级以上人民政府计量行政部门对社会公用计量标准器具，部门和企业、事业单位使用的最高计量标准器具，以及用于贸易结算、安全防护、医疗卫生、环境监测方面的列入强检目录的工作计量器具		主要指在生产和服务提供过程中大量使用的计量器具，包括进货检验、过程检验和最终产品检验等所使用的计量器具	
6	性质	具强制性的执法行为，属法制计量管理范畴		不具强制性，属于组织自愿的溯源行为	
7	依据	国家计量检定规程（JJG）		根据实际需要自行制定的校准规范或按照国家计量技术规范（JJF 等）的要求	
8	方式	必须由有资格的计量部门或法定授权的单位进行		组织内部校准、外部校准，或两者相结合的方式进行	
9	周期	按检定规程的规定进行，组织不能自行确定		由组织根据使用计量器具的需要自行确定	

续表

序号	项目	标定	检定	校准	校验
10	内容	对测量装置的全面评定，要求更全面，除了包括校准的全部内容外，还需要检定有关项目		只是评定测量装置的示值误差，以确保量值准确	
11	结论	依据检定规程规定的量值误差范围，给出测量装置合格与不合格的判定		评定测量装置的量值误差，确保量值准确，不要求给出合格或不合格的判定	
12	报告名称	检定证书、检定结果通知书		校准证书、校准报告，或测试报告（无 JJG、JJF 时）；内部校准时一般只有校验记录	
13	法律效力	具有法律效力，可作为计量器具或测量装置检定的法定依据		不具法律效力，给出的证书或报告只是标明量值误差，属于一种技术文件	
14	校验方式	属于国家实施强制管理的计量器具，必须检定		属于国家实施强制管理的计量器具之外；如有 JJG 或 JJF 的，可送检/校准，当机构具备标准设备、器具及校准方法时，可进行自行校准	无 JJG 和 JJF 的，自行校验

概念比较：内部校准、自校准（自校）

序号	项目	内部校准	自校或自校准
1	定义	指在实验室或其所在组织内部实施的，使用自有的设施和测量标准，校准结果仅用于内部需要，为实现获认可的检测活动相关的测量设备的量值溯源而实施的校准	指仪器设备运用自带的程序或功能，或设备生产商提供的没有溯源证书的标准样品所进行的对测量系统的“零值”或“基值”调整，在通常情况下，其不是有效的量值溯源活动，但特殊领域另有规定的除外
2	适用范围	对认证实验室，除国家实施强制管理的计量器具外，只要具备量值溯源能力的仪器设备均可采用内部校准；对认可实验室，满足 CNAS-CL31：2011《内部校准要求》且必须取得 CNAS 授权	会熟练操作和使用仪器设备且自带校准程序或功能的仪器设备

续表

序号	项目	内部校准	自校或自校准
3	对人员的要求	应有相应的物理、数学、计量学知识及测量不确定度的评定能力，且经过相关计量知识和校准技能等必要的培训、考核合格并持证或经授权	会熟练操作和使用仪器设备的人员
4	对环境条件和设施的要求	满足校准方法的要求	满足仪器设备的要求
5	对所用设备及参考标准的要求	应按照校准方法要求配置和使用参考标准和/或标准物质（计量标准）以及辅助设备，其量值溯源应满足量值溯源的要求；为确保校准的正确性和可靠性，对参考标准和/或标准物质（计量标准）的建立、考核、维护和正确使用应制定专门的程序；应按照规定的程序和日程对参考标准和/或标准物质（计量标准）进行核查，以保持其校准状态的置信度；参考标准和/或标准物质（计量标准）应进行测量不确定度验证、重复性考核和稳定性考核	按照仪器设备的规定执行
6	对校准方法的要求	应优先采用国家校准规范或部门校准规范，或优先等同采用相应的国家检定规程或部门检定规程；在没有相应的校准规范或检定规程或其他标准方法时，实验室可以使用自编方法、测量设备制造商推荐的方法等非标方法；使用非标方法时应转化为实验室自身程序文件，且应进行方法确认，保存方法确认的记录	按照仪器设备的规定执行
7	质量控制	实验室的质量控制程序、质量监督计划应覆盖内部校准活动；参考标准和/或标准物质（计量标准）应参加公认的实验室间比对或测量审核或能力验证计划	实验室的质量控制程序、质量监督计划应覆盖内部校准活动
8	测量不确定度	应对开展的全部内部校准项目（参数）评估测量不确定度，应在校准证书或记录中报告测量不确定度和（或）给出对其计量规范或相应条款的符合性声明	无要求
9	记录与报告	校准证书可以简化，或不出具校准证书，但校准记录的内容应符合校准方法和认可准则的要求；校准记录应有较长的保存期，以监视被校准测量设备的稳定性；校准人员的校准结果必须经过校核人员的核验；校准记录中应包含所用计量标准名称及其唯一性编号，以确保校准过程的复现	可以不进行专门记录或报告
10	在 CNAS 认可活动中的要求	如果实验室存在内部校准活动，但申请时未申报的，在现场评审且评审组内无相关内部校准的评审能力时，申请认可的相关检测项目或参数不予认可；监督评审中，应覆盖内部校准活动，一般情况下内部校准能力的覆盖范围与认可的检测能力的监督范围一致；内部校准的结果只能在实验室内部使用，不能对外宣称内部校准项目获得 CNAS 认可或使用认可标识	无要求

概念比较：精密度、准确度（正确度）、精确度

序号	项目	精密度		准确度（正确度）		精确度	
		仪器	测量	仪器	测量	仪器	测量
1	定义	指量具仪表类仪器的最小分度值	指测量数据的集散情况	指在规定的使用条件下工作时的基本误差（额定最大相对误差）	指测量结果与该量的公认值（或高一级的测量结果）之差	仪器的精确度是个泛指词，它既包含精密度，也包含准确度，在一般情况下，当仪器的系统误差起主导作用而随机误差可略去不计时，精确度主要代表准确度；当仪器的随机误差起主导作用而系统误差可略去不计时，精确度主要代表精密度	指对测量的精密度和准确度的综合评价
2	表现	精密度是决定测量随机误差的主要因素。由于每次测量值的随机误差一般在精密度的±1/2范围内，因此，所用测量仪器的精密度高，测量值的随机误差就小	测量数据的集散情况主要体现测量随机误差的分布问题，可用标准偏差定量表示。测量的精密度高，测量数据就比较集中	仪器的准确度在仪器的设计制造时就已经确定了，故仪表类仪器的准确度反映系统误差的大小。在使用中随机误差可以略去，只按其准确度级别确定误差	差值小测量结果的准确度就高，差值大测量结果的准确度就低。测量的准确度反映的是测量值的相对误差	仪器的精确度也称为仪器的精度。有些仪器的精密度既与精密度和准确度有关，又不同于这两个概念。如天平，其精确度级别是以其感量与称量之比来定义的	测量的精密度和准确度都好，测量的精确度就高，即测量结果的系统误差和随机误差小，测量值精确。测量的精确度也称为测量的精度
3	关系	一般情况下，仪器的精密度影响着测量的精密度，仪器的精密度越高，所测得数据的精密度就越高，测量的标准偏差就越小		一般情况下，所使用仪器的精密度越高，测量的准确度就越高。测量所使用仪器的准确度和精密度影响着测量的准确度		仪器的精确度决定着测量的精确度	
4	靶图	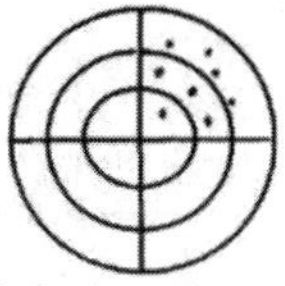 精密度高、准确度差		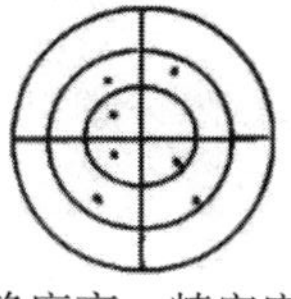 准确度高、精密度差		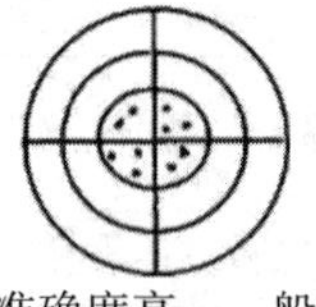 精密度高、准确度高，一般称精确度高	

6　管理体系

检验检测机构应当依据法律法规、标准（包括但不限于国家标准、行业标准、国际标准）的规定制定完善的管理体系文件，包括政策、制度、计划、程序和作业指导书等，建立保证其检验检测活动独立、公正、科学、诚信的管理体系，并确保该管理体系能够得到有效、可控、稳定的实施，持续符合检验检测机构资质认定条件以及相关要求。

按《检测和校准实验室认可受理要求的说明》（CNAS-EL-15：2020）的相关规定，实验室应建立符合认可要求的管理体系，且正式、有效运行6个月以上（资质认定初次申请要求不少于3个月），即管理体系覆盖了全部申请范围，满足认可准则及其在特殊领域应用说明的要求，并具有可操作性的文件。组织机构设置合理，岗位职责明确，各层次管理文件之间清晰。

6.1　建立管理体系

一个组织或机构应将政策、制度、计划、程序和指导书等制定成文件，进行系统化、文件化、程序化管理，形成一套包含行政、技术和质量管理为一体的全过程、全方位的管理体系。

6.1.1　组织机构图

组织机构图如图6－1所示。

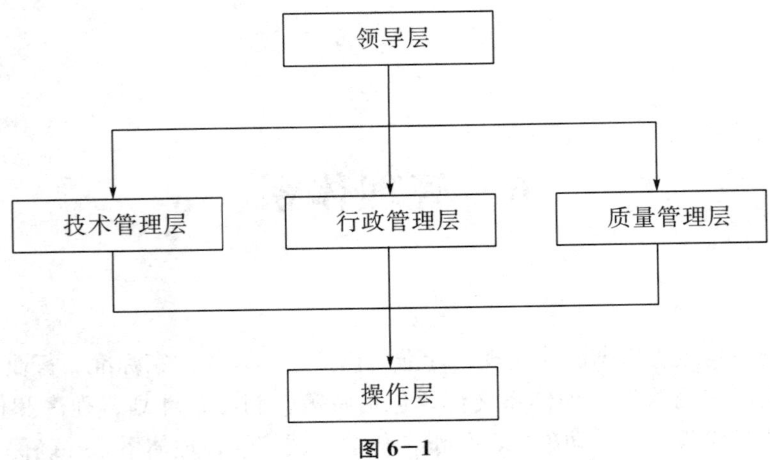

图 6—1

6.1.2 质量管理体系

质量管理体系如图 6—2 所示。

〔问题〕机构另行发布的各类红头文件，或职责制度、管理办法、通知通报，与机构建立的管理体系是什么关系？

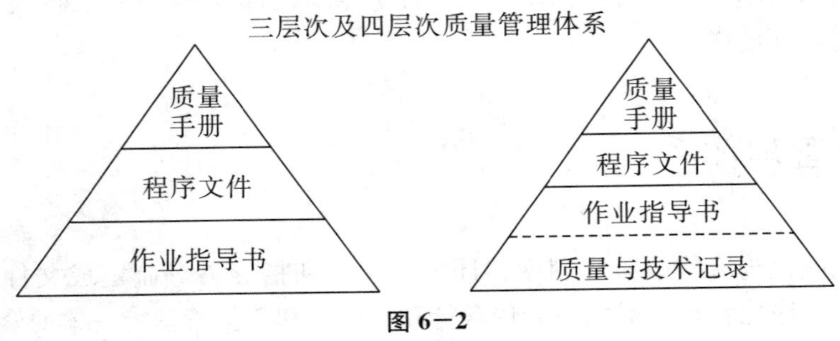

图 6—2

6.1.3 质量方针和质量目标

1. 质量方针

机构质量方针指由最高管理层发布的检验检测机构的质量宗旨和方向，是概念化、形象化、理念化的集中体现，其内容一般应包含：管理层对良好职业行为和为客户提供检验检测服务质量的承诺；关于服务标准的声明；策划或拟达到的质量目标；要求所有与检验检测活动有关的人员熟悉质量文件，并执行相关政策和程序；管理层对遵循本标准及持续改进管理体系的承诺等。如“诚实信用、客观公正、科学高效、数据说话”“坚持标准、结论公正、数据准确、诚信服务”等。

2. 质量目标

机构质量目标与质量方针不同，应当具体化、明确化、明细化。质量目标一般应包含：

(1) 短期目标：如年度目标。

（2）中长期目标：3～5 年或“五年计划”、远景规划等。对建工建材试验检测机构，具体可细化为：试验检测技术数据差错率；申诉/投诉处理及客户满意率；仪器设备检/校及维护率；人员培训率；实验室间比对与能力验证活动参加率；等等。

【视野拓展】

概念比较：质量方针、质量目标

序号	项目	质量方针	质量目标
1	定义	对满足要求和持续改进管理体系有效性所做出的公开承诺，体现了最高管理者对其产品的总的指导思想和发展方向，是组织或机构经营方针的重要组成部分	满足产品要求所做出的可测量的内控指标要求
2	引申	是组织或机构质量行为的指导准则，反映组织或机构中最高管理者的质量意识，也反映了组织或机构质量经营的目的和文化内涵，是组织的质量管理理念	是组织或机构在质量方面所追求的目的，是以行为科学中的“激励理论”为基础而产生的，但它又借助系统理论向前发展
3	制定、批准和发布	最高管理者（集体）制定、批准和发布	技术管理层制定，由最高管理者批准和发布
4	相互关系	是制定和评审质量目标的框架性指南	服从于质量方针，并与质量方针保持一致，但需通过一定的努力才能实现

6.1.4 作业指导书

1. 作业指导书的概念

作业指导书指用以指导某个具体过程、事件的顺利进行所形成的质量管理或技术性细节描述而产生的可操作性文件。在管理体系中，作业指导书属于第三层次。

对于建设工程实验室，作业指导书指针对某个部门或某个岗位的作业活动的文件，侧重描述如何进行操作，是对程序文件的补充或具体化，如规程规范、技术标准、工艺规程、工作指令、操作规程等。广义地讲，凡可用于指导作业活动顺利完成的指导性文件，均可称为作业指导书，如管理制度、管理办法等红头文件。

2. 作业指导书的编制要求

当机构管理工作需要，或当只有技术要求或规定，没有可供直接采用或适宜采用的方法标准，或所采用的方法标准的规定不够明确容易引起歧义或误导，或因技术革新导致仪器设备操作规程与所采用的方法标准规定不匹配时，应当编制作业指导书。

对于按照抽样规则进行的抽样活动，测量仪器检定/校准及其期间核查方案、测量不确定度评定方案、内部质量控制结果评价方案、新开展项目或综合性项目的检验检测活动制定的实施方案，或因客户需要制定的检测技术方案等，都属于作业指导书范畴。

3. 作业指导书的主要内容

作业指导书应包含编制目的、范围、依据、人员素质要求、仪器设备要求、过程方法描述、获得结果、数据处理方式、记录与报告模板等内容。

四层次质量管理体系中的质量与技术记录是对作业指导书的补充。

4. 作业指导书的种类

（1）行政（质量）管理类：职业道德、公正性、人员安全、与客户关系，以及其他需要确保实验室工作人员行为适当的文件。

（2）方法标准类：指导检验检测活动的过程，包含标准方法细化、非标准方法、方法偏离处理，以及结果评价与处理，包含修约、有效数字、异常数据处理、测量不确定度评定等。

（3）设备管理类：操作规程及使用、维护、检定/校准及其期间核查与结果处理等。

（4）样品管理类：样品符合性确认、前处理、流转、处置等。

（5）安全环保类：环境、场所、操作过程、危险物品等注意事项、废弃物处置等。

（6）抽样或实施方案类：各类抽样行为与实施方案。

6.2 日常事务管理

机构日常事务管理的内容繁多，主要包含文件管理、印章管理、合同管理、分包管理、服务客户，以及组织会议、上传下达等工作。

6.2.1 文件管理

检验检测机构应建立和保持文件与档案管理程序，明确文件的标识、批准、发布、变更和废止，防止使用无效、作废文件。检验检测机构的文件档案包含围绕人机样法环测及其因此而派生出的所有质量与技术记录/报告，是检验检测机构的核心组成部分，是证实机构能力的最重要依据，必须执行国家有关法律法规及机构自身管理体系的规定。

例如，一份完善的人员档案应包含两个部分：一是人员身份及其能力证明，如身份证、学历证书、技术职称证书、从业资格证书、培训合格证书、获奖证书、参与制（修）订标准证明、资格确认记录、授权与监督记录等；二是合同与经历履历证明，如有法律效力的劳动合同、自己签认并声明的履历表、任职或调令文件等。另外，人员的能力往往是持续进行的，不是一劳永逸的，随着检验检测领域的变化、经历经验的积累、业务水平的提高或拓展，人员档案也应随之更新。因此，机构的文件档案应当实行动态管理，结合实际情况的变化对相关档案进行适时更新和评审。

1. 文件的概念

文件是机构开展检验检测活动过程中所获得的各种记录。文件包含内部文件和外部文件，而内部文件一般是指机构自己生成的活动记录。

文件的种类很多，广义地讲，所有红头文件、法律法规、技术标准、质量手册、程序文件、作业指导书、质量与技术记录/报告样表、填写有信息的记录/报告，以及通知、计划、图纸、图表、软件等都属于文件；狭义地讲，文件往往指的是公文。

2. 文件的载体形式

文件的载体包含纸张、光盘、磁盘、磁带、胶片、相纸等。

3. 文件的定期评审

文件具有时效性，应当进行定期或不定期评审，评审内容包含文件的适用性、有效性和是否满足当前的使用要求等，并及时发布文件评审结果通知；机构体系文件应不断地修订和完善，以保持体系运行的活力；机构资源的符合性（人机样法环测等）是进行文件评审的重要依据。

文件的定期评审时机，应按管控部门分工，在体系中有所规定，如每季末、每年内部评审前一周或附加评审中等。对于检验检测方法标准、技术标准或其他产品标准、验收标准、评定标准等，宜安排在每季末最后一周进行，在工标网或其他官方网站上全面检索或查询，以确认其更新变化情况。也可利用专业的公众号、微信群、QQ 群，随时关注这些标准规范的更新或废止信息。对技术标准的查新结果应保留相关查新纪录。

4. 文件控制

文件应按照其“属性”进行分类、分部门受控管理，对非公开发布的文件，应设置借阅或查阅权限，电子文件或专业软件应设置访问密码，定期备份并做防病毒、防丢失控制管理。

对电子文件而言，表现的信息资产其实质应当属于“实验室”的信息资产，而非某“个人”的财产。尤其是重要电子文件应当实行集中统一管理，防止由于人员的离职、电脑的丢失、有意无意地删除或病毒的侵袭等原因造成文件丢失，必要时应制定电子文件管理程序，对电子文件实施全过程控制管理。

5. 批准、发布与变更

机构的外来或自发文件，在发布、修改、换版、更新、作废等状态时应实行受控管理，按机构《文件控制程序》执行，文件应当在恰当时机、适宜人群中传达或宣贯。

【视野拓展】

技术标准版本有效性的三个概念：作废、废止、代替的比较

（1）作废是指该标准已不适用，被重新制（修）订的标准所代替。作废包含废止，主要包括以下四类标准：

①已被新标准所代替的旧标准；

②审批单位已宣布废止的标准；

③行业标准在相应的国家标准实施后自行废止的，或地方标准在相应的国家标准或

行业标准实施后自行废止的；

④企业标准复审期一般不超过三年，到期未再进行复审的。

（2）废止是指该标准已不适用，但没有被重新制（修）订。

（3）标准的有效性产生于对标准的复审活动。

《标准化工作指南 第1部分：标准化和相关活动的通用术语》（GB/T 20000.1—2014）指出，复审是决定规范性文件是否应予确认、更改或废止的审查活动。标准在实施后，制定标准的部门应当根据科学技术的发展和经济建设的需要适时进行复审，以确认现行标准继续有效或者予以修订或废止，标准的复审主要包含以下7个方面：

①是否符合国家现行的法律法规；

②市场和企业是否需要，是否符合国家产业发展政策，以及对提高经济效益和社会效益是否具有较好的推动作用；

③是否符合国家大政方针、政策措施，对规范市场秩序是否具有良好的推动作用；

④是否符合国家采用国际标准或国外先进标准的政策；

⑤是否同其他国家标准有矛盾；

⑥其内容和技术指标是否反映当前的技术水平和消费水平的要求；

⑦是否符合国家标准委提出的其他要求。

有效与作废是对立关系，经过复审，标准只存在“继续有效”或者“作废”两种结果，而作废又导致“修订”与“废止”两种结果；修订又包含同号代替（标准号不变仅改变年代号）和异号代替（标准号和年代号均改变）两种情况。

在异号代替中，又包含同范畴代替（即国标代替国标，行标代替行标）、非同范畴代替（即从行标上升为国标，或从国标调整为行标）、调整转号（即只改变标准号不改变内容）三种情况。

另外，在推荐性标准中，当出现“自本标准发布之日起，代替……”，或“本部分所代替标准的历次版本发布情况”字样时，是指在满足该标准适用性的情况下，历次旧版标准均可继续参考使用，其中的适用性是指产品、过程或服务在具体条件下适合规定用途的能力；但在推荐性标准中，当出现“自本标准发布之日起，代替并废止……”字样时，旧版标准不可再用。对于强制性标准则完全不同，只要新标准一发布，旧版标准就不再使用。

标准出现废止，主要有三种情况：一是标准所对应的对象消失，失去了对应主体；二是标准之间出现重复甚至有重复矛盾的现象；三是适用范围发生较大变化，或制定的技术指标要求过低不利于发展。

6.2.2 印章管理

检验检测机构应建立检验检测用印章印鉴管理制度，印章及其式样变更应经法人或法定授权人批准，印章丢失或更换时，应及时声明作废。

与检验检测活动相关的机构印章包含机构行政印章、资质印章、检验检测专用章、骑缝章、合同专用章、财务专用章、签字印鉴等，所有印章印鉴都应实行专人受控管理。

国家认监委对检验检测机构资质认定印章有统一规定，其式样如图 6-3 所示。

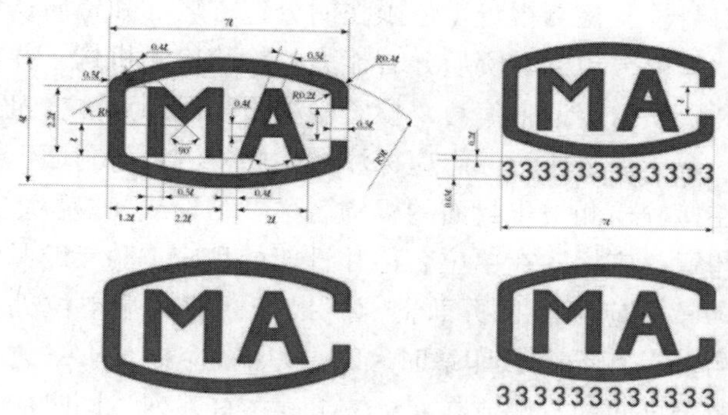

图 6-3

资质认定印章可按比例放大或缩小。印章标志下面的数字编号为资质认定证书的编号，从左至右，由年号（后两位）、发证机关代码（第 3～4 位）、专业领域（第 5～6 位）、行业主管部门（第 7～8 位）和发证流水号（第 9～12 位）组成，具体可参阅《国家认监委关于印发检验检测机构资质认定配套工作程序和技术要求的通知》（国认实〔2015〕50 号）。

机构的检验检测专用章应表明检验检测机构完整、准确的名称，其式样一般由机构自己决定，但多数采用与机构行政印章类似的式样，如图 6-4 所示。

图 6-4

资质认定印章标志的颜色应为红色、蓝色或者黑色；检验检测机构在资质认定证书确定的能力范围内，对社会出具具有证明作用的数据、结果时，应当标注资质认定印章。

检验检测机构印章的标注，一般应符合以下规定：

对于向社会出具具有证明作用的检验检测数据、结果的，应当在其检验检测报告上标注资质认定印章和检验检测专用章。但仅用于科研、教学、内部质量控制等活动所出具的检验检测数据、结果的，可以不标注资质认定标志；在资质认定证书确定的检验检测能力范围以外的，出具的检验检测报告一般不得标注资质认定标志。

对于未标注资质认定标志的检验检测报告，不具有对社会的公证作用。检验检测机构在接受相关业务委托，涉及未取得资质认定项目，又需要对外出具检验检测报告的，应当在报告显著位置声明“××项目未取得资质认定，仅作为科研、教学或内部质量控制之用”等类似表述。

对于实施分包得到的检验检测数据、结果，可由分包方单独出具检验检测报告，也可将分包结果纳入自身检验检测报告，但须注明分包方名称和资质认定许可编号。无论是否有能力的分包，只要分包给有资质并有能力的检验检测机构，并在检验检测报告中标注了分包方名称和资质认定证书编号，检验检测报告上即可加盖机构自己的印章。

同时还要注意，资质认定印章标志应标注在检验检测报告封面上部适当位置，检验检测专用章应标注在检验检测报告封面的机构名称、结论或骑缝位置。具体而言：

（1）对于行政印章，应标注在单位名称和日期处且应“骑年跨月”，必须是红色。

（2）对于资质印章，应标注在页面上部、报告标题两端空位处。当只有CMA印章时，宜标注在左侧；当有CNAS印章时，CMA印章应在CNAS之右并列；当有行业资质印章时，应标注于页面的右侧或在CMA印章之右并列。同时应当注意，CNAS对其标识印章的使用非常严格，具体可参照《认可标识使用和认可状态声明规则》（CNAS-R01：2019）。

（3）对于检验检测专用章，在检验检测报告方面，其效力等同于行政印章，宜标注在页面的单位名称和日期处，一般是红色；当报告内容与结论处于不同页面时，在结论处也须标注检验检测专用章。

（4）对于骑缝章，在检验检测报告方面，等同于检验检测专用章。标注时，应尽可能使各页均能标注且能显著识别和复原，可以是红色或蓝色，也可用其他印章代替。

（5）对于多页面综合性报告，在骑缝时宜标注检验检测专用章。一般情况下，关键页（如封面、签字页、结论页、附加资质证书复制页等）或每隔一定页面应标注检验检测专用章，具体可在其管理体系文件中规定。

（6）对于检验检测报告复制件，一般只需重新加盖检验检测专用章或行政印章，且新盖印章不宜全覆盖原印章，以便识别前后印章的一致性或其关联关系。必要时，复制件应由确认部门手写签认或另附报告说明。需要注意的是，当客户提出对曾经获得的检验检测报告需要重新获取原件报告时，即便经过了资格审查，也不宜重新出具，而应采用提取留存报告后的复制模式，且无论是复制还是重新出具，均须声明报告份数以及和此前所发出报告的关联关系。

按《国家认监委关于推进检验检测机构资质认定统一实施的通知》《检验检测机构监督管理办法》的规定，“检验检测机构应当在其检验检测报告上加盖检验检测机构公章或者检验检测专用章，由授权签字人在其技术能力范围内签发”，检验检测机构的公章是其依法从事相关活动的证明，检验检测机构在检验检测报告上加盖公章的，视同其加盖检验检测专用章。因此，当用于检验检测报告时，机构行政印章和检验检测专用章具有同等效力，可同时使用，也可分开使用，但检验检测专用章只能用于检验检测报告。

6.2.3 合同管理

检验检测机构应建立和保持与客户之间所形成的要求、标书、委托书、协议和合同（可笼统称之为“合同”）的评审程序，且应当在双方形成合同文本之后、签订合同之前进行。对合同评审中发现的偏离、变更，应征得同意并通知对方当事人，以期形成共同认可的“合约”。当客户要求对所出具的检验检测报告中包含对标准或规范的符合性声明（如合格或不合格）时，检验检测机构应按相应的判定规则进行符合性判定；如标准或规范不包含判定规则内容，检验检测机构选择的判定规则应与客户沟通并得到客户同意，并在合同中预先约定。

1. 合同与委托单及其评审

《中华人民共和国合同法》指出，合同是平等主体的自然人、法人或其他组织之间，订立的设立、变更、终止某项民事权利和义务关系的协议。在建设工程领域，合同大多体现的是订约人之间的总体意向、权利和义务等关系，而委托单才是合同的一种具体表现或实施形式。

建设工程检验检测行业的总体合同不可能包含履约过程中的全部信息，故应由机构安排专门的人员进行合同评审，由总体合同而衍生的委托单一般授权经过培训的收样员负责评审，特殊情况下可安排专门评审。

在检验检测活动履行过程中，当发生合同以外的事项，以及上级要求、口头协议等情况时，应及时记录，并予评审。

在合同评审过程中，当对客户的要求、标书、合同、技术资料等有不同意见时，应立即通知客户，重新协商签订新的合同或补充合同。

当客户提供的合同中有明确要求，在检验检测报告中必须包含对某个参数的检验检测结果，而存在以下情况时：

（1）有能力，但资质证书没有该参数，应向客户进行声明，确定是否仍然由本机构提供检测结果并在报告中声明，还是委托给满足资质要求的其他机构提供检测结果；

（2）没有能力，但其母体机构有能力，应向客户进行声明，确定是否可委托母体机构提供检测结果并在报告中声明，还是分包给满足资质要求的其他机构提供检测结果；

（3）母体也没有能力，应向客户声明，是否可分包给满足同等或更充分、更权威资质要求的其他机构提供检测结果，并在报告中声明。

无论哪种情况，均应留下相应的记录。

2. 合同评审要点

检验检测机构应当开展有效的合同评审。

（1）法律责任的评审。

法律法规责任是合同评审隐性的前提条件，实验室作为提供技术服务、对社会出具公证数据结果的第三方机构，在合同评审时应引入风险为本的思维，系统性考量潜在风险的影响。有关法律责任的评审内容应固定在合同中，必要时可增加免责声明或其他双方约定的内容。在一份完整的合同文本中，应当详细定义合同双方提供的服务类型和成果；约定完成的时间、费用结算及支付方式；约定有关保密的内容和要求；约定合同的解释权及不可抗力；约定合同的变更、争议的解决方式；委托方对提供信息真实性的承诺，实验室对公正性的承诺；澄清客户要求和允许客户监视等特殊内容。也可以将这类合同与具体的业务委托单共同构成一份严谨、完整的合同。实验室在评审时应对样品信息、客户信息以及一些必要信息予以充分确认。

（2）履约能力的评审。

机构是否有能力（人机样法环测，以及时间、场地等资源）执行检验检测工作，即履约能力的评审是合同评审的重点。常规业务的评审可相应简化，对于一些新开展的或复杂的有特殊要求的业务需重点评审。

当合同评审过程中出现偏离时，应注意偏离仅允许在一定的偏离范围、一定的数量和一定的时间段等条件下发生。

偏离特点是突发性的或偶发性的，此种方法是相关要求不能满足时的特殊处理手段；如果需要长期实施偏离，应当修订方法（包括标准方法和非标准方法）。

一般情况下，偏离的发生必须同时满足：文件规定允许偏离的原因、范围和程度；经技术分析和判断的结果；获得上级授权或批准且被客户共同接受。常见的偏离包括以下几方面：

①方法的偏离。包含重复试验次数、试验载荷、被试样品数量等。

②设备及其溯源周期的偏离。包含允许偏差超差、超负荷、超过检定/校准周期的测量设备等。

③环境的偏离。如现场实际状况不能满足现场试验的基本规定，包含场地现状、天气环境偏离标准规定等。

④合同的偏离。如需要更专业人员进一步确认等。

总之，对客户要求的偏离应谨慎、仔细审核，不能影响机构的诚信和结果的有效性，只有满足偏离的条件才能有效地实施偏离。

在技术能力评审中，还涉及方法改进，应由专业技术人员经过技术验证并获得书面批准后实施，即方法确认。方法改进应在合同评审时与客户充分沟通并得到客户认可，当发生实质性的方法改进时（实质已转变为非标方法），对其所获得的检测结果当需要使用判定规则时应当十分谨慎，必要时应提供测量不确定度。

（3）使用外部供应商的评审。

在某些情况下，机构可能会使用“从外部获得的实验室活动”，如耐久性试验等一些特殊类型的试验，合同评审人员应在合同评审阶段明确告知客户，并获得客户的同意。

（4）判定规则的评审。

判定规则指当检验检测机构需要做出与规范或标准符合性的声明时，描述如何考虑测量不确定度的规则。在合同评审阶段，当客户要求出具的报告中包含对规范或标准的符合性声明（如合格或不合格）时，机构应在合同中明确判定规则。如规范或标准未包含判定规则内容，机构应对判定规则进行合理选择，与客户充分沟通并取得客户的同意。

合同评审是机构和客户直接接触的重要环节。专业的合同评审过程不仅能给客户留下机构严谨高效、优质服务的第一印象，还会带给客户良好的体验感，从而提高客户的满意度。同时，能帮助机构规避风险，更是树立机构品牌形象的重要程序。

3. 合同评审的利用

（1）培养和提高人员素质。合同管理或收样员能力主要包含两个方面：一是善于表达，有效倾听的沟通表达能力；二是专业技术能力。

（2）充分利用现代科技手段提高工作效率，规避风险。如优化业务软件，将仪器设备及状态、收费、时效、资质能力等嵌入业务软件中联动，能有效避免人为疏忽及更改等。

（3）保存完整的评审资料，有利于建立合同双方的备忘。合同评审是为了保证客户提出的质量要求和其他要求更加明晰、合理，同时也是为了机构多部门、多专业配合确认能力和资源是否足以履行合同，是保证客户和机构双方利益的一个重要手段。对于机构而言，合同是检测任务的起点，是质量体系要素的开端，做好合同评审对机构权益保证、诚信体系的建立具有重要意义。

6.2.4 分包管理

在最新的质量术语中，“分包”一般称为“外部供应商”或“外部供方”。

检验检测机构需分包检验检测项目时，应分包给依法取得资质认定并有能力完成分包项目的检验检测机构，机构的分包行为应事先取得委托人的同意。因分包取得的检验检测结果，在形成本机构的报告时，应将分包项目予以标注和说明。

1. 法律法规或管理标准对分包的规定

（1）《检验检测机构监督管理办法》（国家市场监督管理总局令第 39 号）。

第十条　需要分包检验检测项目的，检验检测机构应当分包给具备相应条件和能力的检验检测机构，并事先取得委托人对分包的检验检测项目以及拟承担分包项目的检验检测机构的同意。

检验检测机构应当在检验检测报告中注明分包的检验检测项目以及承担分包项目的检验检测机构。

（2）《检验检测机构资质认定评审准则》（国家市场监督管理总局 2023 年第 21 号）附件 4 序号 31。

（3）《检测和校准实验室能力认可准则》（CNAS-CL01：2018）。

CNAS-CL01：2006 及其更新版，允许实验室规范地实施分包，即应分包给资质和能力对等的机构；2018 版对机构的拟实施分包的项目不再纳入认可，即不再将分包项目纳入实验室能力。

（4）《检验检测机构资质认定能力评价检验检测机构通用要求》（RB/T 214—2017）第 4.5.5。

（5）《检验检测机构资质认定生态环境监测机构评审补充要求》。

第十五条　有分包事项时，生态环境监测机构应事先征得客户同意，对分包方资质和能力进行确认，并规定不得进行二次分包。生态环境监测机构应就分包结果向客户负责（客户或法律法规指定的分包除外），应对分包方监测质量进行监督或验证。

2. 如何实现规范分包

（1）体系应对分包予以明确规定并建立分包管理程序。

（2）建立合格分包方名录，对分包方资质、能力进行确认，至少应包含营业执照、资质证书及其检测能力，填写能力确认表，必要时应考察其信誉度或诚信度。

(3) 应取得客户的书面同意。

(4) 应对分包合同进行评审，并应规定分包方不得再次分包。

(5) 分包比例。

严格地讲，只要不是100%的项目进行分包，均为合法，否则很可能视为“转包”，但应遵守各省、市、区及建设单位或委托方的规定。

(6) 应对分包方的监测项目进行监督或验证。

必要时应派监督员现场观看查验，查验包含分包机构的收样、检验、留样等全过程，或进行盲样测试、实验室间比对、留样再测，以及涉及分包项目的记录/报告核查等，以确认分包方的能力。

分包方的能力应纳入机构内部质量控制计划。

(7) 报告标注。

当委托方接受分包但只认可由合同签约机构提供的检验检测报告时，在提供给客户的检验检测报告中须标注分包项目/参数等信息。

(8) 定期对分包方进行评价。

尤其是在分包方资质有效期处于临界期时，更应特别引起重视。对分包方的评价应包含其参加能力验证、政府监督及内部质控情况，以及信用等级与不良记录等。

需要特别注意的是，一般情况下，分包方的责任都是发包方的责任。

3. 需要实施分包行为的几种情况

一般情况下，当短时期内工作量过大、关键人员暂缺、设备设施暂停使用（如正处于维护、检/校期等）、环境条件暂不可控、资源准备暂不充分时，可考虑实施分包。

4. “有能力的分包”和“没有能力的分包”

“有能力的分包”指对已获得检验检测机构资质认定的技术能力而发生的分包；“没有能力的分包”指未获得检验检测机构资质认定的技术能力，或其检验检测机构资质认定证书虽然有技术能力，但长期未开展检验检测活动（也视为没有技术能力）而发生的分包。

对于客户认可的分包方，在提供给客户的检验检测报告中可以不将没有能力的分包检测结果纳入自己的检验检测报告，即给客户提供两份报告，一份由本机构提供，另一份由分包机构提供；当需将分包检测结果纳入自己的检测报告时，应注明分包项目、自身有无能力、分包方单位名称、分包方资质证书、编号及有效期等信息。

5. 禁止分包的情况

国家监督抽查、执法监测、监督监测、司法鉴定等的抽/取样及鉴定结果的分析和判断与鉴定意见形成等，属于禁止分包的情况。

6. 分包合同的评审和批准

在评审分包合同时，应包含申请分包的审批单、分包方能力调查资料（法人及其资质证明文件、资质证书复制件及其能力范围、人员和仪器设备等），以及形成的评审记录（包含参加评审人员、结果审批人签认）等。

【视野拓展】

什么是招投标联合体

《中华人民共和国政府采购法》对联合体的表述为：两个以上的自然人、法人或其他组织可以组成一个联合体，以一个供应商的身份共同参加政府采购。《中华人民共和国招投标法》对联合体的表述为：联合体是指两个以上法人或者其他组织可以组成一个联合体，以一个投标人的身份共同投标。联合体各方均应当具备承担招标项目的相应能力；国家有关规定或者招标文件对投标人资格条件有规定的，联合体各方均应当具备规定的相应资格条件。由同一专业的单位组成的联合体，按照资质等级较低的单位确定资质等级。

两部法律对联合体的表述有所不同，《中华人民共和国政府采购法》规定的联合体范围包括自然人、法人及其他组织，《中华人民共和国招投标法》规定的联合体范围包括法人或者其他组织，不包括自然人。这主要源自《中华人民共和国政府采购法》将供应商定义为“供应商是指向采购人提供货物、工程或者服务的法人、其他组织或者自然人”，《中华人民共和国招投标法》将投标人定义为“投标人是响应招标、参加投标竞争的法人或者其他组织”。

两部法律均表明联合体各方必须都具备承担招标项目的相应能力或相应资格条件，不能是其中一部分具备；各方均应当共同与采购人签订采购合同，就中标项目向招标人承担连带责任。另外，在资质方面，应依据“就低不就高”的原则予以确认，且不能和另一方既组成联合体投标，又以自己的名义单独投标或者组成新的联合体参与投标。

【视野拓展】

概念比较：分包、转包

序号	项目	分包	转包
1	定义	将获得的部分任务转交给另一方去完成的行为	将获得的所有任务转交给另一方去完成的行为
2	产生原因	有能力的分包：工作量急增、关键人员暂缺、设备设施故障或在检校期、环境状况暂时不可控等； 没有能力的分包：未获得资质认定技术能力	完全没有获得资质认定技术能力，或有资质认定技术能力但长期不能正常开展检验检测活动（也属于没有能力）
3	表现	有能力：非预期、临时性； 没有能力：长期性、持续性	没有能力：长期性、持续性
4	责任承担主体	发包方	

续表

序号	项目	分包	转包
5	是否征询委托方意见	均必须征得委托方同意并形成书面意见	
6	检测报告出具	对分包，既可以发包方名义出具报告，也可由分包方单独出具报告，如要求由发包方出具报告，报告中必须明示分包方完整的单位名称和资质认定证书编号等信息；对转包，一般应由转包方出具报告	
7	多次分包或转包	不可再分包或转包	

6.2.5 服务客户

1. 服务客户的核心

服务客户的核心是交流、配合、沟通与合作，强调的是为客户服务的意识，以持续改进对客户的服务。具体应包括：允许客户及其代表合理进入检验检测控制区域直接观察为其进行的检验检测过程，提供所需物品的准备、包装、发送以满足其验证要求，将检验检测过程中的延误或主要偏离通知客户，指导和培训客户及提出意见和/或解释等。

2. 服务客户的“三个确保”

确保客户的人身和财产（样品）安全，确保客户的机密不受侵害，确保对检验检测过程和结果不会产生不利影响。

3. 客户满意度

以顾客为关注焦点是服务客户永恒的主题。了解客户对机构服务质量的观感、体验和效果评价，定期开展对服务客户满意度的调查工作，建立和保存客户满意度调查记录。

【视野拓展】

客户满意度调查表

尊敬的客户：

您好！

希望您能在百忙之中抽出宝贵的时间，凭着日常交往中的感受，对我公司提出的以下问题给予客观、公正的评价，特此感谢！

受访人		受访单位	（印章）
填报时间		工程名称	
调查方式	□客户自答 □电话询问 □面询 □其他：		
调查内容	1. 您对我公司的总体印象： 优□ 良□ 一般□ 较差□ 2. 您对我公司技术咨询服务质量与态度的评价： 耐心细致、水平较高□ 一般□ 较差□ 3. 您对我公司收样员业务水平与服务态度的评价： 热情耐心、业务熟练□ 一般□ 较差□ 4. 您对我公司报告发放人员服务态度的评价： 热情大方、细致周到□ 一般□ 较差□ 5. 您对我公司现场检测人员技术水平的评价： 知无不言、耐心细致 □一般□ 较差□ 6. 您对我公司个别人员感官印象的评价： 优□ 良□ 一般□ 较差□ 7. 您对我公司报告发放及时性和准确性的评价： 及时准确、急人所难□ 一般□ 较差□ 8. 您对我公司在公正诚信方面的评价： 诚信守约、客观公正□ 一般□ 较差□		
您对我公司还有的建议或意见			

注：①此表由受访人自愿填写，不构成对机构或受访客户形象或合法权益的侵害；

②受访者如对“建议意见”较充分时，可另附页；

③填写内容应尽可能客观、具体、明确，如填写人员自认为不易表述清楚时，可请人代填；

④客户可结合实际情况对此表进行复制、修改或补充内容，也可以其他方式描述；

⑤此表也可由客户在机构以外匿名填写，填好后寄至××省××市××区××路××号××有限公司。

6.3 监督检查与不符合工作管理

6.3.1 监督检查

监督检查又称飞行检查，是指有监督检查权的机关为依法保护正当竞争而对不正当竞争行为进行查处活动的总称，是“双随机、一公开”监督检查的重要体现。国家市场监督管理总局及各地方市场监督管理局是执行监督检查的权力机关，国家认可委（CNAS）对其认可实验室独立开展监督检查活动。监督检查的主要内容包含以下几方面。

1. 资质证书使用

检查重点在于是否按照资质能力附表范围内的检验检测标准、方法和项目参数等开展检验检测工作，是否存在超出资质证书规定能力范围的情况；资质证书被撤销、注销、暂停后，是否继续为社会出具具有证明作用的数据或者结果，以及是否在资质证书授权时间范围内开展检验检测工作等。

2. 检验检测报告出具

检查是否按照相关标准和程序实施检验检测活动，原始记录与检验检测报告是否具有可溯源性；检验检测报告用语是否规范，依据是否明确，是否符合资质认定相关要求或合同约定要求；被资质认定部门责令整改期间是否继续在为社会出具具有证明作用的数据和结果等。

3. 数据或报告造假

机构及相关人员不得存在以下出具虚假检验检测数据、结果的情形：未经检验检测，直接出具检验检测数据、结果的；篡改、编造原始数据、记录，出具检验检测数据、结果的；伪造检验检测报告和原始记录签名，或者非授权签字人签发检验检测报告的；漏检关键项目、干扰检验检测过程或者改动关键项目的检测方法，造成检验检测数据、结果不真实的；调换检验检测样品或故意改变其原有状态，进行检验检测并出具检验检测数据、结果的；其他出具虚假检验检测数据、结果的情形。

4. 标志与印章使用

机构应制定资质认定标志、检验检测专用章的使用规定，当未加盖资质认定标志出具报告时是否注明“内部参考，不用于对外证明作用”或其他类似说明；是否存在转让、出租、出借资质证书和标志情况；是否存在伪造、变造、冒用、租赁资质证书和标志情况；是否使用已失效、撤销、注销的资质证书和标志；是否存在其他错误使用资质标志的行为等。

6.3.2 申诉与投诉

服务客户、关注客户需求，以及与客户进行充分沟通是机构的常态化工作。客户的任何抱怨都应引起足够的重视，必要时应予以书面答复。在此过程中，如涉及具体的经办人员，与客户抱怨、申/投诉的相关人员，或被客户抱怨、申/投诉的直接人员，应采取回避制度，对抱怨、申/投诉及其处理过程及结果应及时形成记录并按规定存档。只要有可能，应将申/投诉处理的结果正式通知申/投诉人，并听取客户对申/投诉结果的处理意见，以取得客户的谅解。

当涉及多次申/投诉、重复申/投诉时，对申/投诉的处理尤其应引起相当的重视，如成立申/投诉处理调查组，针对申/投诉问题进行原因分析，建立应对措施，制订处置方案，增加内审或管理评审等。

【视野拓展】

合规管理与投诉调查

合规是组织可持续发展的基石，是组织走向成熟、规范运作的系统化过程。有效合规管理体系的特点就是有一个良好的运行机制，对组织及其人员或各相关方的不当行为的任何指控或怀疑进行及时和彻底的调查。ISO 37301—2021“8.4 调查过程”(Investigation processes) 对组织开展合规调查提出了要求。

调查指通过建立事实和客观评价，以确定不当行为是否已经发生、正在发生或可能发生及其发生程度的系统的、独立的和记录在案的过程，包含五个要求：

(1) 组织应制定、建立、实施和保持过程以对可疑的或实际的不合规情况进行评估、评价、调查和关闭报告，这些过程应确保公平、公正的决策。

(2) 调查过程应由有能力的人员独立进行，且不存在利益冲突。

(3) 适用时，组织应将调查结果用于改进合规管理体系。

(4) 组织应定期向治理机构或最高管理者报告调查的数量和结果。

(5) 组织应保持调查的文件信息。

为确保调查过程公正、独立，组织可设立独立委员会监督调查过程，以保证其完整性和独立性；建立调查报告机制，以及根据适用的法规或其他约定，告知相应的监管机构；或者法律没有要求组织报告不合规行为，组织也应考虑自愿向监管机构披露不合规行为，以减轻不合规后果。针对以上要求，组织应：

(1) 基于风险构建合规调查机制。

如果有可靠的信息表明员工或商业伙伴存在不当行为，或者在接到举报或发现合规风险时，无论是最高管理层还是合规职能团队，都应评估已知的事实和问题的潜在严重性，若现有的事实没有足够的理由或证据支撑决策，则应及时启动调查，必要时终止与第三方的合作。

调查必须彻底、独立且具有分析性。调查应由有能力的人员进行，他们可以来自合规职能团队、内部审计部门、法律部门或其他合适的管理者或第三方，这些人员必须是非被调查对象，也不存在任何利益冲突，并且具备丰富的调查经验。实践中，合规调查通常由合规职能团队组织执行，若涉及跨国、跨领域、跨部门等，调查过程则应由合规职能团队、内部审计部门或法律部门的最高级别者进行协调。

(2) 制订可执行的调查计划。

一个完整的调查计划应包含：

阶段	重要性	要点
预测	起点	已知情况； 任何可能的证据都应被视为“手头有证据”
证明或反驳的要素	路线图	需要哪些证据； 如何获取证据，每种调查方法必要的资源； 潜在的问题和困难
调查步骤	规则	文件收集、分析、采访、通信汇报路线、草稿、报告保留或销毁等工作程序团队任务分配
成功概率	评估	注明受调查案件的优缺点并分析原因

续表

阶段	重要性	要点
预计完成日期	终点	估计； 及时修订

(3) 查明事实，收集必要的证据。

调查途径包括文档收集、数据分析、询问访谈等。在开始访谈和询问之前，要熟悉与调查案件相关的政策规定，审查有关的文件和证据。在访谈和询问过程中，防止被调查者销毁证据及串通也是非常必要的。同时，尽可能保留相关的证据信息。

此外，在调查过程中，调查人员须明确"四要"和"四不要"基本原则，即要考虑适用的法律，要注意诽谤的风险，要保护调查涉及的所有相关人员，要考虑潜在的刑事和民事责任、经济损失及对组织和个人声誉的损害；不要把人员安全视为理所当然，不要以为人员会全力配合调查，不要忽视任何法律义务、组织的利益和上报的责任，不要相信有关人员会对问题和调查保密，直到事实已经确定。

(4) 潜在不当行为的分析和补救。

根据新标准要求，在适用时，组织应将调查结果用于改进合规管理体系。实际上，有效的调查机制能识别出不当行为、合规管理体系的漏洞以及管理者、最高管理者和治理机构责任缺失的根本原因，严谨的根因分析能指出不合规的程度和普遍性、涉及人员的数量和级别，以及不合规的严重性、持续时间和频率。在调查过程中，组织可以从付款体系着手分析，如实施不当行为的资金是如何获得的。此外，调查人员还应从全局审视现有的合规管理体系，包括哪些控制措施是无效的，禁止性措施是否得到了执行，事前是否发现了不当行为，事前预警机制是否存在漏洞，可以采取哪些补救措施防止再次发生及解决根本问题，管理层是否需要担责等。

(5) 建立报告机制和禁止报复机制。

记录调查与执行调查一样重要。组织应建立报告机制，包括向谁报告、如何报告、报告内容、谁能获取报告等，报告的方式可根据实际情况选用书面调查报告、口头调查报告、证明或宣誓书、非正式报告等形式。

对合规举报、合规调查的打击报复行为不会阻止、减少违规行为，反而会助长歪风邪气，不利于组织的长远发展。因此，管理者应从提升组织治理水平、帮助组织规避风险的高度认识合规举报、合规调查的重要性，建立保密和禁止报复机制，在调查结果确定之前应对调查的进展情况保密，对于报告人的身份也应保密，除非该报告被用作收集进一步的证据，且被用作证据本身。即将出台的 ISO 37002《举报管理体系指南》国际标准，也将为组织在保护举报人方面提供更为具体的指引。

合规调查是合规管理体系的有机组成部分。在合规或者贿赂方面，组织面临的情况通常是复杂多样的。要回应这些问题，必须明确谁来调查、调查的规模以及如何获取相关的信息。此外，组织还应基于调查结果审视其合规程序，及时补救完善，充分发挥合规调查的积极作用，帮助组织识别风险，进一步完善合规管理体系。

在合规调查方面，应考虑保留的文件信息，包括举报、计划、证据、访谈、报告等调查过程中所有输入和输出的信息，按照不同的保密等级进行保管。

6.3.3 不符合工作处置

1. 不符合的定义

不符合指检验检测活动不满足法律法规、管理或技术标准、技术规范的要求，或不满足管理体系的要求，或不满足与客户约定的要求。简单地说，就是“不满足要求”或“不满足规定”。所有的不符合都应予以记录和处理，必要时应启动纠正和预防措施控制程序。不符合一般分为一般不符合和严重不符合。一般不符合指随机的、偶发的、孤立的，且对体系运行不构成威胁、损害的不符合；严重不符合指系统的、区域性的，对体系运行可能造成或已经产生危害或后果的不符合。当一般不符合虽未对体系运行产生危害或后果，但总是不断反复出现时，这实质上已经转变为严重不符合。

2. 不符合的来源

不符合的来源十分广泛，包含监督员的监督、客户意见、内部审核、管理评审、外部评审、设备设施的期间核查、检验检测结果质量控制、采购验收、报告审查、数据校核/复核，以及政府质监机构、建设或监理单位的检查结果，政府质监机构或资质监管部门监督检查结果等。如不符合可能影响到检验检测数据和结果时，应通知客户，或取消因不符合所产生的相关检测结果。所有的不符合均应形成记录并保存。

3. 不符合工作流程

检验检测机构应建立适宜的质量保证体系，将人员、仪器设备、环境、方法标准、事故处置、质量申诉、过程控制、记录/报告核查等纳入，制定不符合工作处理流程(程序)，并以图示的方法明示，如建立质量保证体系运行图。

4. 不符合工作整改

不符合工作整改一般应包含以下几个方面。

(1) 进行原因分析。

实验室在开展检验检测活动过程中发生的不符合通常包含以下原因：

①体系文件未涉及准则中部分条款的内容；

②体系文件的规定与准则要求偏离；

③体系文件对某项活动有明确的规定，但实验室违反规定；

④体系文件对某项活动有明确的规定，但实验室未执行；

⑥体系文件对某项活动有明确的规定，实验室有执行，但是执行不到位；

⑦实验室某个工作人员的个人工作失误。

(2) 制定纠正措施。

纠正措施必须与原因分析中阐述的原因一一对应。通常，纠正措施应包含以下内容：

①修订或增加体系文件，如对质量手册、程序文件、作业指导书、记录表格等进行修订，增加新的程序文件、作业指导书、记录表格等；

②对不符合纠正可能涉及人机样法环测各个方面。如对某检测员重新进行考核、对某测量设备重新进行检定/校准、购买符合要求的环境条件监控设备或原料、对标准重新进行查新或方法验证等；

③如有证据表明发现的不符合影响到以往检测结果的准确性，且检测报告已发出，则需要追回检测报告，重新送样检测；

④举一反三，核查实验室检测活动的其他环节、其他部门、其他人员等是否存在相同的问题，如果有类似问题，一并进行纠正；

⑤培训和宣贯，对准则、修订或增加的质量管理体系文件、标准进行培训或宣贯，避免类似问题的再次发生。

（3）提供纠正证明材料。

实验室按照制定好的纠正措施进行整改时应有充分的证明材料，证明材料主要包含以下内容：

①凡涉及文件修订或新增的，必须有文件控制记录，如文件的发放、回收、修订记录；必须有修订页、文件修订前后的内容，新增文件应有新增文件的复印件等。

②凡涉及采购物品的，应提供采购合同或发票复印件；涉及检定/校准的，应有检定/校准证书复印件及其计量确认记录；涉及人员考核上岗的，应有考核记录复印件；涉及耗材验收的，应有耗材验收记录复印件；涉及环境条件监控的，应有监控记录复印件等。

③凡涉及重新检测的，应有客户委托单、检测原始记录、检测报告的复印件。

④凡进行举一反三，核查相同问题的，应有核查记录。

⑤凡涉及培训和宣贯的，必须有培训宣贯记录复印件；如有考核的，应有考核记录复印件。

另外，纠正措施证明材料应与纠正措施一一对应。在编制整改报告时，可将各不符合项的纠正措施表、证明资料统一进行装订，以便于查阅。当实验室完成整改后，经过一定时间实施，应对其实施的效果进行检查与评价，表明整改措施已经落实，并有效。如此，才能说明该不符合已经关闭。

6.3.4 纠正措施和预防措施

实验室应建立纠正措施和预防措施管理程序。

1. 纠正措施

检验检测机构应建立和保持在识别出不符合时采取纠正措施的程序，并考虑与检验检测活动有关的风险和机遇，以获得持续改进。

持续改进是七项质量管理基本原则的核心之一。为持续改进管理体系，机构在不断寻求对管理体系过程进行改进机会以实现管理体系既定方针和目标的同时，应重点实施以下活动：

（1）通过质量方针和总体目标的建立，营造一个激励改进的气氛并开展相关活动；

（2）利用内部审核的结果不断发现管理体系的薄弱环节；

（3）通过分析找出客户的不满意度、检定/校准或检测活动未满足要求、过程不稳定等诸多不符合项；

（4）采取必要的预防措施和纠正措施，避免不符合的发生或再发生；

（5）通过管理评审对管理体系的适宜性、充分性和有效性进行充分评价，以达到持续改进管理体系的根本目的。

2. 预防措施

及时发现管理体系或技术活动中潜在不符合，确定潜在不符合的原因和所需的预防措施，防止不符合的发生或减少发生的可能性，以实现管理体系的持续改进。潜在不符合的信息来源包括市场调查、行业信息、政府文件、媒体报道、内外部审核、管理评审、质量趋势及客户的要求和期望、技术活动、实验室间比对或能力验证结果等。质量负责人应组织各部门收集潜在不符合信息，识别、分析潜在不符合（包括趋势和风险分析），从中找出产生的原因和改进的机会，制定适宜的预防措施。

改进是提高绩效的活动，改进措施也是一个日常渐进的过程，也包含重大的、战略性的改进活动；管理体系的策划不是一劳永逸，通过实施质量方针和质量目标，应用审核结果、数据分析、纠正措施、预防措施、管理评审等，最终达到持续改进管理体系的适宜性、充分性和有效性。

在实施检验检测活动过程中所获得的所有不符合都应当予以纠正和改进，必要时形成整改报告。

【视野拓展】

概念比较：一般不符合、严重不符合

序号	项目	一般不符合	严重不符合
1	定义	基于判断和经验，其不大可能导致质量管理体系失效，或导致降低保证过程和产品受控的能力	基于判断和经验，其可能导致质量管理体系失效，或导致严重降低保证对产品和过程受控能力的不符合
2	发生形式	孤立的、随机的、偶然的	系统性、区域性、造成严重后果
3	程度转化	一般不符合反复出现时就转化为严重不符合	
4	典型表现	（1）系统性失效或失控，或某些关键过程发生量大面广的不符合，如对大部分合同未进行过合同评审、一年内未进行过体系内审、某个缺陷在多数产品中重复发生； （2）区域性失效或失控，如某个场所或部门长期游离于体系之外，严重影响体系运行，或其产品多次被内部或外部组织抱怨、投诉等； （3）有意对某个产品漏检，或检验不合格，但仍视同合格产品； （4）同一部门不符合同一条款的多个要素，或多个部门不符合同一条款的某个要素等	

续表

序号	项目	一般不符合	严重不符合
5	典型案例	(1) 回弹数据处理有误，有大于60MPa的测区未按最低值进行评定，导致最终推定值不准确； (2) 仪器使用记录漏填； (3) 钢筋接头工程部位具体信息不全，不能追溯； (4) 混凝土试验台账不及时等问题； (5) 新旧规范管理不到位，存在同时使用的情况	

概念比较：纠正、纠正措施、预防措施

序号	项目	纠正	纠正措施	预防措施
1	定义	为消除已发现的不合格所采取的措施，通常以对不合格进行处置的方式实现	为消除已发现的不合格或其他不期望情况的原因所采取的措施	为消除潜在不合格或发展趋势，或其他潜在不期望情况的原因所采取的措施
2	特点	是对不合格的一种处置，不分析原因，纠正可连同纠正措施一起实施	为消除现在的不合格分析原因，防止类似问题再次发生所采取的措施	为消除潜在的不合格分析原因，防止问题发生所采取的措施
3	对象	针对的是“已发生的不合格”，采取的是“就事论事”	针对的是已发生的产生不合格或不期望情况的原因，采取的是“追本溯源”	针对的是已潜在但未发生，即潜在的不合格或其他潜在不期望情况的原因，采取的是“防微杜渐、防患未然”
4	目的	对不合格的具体处置行为	防止已出现的不合格、缺陷或不期望情况再次发生	防止已出现的不合格、缺陷或不期望情况再次发生
5	效果	是一种“治标”行为，是返修、返工、降级、调整，是立即对现有的不合格进行的补救措施，当即发生作用，也可能再次发生	在已发生不合格的被动情况下的积极反应（事后防范）；是针对不合格原因采取措施和通过修订程序或改进体系等从根本上消除问题，通过跟踪验证才能看到效果，是一种“标本兼治”的行为，可以防止同类事件的再次发生	是一种主动改进机会的过程（事前防范），是针对潜在的不合格或其他潜在不期望情况的原因所采取的措施，措施的效果一般需要较长时期才能够体现，也是一种“标本兼治”的行为，可以防止同类事件的再次发生
6	工作方式	“外科手术、定点清除”	“亡羊补牢、刮骨疗毒”	“提前策划、未雨绸缪”
7	不同点	返修、返工、降级或调整，是立即对现有的不合格所采取的补救措施，当即发生作用	针对的是不合格原因所采取的补救措施，如通过修订程序、改进体系等，以消除问题发生的根源，且需要通过跟踪验证以确定是否达到目的	

【视野拓展】

建工建材检验检测机构不符合工作开展流程图（质量保证体系运行图）

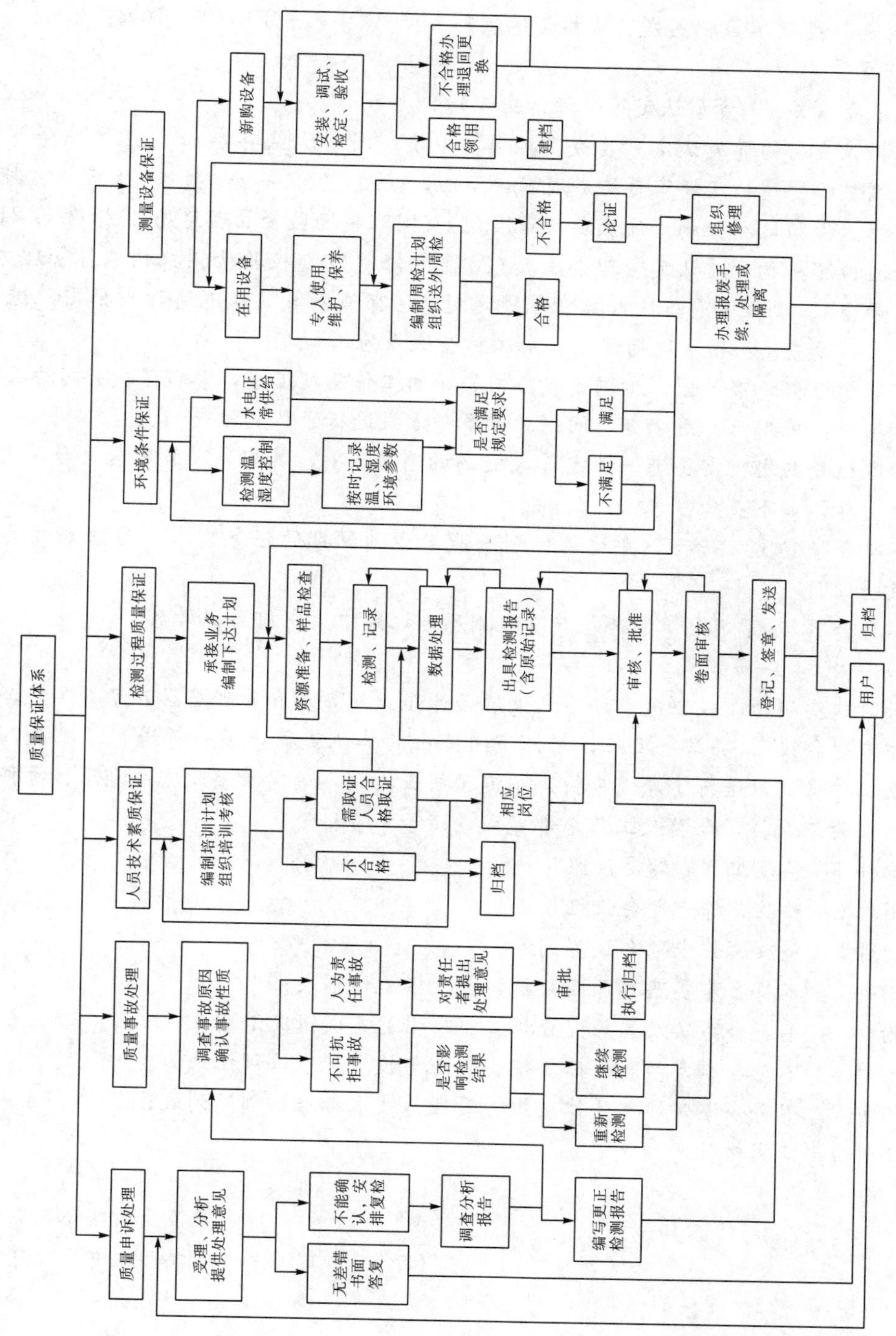

【视野拓展】

不符合工作整改报告（示例）

（封面）整改单位、签发、审核、编制、××××年××月××日

（正文）

国家认监委（或××资质认定审查评价中心）：

根据我公司的资质认定“复查＋扩项”申请，国家认监委委派××、××等××名检验检测机构资质认定评审员组成现场评审组，于××××年××月××日至××月××日，依据《检验检测机构资质认定评审准则》（国家市场监督管理总局2023年第21号）及《检验检测机构资质认定管理办法》（2021年修改）、《检验检测机构监督管理办法》（第39号令）、规程规范与技术标准等规定对××有限公司（以下简称我公司）进行了资质认定“复查＋扩项”现场评审。本次核查地点为××。

评审组根据评审计划，听取了我公司领导的工作总结汇报，参观了我公司办公及检验检测场所，采用听、看、查、问、考等多种方式进行了认真核查……

本次核查共发现需要进一步完善或提高的有××项，其中××个基本符合，××个不符合。具体如下：

不符合事实1：××××年培训计划未能考虑到预期的任务需求，对培训效果未进行有效验证。

不符合事实2：编号××地基沉降观测原始记录中缺少前后视读数。

……

针对这些问题，我公司在评审结束后迅速组织领导层和管理层召开了“不符合项整改工作专题会议”，并举一反三，对评审组提出的其他观察事项一并进行了整改，制订了整改工作计划，进行了原因分析，制定了纠正措施，确定了整改完成期限、责任人和整改结果验证人员，今整改工作全部完成，请予审查！

附件1：整改工作专题会议照片；

附件2：整改工作专题会议记录；

附件3：整改工作专题会议签到表；

附件4：不符合事实及其原因分析、整改措施计划表；

附件5：不符合事实及其原因分析、整改措施完成情况汇总表；

附件6：不符合事实涉及法律法规、管理与技术标准培训记录；

附件7：不符合事实涉及法律法规、管理与技术标准培训签到表；

附件8：证明材料。

××有限公司（盖章）

××××年××月××日

附件 4：不符合事实及其原因分析、整改措施计划表

序号	不符合条款（RB/T 214—2017）	不符合事实描述	原因分析	纠正措施	责任部门责任人员	计划完成时间	责任人
1	2.12.1 序号 29	××××年培训计划未能考虑到预期的任务需求，对培训效果未进行有效验证	实验室只关注到了当前检验检测能力环境下的培训需求，未考虑到中长期发展能力提升的质量目标；同时，对培训效果的评价和验证方式考虑不周全，导致培训活动的有效性不能确定	(1) 再次学习和充分讨论《检验检测机构资质认定评审准则》（国家市场监督管理总局 2023 年第 21 号）附件 4 序号 29 的内涵；(2) 完善中长期质量目标，重新修订培训计划，并改进对培训效果的总结和评价办法，适时验证培训效果。同时，集思广益，建立更好的培训效果验证模式	质量负责人		
2	2.12.7 序号 42	编号××地基沉降观测原始记录中缺少前后视读数	地基检测室工作人员未能充分理解《检验检测机构资质认定评审准则》（国家市场监督管理总局 2023 年第 21 号）附件 4 序号 39 对检验检测信息充分性的要求，未能按照《既有建筑地基基础检测技术标准》（JGJ/T 422—2018）要求设计沉降观测记录模板	(1) 再次学习《检验检测机构资质认定评审准则》（国家市场监督管理总局 2023 年第 21 号）附件 4 序号 42 及《既有建筑地基基础检测技术标准》（JGJ/T 422—2018），充分讨论并确定沉降观测记录应包含的充分信息；(2) 按照规定重新设计沉降观测记录模板；(3) 举一反三，抽查地基等其他技术记录 10 份，对发现的问题一并进行了整改	地基检测室		

附件 5：不符合事实及其原因分析、整改措施完成情况汇总表

序号	不符合条款（RB/T 214—2017）	不符合事实描述	整改完成情况	完成时间	验收人
1	2.12.1 序号 29	××××年培训计划未能考虑到预期的任务需求，对培训效果未进行有效验证	针对该不符合项，结合原因分析，按照纠正措施要求开展了相关培训，重新制定了中长期质量目标，修订了培训计划，并现场提出质量管理与培训方面的 10 个问题，采用现场问答式进行了培训效果测评，基本满意。 证明材料：附件 8—1～8—3		
2	2.12.7 序号 42	编号××地基沉降观测原始记录中缺少前后视读数	针对该不符合项，结合原因分析，按照纠正措施要求开展了相关培训，重新设计了地基沉降观测记录、地表构筑物水平位移观测记录等 4 份技术记录，并将修订后的技术记录报体系运维部备案。 证明材料：附件 8—4～8—9		

其余略。

6.4 风险评估与风险管控

6.4.1 风险无处不在

机构应当尽可能正确识别和评估所有显现的或潜在的风险，以确保其处于可控状态。

安全、危险和事故是风险的具体表现，是可以预防的。安全泛指没有危险、不受威胁和不出事故的一种状态；危险指可能导致人身伤害或疾病、设备或财产损失，以及工作环境发生破坏的状态；事故指已经造成人员伤亡、疾病或职业病、损坏或财产损失的意外事实；安全风险指安全事故（事件）发生的可能性与其后果严重性的组合。事故往往是突然发生的，而安全防护就是防止事故发生和保护人员与设备设施安全所采取的措施。

随着社会的进步和经济的发展，与职业工作环境密切相关的，涉及影响人们健康与安全的问题越来越受到重视和关注，各国政府和部门都在从不同的角度研究如何改善从业人员的职业工作环境，以努力提高从业人员的身心健康与安全水平。

我国职业健康安全的法律法规在事故预防、事故处理、法律责任三个方面进行了比较明确的规定，尤其是在事故预防方面，对人员与设备设施、作业环境、体系运行与管理都建立了相应的职业健康安全法律法规体系、管理标准、技术要求或相关规定。

为了做好安全防护工作，必须进行危险源辨识和风险评估。而危险源是可能导致人身伤害或疾病健康损害、财产损失、工作环境破坏等情况的根源、状态或行为及其组合，危险源辨识就是识别这些危险源是否存在并确定其特性的过程；对于可能引起事故的发生，某一个或某些危险源有引发事故的可能性或其可能造成不良后果，就是通常所说的风险。在日常生产、检验检测、生活过程或社会活动中，因人的因素、物的变化，以及环境等的影响而产生的各种各样的问题、缺陷、故障、苗头、隐患等不安全因素，就是事故隐患或潜在隐患，在本书中通常使用“风险”“潜在风险”对其进行描述。

实验室风险评估与风险控制管理程序，就是在检验检测活动进行过程中，对所处工作环境的风险识别、风险评估、风险处置、风险监控、影响程度、发生概率等进行识别与评估的管理程序。该程序由各相关岗位人员按照检验检测机构实际情况给予评价后予以识别、判定和明示，以控制风险的发生或减少发生后的影响或损失。

通过对实验室风险进行识别和评估，最终得到各个潜在风险可能产生的危害及后果；确定可接受的风险；消除、减少或控制风险的管理措施和技术措施，以及采取措施后残余风险或新带来风险的评估；运行经验和所采取的风险控制措施的适应程度评估；应急措施及预期效果评估；为确定设施设备要求、识别培训需求、开展运行控制提供的输入信息；降低风险和控制危害所需资料、资源（包括外部资源）的评估；对风险、需求、资源、可行性、适用性等的综合评估。

6.4.2 风险识别

对实验室安全进行风险识别能及时发现安全隐患，通过采取有效控制措施，能尽量避免实验室安全事故的发生。实验室的风险识别与评估一般应包含对可能导致人身伤害或疾病、财产损失、工作环境破坏或这些情况组合的根源或状态（即“风险源”）特性、曾经发生事故，以及包含采购、清洁、洗涤、样品存储等在内的所有检测活动中涉及的人员及其身体状况、设备及其安全操作或误用等发生的范围、性质、时限、概率进行识别和评估，以便更好地控制风险。

机构全体人员应当共同参与潜在风险识别。风险识别应根据质量管理的要求，结合各部门、各岗位特点，对检测前、检测中、检测后和其他方面的风险，尤其是中级及以上风险，尽可能地进行识别。

1. 检测前的主要风险

（1）合同评审的风险：检测标准/方法不适用于受检样品、检测标准/方法不能满足客户需求、检测委托单一般内容填写不全或填写错误、检测委托单遗漏相关责任人员的签名等。

（2）样品风险：检测样品信息与委托单不符、样品保存条件不满足规范规定。

（3）信息保密风险：在与客户沟通时泄露其他客户检测过程中提供的样品、文件及传递过程中的信息等。

（4）沟通风险：未能将客户的检测需求有效地传递给相关人员等。

（5）其他风险：对客户或机构的利益造成不利影响等。

2. 检测中的主要风险

（1）人员能力及其配置风险：检测人员资质不足、人员不具备检测能力等。

（2）仪器设备状态及其配置风险：仪器设备不能满足检测要求或性能异常、未定期检/校或核查、没有使用和维护记录、缺少档案记录或不完整等。

（3）耗材质量符合性风险：使用不具溯源性的耗材、使用未进行符合性验证的耗材、使用过期或失效的耗材、使用无证标准物质、缺少标准溶液配制记录、不能安全使用或不符合耗材管理规定等。

（4）使用方法风险：未按规定方法进行检测、未识别样品基质对检测方法带来的干扰、检测过程中未按要求进行质量控制或质量控制不全等。

（5）环境失控风险：未对检测环境进行有效监控、检测环境条件与检测要求不符等。

（6）安全作业风险：未识别不同检测工作的性质、地点、检测方式导致的健康、安全、环境等方面的风险（如化学品、玻璃器皿、电、火、高低温、粉尘、噪音、爆炸等），操作有毒有害试剂检测项目时未佩戴防护用具，未按要求处理废弃物等。

（7）信息保密风险：在检测过程中对客户资料、样品、数据结果等信息的泄露，对机构内部文件、检测方法信息的泄露等。

3. 检测后的主要风险

(1) 样品存储和处理的风险：样品的保存时间和方式不符合要求、样品丢失、未按规定对样品进行销毁处理等。

(2) 数据结果风险：未进行有效的复核或原始记录遗漏相关责任人员的签名、人为更改或伪造检测结果、原始数据错误、原始记录更改不规范、原始记录描述错误等。

(3) 报告风险：报告中对产品的描述不准确导致异议、检测报告缺乏完整性、检测报告未审核签字、可疑值未得到及时报告、报告文字描述有错别字或漏字、报告信息与原始记录（或提供的其他资料）不一致、拒绝为客户提供检测结果的解释和咨询服务、超检测能力或超授权签字范围等风险。

(4) 信息安全和保密风险：客户信息、报告和数据、报价、样品等方面信息泄露的风险。

4. 其他主要风险

(1) 公正性与诚信度风险：检验检测机构因受到来自所有权（控股母体）、管理层、人员、经营管理、申诉和投诉、检验检测业务外延关系、分包等因素的影响，对检验检测业务可能造成的潜在的公正与诚信的影响。

(2) 质量管理风险：未按照有关规定的频次要求参加能力验证，或参加能力验证/实验室间比对所得结果有问题或不满意；未按质量监控计划实施质量管理或质量监控记录资料缺漏；未按要求进行内审、管理评审等。

(3) 程序文件和记录风险：未进行有效的复核确认、体系文件涵盖范围不完全等。

(4) 档案管理风险：归档资料信息与实际不符或归档资料杂乱无序、未按程序要求销毁过期文件档案等。

(5) 环境安全风险：检验检测环境对检测过程的影响。

6.4.3 风险分析与评价

国际上通常采用 LEC 评价法作为风险评价的方法。该方法由美国安全专家 K. J. 格雷厄姆和 K. F. 金尼提出，是对具有潜在危险性作业环境中的危险源进行半定量的安全评价方法，以用于评价操作人员在具有潜在危险性环境中作业时的危险性、危害性。该方法用与系统风险有关的三种因素指标值的乘积来评价操作人员伤亡风险大小，这三种因素分别是 L（likelihood，事故发生的可能性）、E（exposure，人员暴露于危险环境中的频繁程度）、C（criticality，一旦发生事故可能造成的后果），然后对三种因素的不同等级赋予不同的分值，再以三个分值的乘积 D 确定危险性（即 $D=LEC$），以 D 值大小来评价作业环境的危险性等级。

实验室应对识别出的各风险项按照归属部门、风险特性等进行分类，再由各部门对其产生原因、预防和控制措施等进行分析，必要时可邀请机构领导或相关部门人员参加。对于经评价属于中、高风险级别的风险项，还必须制定出相应的应对措施、监控手段、控制计划或应急预案，并提请及时监控，以确保风险处于可控状态。

在识别到风险因素后应及时向质量负责人报告，再由质量负责人根据实际情况组织相关人员对风险进行评估（风险评估可与相关程序同步执行）。具体可分部门或专业，按本部门、派出机构、人机样法环测、公正性与诚信度、客户反馈、举报与申/投诉等进行风险项（即风险单项，有时又称风险源或危险源）识别。各部门、各场所主要提出本部门、本场所潜在的风险项，相同的风险项可以合并。

对识别出的各风险项，其风险评价一般包含对风险发生频率（这时也等同于发生概率）、影响范围、影响程度、社会关注度、改进难易程度等五个风险评价因素进行综合得分分析，以此为基础确定风险级别。

【视野拓展】

风险级别确定示例

参照LEC评价法，实验室可设定发生频率、影响范围、影响程度、社会关注度、改进难易程度等五个评价因素，且每个评价因素赋值满分可定为10分。

1. 确定风险评价因素得分

对于某一个具体的风险评价因素，其得分的确定宜在各部门负责人及风险项提出、部门全体人员参与下进行。

实际工作中，可结合领导层、管理层和操作层的工作经历、经验或该风险单项相关的专业程度、覆盖程度等，辅以适当权重，以确保风险评价因素得分的可靠性。

权重的制订可参照下表进行：

专业程度	不大了解	比较了解	直接相关
权重①	0.8	1.0	1.2
从事工作年限	5年及以下	6~10年	11年及以上
权重②	0.9	1.0	1.2
学历	大专及以下	本科	全职硕士及以上
权重③	0.9	1.0	1.2
政治面貌	群众	无党派人士	中国共产党党员
权重④	1.0	1.0	1.1

注：权重应结合机构实际情况，通过充分分析后提前确定。评价者的专业能力、站位高度、经历和认知水平等是权重值设定最重要的依据。

将各权重值相乘就得到评价者对所设定的某单项风险评价因素的评价权重值。

例如，某机构通过全员调查，整理、分类、汇总后，发现共有潜在风险100项，经质量负责人整理分类后，发至各相关部门按既定的五个评价因素进行评分。其中质量管理部有10个风险项，于是质量管理部召集机构领导、各部门负责人及本部门全体工作人员对10个风险项进行风险评价因素赋分。

首先确定参与评价人员各自的评分值权重。张三是质量管理部一名资深的普通员工，从事质量管理工作25年，学历为高中，政治面貌为无党派人士，则其对所评价因素的权重值就应为1.2×1.2×0.9×1.0≈1.3。假如他对某一风险项“发生频率”这个评价因素给出的评价得分为5分，在乘以权重值后，“发生频率”这个评价因素的风险得分就应为6.5分。

假如参与评价人员为10人，另外9人对“发生频率”给出的风险得分情况为：1个5.3分，3个6.0分，3个6.5分，2个6.8分，则该风险项发生频率的最后得分为6.3分。

在实际工作中，也可结合各参与人员的综合水平，不考虑权重因素，即所有参与评价人员的权重值均为1.0，但去掉1～3个最大值或最小值后按剩余值的平均值计算确定。

在进行风险评价因素分值时，按发生频率越高、影响范围越大、影响程度越大、社会关注度越大、改进难易程度越难、赋分越高确定。

2. 确定风险指数

将每一风险项的五个评价因素得分总和，取其算术平均值即为该风险项的风险指数。

3. 确定风险级别

机构规定，风险级别分为低、中、高三种情形，其与风险指数的对应关系（即风险级别表）为：

风险指数	0.1～3.9	4.0～7.9	8.0～10
风险级别	低	中	高

风险级别分为单项风险级别和总体风险级别。单项风险级别指各潜在的风险单项所对应的级别；总体风险级别指对各风险单项进行评价得到的风险指数的总和，除以风险单项总数后得到的总体风险指数，再在风险级别表中查询得到。

6.4.4 风险评价时机

当机构出现组织机构重大调整、检验检测业务重大变化、发生质量安全一般事故等重大情况时，质量负责人应组织全体人员，至少连续三年重新对机构潜在风险进行识别与评价；当发生重伤或10万元及以上的经济损失时，至少应连续两年重新对潜在风险进行识别与评价，并每月定期进行质量安全教育培训或演练；当其他类似机构发生以上情况时，质量负责人应及时进行质量安全教育或案例通报，必要时启动内部风险识别与评价机制。

检验检测机构在成长期内至少应进行1次风险识别和评价工作，并在需要时予以更新。

6.4.5 风险应对、处置与监控

当涉及国家法律法规、技术标准或机构体系文件规定的其他相关程序时，以相关要

求优先的原则启动风险评估与风险控制程序或优先予以处置。

机构对识别出的风险须建立《实验室风险识别及应对措施记录表》，报最高管理者审批。

对于风险指数大于6.0及以上的各单项风险，机构应建立应对措施或风险控制计划，并安排相关部门或人员对其进行监控，以确保风险消除或减小到可接受范围内。对于确实难以消除的风险，应制定详细的应对方案或控制文件，以确保风险可控。

当风险级别处于“高”时，机构必须对识别出的所有单项高级及以上风险建立应急预案。属于技术管理方面的高风险应急预案必须报经总工程师（技术负责人）审批，属于质量管理方面的高风险应急预案必须报经质量负责人审批。

当机构的总体风险指数达到6.0及以上时，必须在对所有处于“中”及以上的单项风险建立应急预案或应对措施后，方可开展检验检测活动。

质量负责人应将年度风险评价报告提交管理评审。

【视野拓展】

风险管理涉及的部分文件

(1)《风险管理 指南》(GB/T 24353—2022)。

(2)《实验室风险管理指南》(CNAS-TRL-022：2023)。

(3)《危险化学品重大危险源辨识》(GB 18218—2018)。

(4)《危险源辨识、风险评价和控制措施策划指南》(T/COSHA 004—2020)。

(5)《检验检测安全防护工作规范》(DB 4106/T 38—2021)。

(6)《检验检测机构安全管理规范》(DB43/T 2304—2022)。

(7)《国家安全监管总局关于修改〈生产安全事故报告和调查处理条例〉罚款处罚暂行规定等四部规章的决定》(国家安全生产监督管理总局令第77号)。

【视野拓展】

单项风险及其风险描述示例（部分）

序号	单项风险	风险描述
1	法人治理风险	法人治理结构和治理机制不健全不完善，导致公司运作不规范不合规，对公司科学决策、高效运转以及竞争力等产生不良影响，导致公司不能正常运行
2	组织机构风险	机构设置和职能划分不科学不合理，不能对各业务板块进行全面有效的控制，部分职能存在交叉或空白，经常出现推诿扯皮现象，影响公司运行效率

续表

序号	单项风险	风险描述
3	“三重一大”决策风险	“三重一大”决策机制不完善或者执行“三重一大”决策机制不到位，给公司发展战略、改革创新、经营策略、财务管理、人事管理、党的建设等工作带来较大风险，导致企业发生重大经济损失或其他严重不良影响或后果
4	业务发展规划制定风险	所掌握信息不充分，对企业内外部环境把握不准，致使公司制定业务发展规划与所处环境和公司资源及产业发展趋势不相符，造成公司业务发展规划制定缺乏科学性、合理性、可行性
5	同业竞争风险	公司所从事的业务与其他同业之间的无序竞争导致生存与发展目标难以实现
6	公正及诚信信用风险	生产经营过程中未严格执行“三原则”“两要求”，从而丧失独立公正、诚信信用准则，给公司造成灾难性损失，造成市场禁入或营销困难等风险
7	证照及资质使用风险	向外部单位出借、出卖或伪造、涂改、转借公司证照或资质，导致公司信用受损，企业经营困难，甚至引发重大法律风险
8	应收款项风险	委托方或合作机构拖欠、低比例支付、质量保证金拖延占压或垫资等，导致公司现金流经常出现短缺甚至亏损，公司不能正常运转
9	母体干预风险	控股母体干预检验检测活动，导致检验检测结果失真，不能客观反映实际情况，可能诱发重大质量安全隐患风险
10	绩效薪酬制订不合理风险	绩效薪酬制订或分配不合理，导致关键岗位人员离职或消极怠工，甚至在检验检测活动中吃拿卡要、欺上瞒下、贪污受贿，给公司造成经济和信用损失风险
11	员工职业道德风险	员工职业道德素质和觉悟不高，为达利己目的，刻意刁难客户，甚至不惜出具虚假或不实检验检测报告，损害公司利益
12	经营活动专项奖励风险	经营活动专项奖励规则不合理，一是影响公司经营活动的正常开展，二是导致非经营工作人员的心态发生变化，公司员工思想涣散，矛盾重重，公司治理困难
13	申诉和投诉风险	因某方面原因，公司受到举报、申诉和投诉，同时对举报、申诉和投诉的处置不当，让举报、申诉和投诉方不满，或被举报、申诉和投诉的员工不满，反而造成更加恶劣的影响
14	关联关系风险	不恰当使用关联资源，导致不符合国家有关法律法规或公司管理制度受到处罚，甚至有被注销资质的风险
15	分包风险	未按照公司分包管理规定执行分包，或者对分包方能力考察不到位，或者对分包方监督不到位，或者发生分包方再度分包，给公司信誉造成严重损害，甚至有被注销资质的风险

6.4.6 建立应急预案

实验室应对识别出的中高级及以上风险建立相应预案或应急响应控制程序。

【视野拓展】

实验室化学药品泄漏应急预案

1. 目的

为了积极应对危险化学品可能发生的危害事件，有序地组织开展抢救工作，最大限度地减少人员伤亡和财产损失，及时控制事故扩大，尽快恢复正常生产和工作，特建立此应急预案。

本预案参照《生产经营单位生产安全事故应急预案编制导则》（GB/T 29639—2020)、《常用化学危险品贮存通则》(GB 15603—1995)、《化学品安全技术说明书内容和项目顺序》(GB/T 16483—2008）等技术标准以及实验室《内务管理程序》《耗材管理控制程序》制定。

2. 范围

本应急预案适用于公司本部及其派出机构范围内，由于各种原因造成的不可控的危险化学品重大泄漏事故的应急救援和处理。

3. 职责

危险化学品重大泄漏事故应急组织机构按照《风险评估与管控程序》或《应急响应控制程序》的要求设置。公司应急准备与响应组织按照各自职责分工开展应急救援工作。

4. 内容

4.1 预案启动条件

当实验室发生不可控危险化学品重大泄漏事故，依据公司《风险评估与管控程序》或《应急响应控制程序》中的情况要求启动本预案。

4.2 报警电话

火警：119；急救：120。

4.3 报警及信息传递

4.3.1 实验室使用或储运危险化学品场所发生危险化学品泄漏，现场发现者应立即报部门负责人（若发生人员中毒或可能造成火灾的泄漏，同时向119、120报告)，部门负责人向应急指挥中心报告，进行应急处理，控制事故的发展。

4.3.2 当实验室无法控制泄漏、超过公司应急处置能力时，应及时向地方政府报告，请求支援。

4.4 应急处置

实验室部分化学实验场所存有各种化学试剂，包括易燃、有毒、有腐蚀性的或是易爆炸的化学试剂，实验过程中容易发生如失火、爆炸、烧伤和中毒等事故。现将这些事故发生的主要原因、预防措施和处理方法分述如下：

4.4.1 防火。

4.4.1.1 发生原因（略）。

4.4.1.2 预防措施。

4.4.1.2.1 易燃物和强氧化剂分开放置。

4.4.1.2.2 进行加热或燃烧实验时，要严格遵守操作规程。

4.4.1.2.3 使用易挥发的可燃物质时，实验装置要严密不漏气，严禁在燃烧的火焰附近转移或添加易燃溶剂。

4.4.1.2.4 易挥发的可燃性废液只能倾入水槽，并立刻用水冲去。可燃废物（如浸过可燃性液体的滤纸、棉花等）不得倒入废物箱内，应及时按规定焚烧。不得把燃着的或带有火星的火柴梗投入废物箱内。

4.4.1.2.5 实验室内严禁吸烟。

4.4.1.2.6 实验室内应常备有沙桶、灭火器等防火器材。

4.4.1.2.7 实验结束离开实验室前，仔细检查酒精灯是否熄灭，电源是否关闭。

4.4.1.3 处理方法。

4.4.1.3.1 迅速移走一切可燃物，切断电源，关闭通风器，防止火势蔓延。

4.4.1.3.2 如果是酒精等有机溶剂泼洒在桌面上着火燃烧，应用湿抹布、砂子盖灭，或用灭火器扑灭。如果衣服着火，立即用湿布覆盖，使之与空气隔绝而熄灭。衣服的燃烧面积较大时，可躺在地上打滚，使火焰不致向上烧着头部，同时也可使火熄灭。

4.4.2 防爆炸（略）。

4.4.3 防中毒（略）。

4.4.4 防烧伤（略）。

4.4.5 一般伤害的救护措施。

4.4.5.1 被强酸腐蚀应立即用大量水冲洗，再用碳酸钠或碳酸氢钠溶液冲洗。

4.4.5.2 被浓碱腐蚀应立即用大量水冲洗，再用醋酸溶液或硼酸溶液冲洗。

4.4.6 实验室应备有救护药箱，在实验室的固定处放置。箱内应存放下列用品：

4.4.6.1 消毒纱布、消毒绷带、消毒药棉、胶布、剪刀、量杯、洗眼杯等。

4.4.6.2 碘酒（5%～10%的碘片加入少量碘化钾的酒精溶液）、红汞水（2%）或龙胆紫药水（供外伤用）。

注意：红汞水与碘酒不能合用。

4.4.6.3 治烫伤的软膏、云南白药粉、甘油、医用酒精、凡士林等。

4.5 应急结束

当泄漏源已被有效控制，泄漏危险化学品的现场处置已完成，现场监测符合要求，受伤人员得到救治，实验室危险化学品泄漏区基本恢复正常时，由应急指挥中心宣布公司实验室危险化学品重大泄漏事故应急工作结束。

4.6 应急保障措施

4.6.1 实验室应在现场醒目位置放置危险化学品安全技术说明书。

4.6.2 实验室应设置符合国家有关法规标准要求的安全、消防和急救设备、设施，并按照有关规定进行维护。实验室化学品从业人员应经过相关培训，考核合格后方可上岗作业。

5. 预案管理与更新

5.1 预案管理

由于公司机构改革变化、日常演习和实际应急反应取得的经验、危险源的变化等情况的出现，随时需要对相关内容进行修订。

5.2 预案更新

修订后的应急预案再行公布实施时，应对修订版进行必要的标注和说明，对修订或变更内容加以记录，并及时通知有关部门领导。

6. 培训

相关人员应纳入培训管理程序。

6.5 记录与报告管理

6.5.1 记录属性

检验检测机构应建立和保持记录管理程序，确保每一项检验检测活动技术记录中的信息充分，确保记录的标识、贮存、保护、检索、保留和处置符合要求。

1. 记录分类

（1）质量记录。

质量记录指在质量管理体系活动中对过程和结果的记录，如合同评审、分包控制、采购、内部审核、管理评审、纠正措施、预防措施、投诉等产生的记录。

（2）技术记录。

技术记录指在检验检测活动中产生的记录，如原始观察、导出数据和与建立审核路径有关信息的记录，检验检测、环境条件控制、人员、方法确认、设备管理、样品和质量控制等记录，包括检验检测报告副本。

很多时候，质量记录和技术记录是相互交融的，如质量记录往往与技术活动密切相关，技术记录中往往包含质量信息。

2. 原始记录和誊抄记录

观察结果、数据和计算应在观察到或获得时予以记录，补记、追记、誊抄的记录必须同时保存补记、追记、誊抄前的原始记录，并予以明确识别。

3. 技术记录的特性

（1）即时性（原始性）。

技术记录的即时性指当时形成，且必须是直接测量得到的数据，不是经过推测、演算得到的数据。

（2）充分性（真实、有效、溯源、规范、完整）。

技术记录应在方法标准、检评标准等指导下，尽可能满足重现性（复现性、溯源性）等基本要求的前提下设置，应包含“人机样法环测抽”等充分信息，如涉及各类人员的签名或签名的等效标识、签名层级，仪器设备的名称、编号、有效期、溯源性，样品名称、标识、状态及其异常情况，采用方法标准的名称全称及编号，检验检测活动进行时的环境状况等信息，必要时应保存相关过程的电子监控数据或关键过程图片。

涉及现场实体或化学分析的技术记录应及时记录样品采集、（采集时的）现场测试、运输和保存、样品制备、分析测试等监测或检测全过程，以保证记录信息的充分性、原始性和规范性，能够再现监测或检测全过程。

（3）重现性（或溯源性）。

技术记录的重现性指能够在接近原始条件下重复检验检测活动及其检测结果。

（4）可操作性。

通过使用检测依据的规范的语言文字、规范的描述语句、简单易用/尺寸合适的数据表格，按照检测流程顺序或标准条款顺序安排各检测项目在原始记录中的位置顺序，提升原始记录的可操作性。

6.5.2 保护数据完整性和安全性

机构应确保在检验检测活动中所获得数据的完整性和安全性，并对信息管理系统进行有效管理，建立和保持数据完整性、正确性和保密性的管理程序。

（1）当采用计算机、自动化智能检测仪器设备或自行开发的软件对数据进行采集、处理、记录、报告、存储或检索时，应确认软件的适用性（验收）并进行必要的维护，确保计算机系统的环境条件和运行条件符合相关要求。

（2）对于使用通用的商业化软件，如文字处理、数据库和统计程序，因在其设计的应用范围内已经经过了充分的确认，机构可直接采用。

（3）当智能检测仪器设备在检验检测过程中自动采集的电子数据，尤其是包含影响检验检测结果的数据信号不适于形成纸质记录时，如各种电磁波、声波等，应当在现场检测记录中说明自动产生的数据信号的命名及存储路径，必要时应说明保存方式等信息。

【视野拓展】

质监机构对记录管理的规定

成都市城乡建设委员会在《关于进一步加强建设工程质量检测管理工作的通知》（成建委〔2017〕37 号）中指出：“完善检测数据管理。加强检测原始数据管理，准确完整记录检测信息，检测数据应能溯源。实验台应装设视频监控，试验过程全程录像备查，录像存放时间不应少于 3 个月。”2021 年 6 月 1 日，广州市住房和城乡建设局发布《关于开展房屋建筑工程质量检测专项整治行动的通知》，明确提出以下内容。

1. 加强现场检测方案及计划管理

（1）检测合同要求。检测合同应包含工程量及价格清单，如检测前未签订检测合同，应先将中标通知书或委托单上传至检测监管平台，并在合同签订后及时补充上传检测合同。

(2) 检测方案要求。检测方案应根据检测合同、设计图纸及技术标准规范要求制定，经工程建设、设计、勘察（仅地基基础检测项目）、施工、监理及检测单位盖章确认；若有变更检测部位或检测方法的，应在检测前办理检测方案变更手续，再次经工程参建单位确认后上传至检测监管平台，并告知项目工程质量监督机构。

(3) 检测计划要求。检测计划中应包含检测具体实施时间、检测人员相关信息（包括人员检测培训合格证证号、联系方式、身份证号码等）。每个检测项目须配置不少于2名在检测监管平台登记范围内的检测人员（须具有相应检测项目培训合格证）。

2. 加强检测过程管理，确保资料可溯源

在地基基础（静载、钻芯及平板载荷）、混凝土结构实体（钻芯、回弹）、幕墙门窗物理性能检测过程中，工程建设参建单位利用举牌见证、关键节点监理见证、芯样标识管控及现场拍照录像记录等方式加强检测行为管理，并将有关检测行为的照片、数据上传至检测监管平台备案，确保检测过程可追溯。

3. 强化人员管理，进一步压实质量责任

(1) 监理见证人员采用人脸识别。工程项目监理见证人员第一次见证送检材料、试块等时，应在检测机构将见证人员姓名、见证人员证书编号及人脸信息等录入检测监管平台，每次见证送检时均须在检测单位办理人脸识别手续后完成见证送检工作。见证人员变更的，需办理变更手续。

(2) 建立违法违规检测人员名单。在检测监管平台中建立违法违规检测人员名单库，对因未经检验出具检测报告、伪造检测数据出具虚假结论、未按技术标准开展检测等问题被行政处罚，涉及的检测报告中检验（检测）、编写、复核（校核）、审核、批准等直接责任人员进行标记。检测单位录入的检测计划中有违法违规检测人员的，系统自动预警，检测单位及市、区建设行政主管部门应加大对此类人员的监管力度。

2023年1月16日，北京市住房和城乡建设委员会发布了《关于进一步加强工程质量检测机构管理的通知》（京建发〔2023〕24号），指出："检测机构应建立检测过程视频影像管理制度，确保检测数据和检测过程可追溯。"

6.5.3 检验检测报告管理

检验检测机构出具的检验检测报告应客观真实、方法有效、数据完整、信息齐全、结论明确、表述清晰并使用法定计量单位，开展检验检测活动的原始记录应能有效支撑对应出具的报告内容。检验检测报告应有相对固定的格式。

1. 报告式样

技术报告式样或模板应满足资质认定文件、自身体系文件及相应的技术标准的规定，最终的目的是要满足技术报告信息的充分性、有效性和严谨性。同时，还应注意以下几点：

(1) 技术报告式样应符合通行审美，当所在行业有特殊规定时，应符合所属行业的规定。

（2）术语、符号要规范，须符合所使用方法标准或技术标准的规定。

（3）报告信息要充分，同时要满足溯源性的要求。技术报告中的信息来源于委托合同、技术记录和客户提供的技术资料等，这些支撑资料要充分详尽，并应将对检测结果可能有重大影响的样品本身信息和环境状况信息进行充分描述。

（4）结论要专业、严谨，不用“口水话”。可能的情况下，宜将“采用的试验方法”与“判定（评定）标准”分列，如“按《水泥化学分析方法》（GB/T 176—2017）硫酸钡重量法（基准法）试验，满足《用于水泥和混凝土中的粉煤灰》（GB/T 1596—2017）对F类粉煤灰的理化性能要求”。

（5）检验检测机构应在满足有关规定的前提下建立适合自己特点的记录/报告编号规则，并确保每一页记录、每一份报告都具有恰当的关联关系，且具唯一性。如《四川省建设工程质量检测监督管理实施细则》（川建办发〔2015〕515号）第十七条规定：“检测机构应加强检测资料的管理，检测合同、委托单、原始记录、检测报告的编号应按年度统一编号，编号应连续，具有唯一性，不得随意抽撤、涂改。”编号中涉及的专业及代码可参照《公路水运工程试验检测等级管理要求》（JT/T 1181—2018）编制。

2. 报告信息的充分性

技术记录和技术报告信息的充分性，既是标准的基本要求，也是溯源性、重现性的基本要求。目前，对技术记录和技术报告编制有明确规定的有《公路水运试验检测数据报告编制导则》（JT/T 828—2019）和《检验检测报告编制规范》（DB61/T 1327.5—2020）、《检验检测报告编制》（T/HNCAA 029—2021）等，这些管理标准对检验检测记录和报告的结构、编号、格式、印章等方面都做了基本要求，并对报告封面、声明页、首页、数据页、附件页的格式和内容做出了规定。同时，提供了“委托送样检验报告示例”“委托抽样检验报告示例”“委托检测报告示例”“检验结论用语”等相关资料性附录。

3. 报告审核

检验检测报告的审核是一项非常严谨细致的工作，是授权签字人对自己的“产品”的最后一道把关。报告审核一般应从报告版本、人机样法环测、委托信息、检测数据处理等着手进行。

【视野拓展】

对技术记录/报告的审核技巧

报告的审核应包含对委托单（合同）、任务单、技术记录以及客户提供的技术资料的完整材料的审核，宜按照人机样法环测及风险管控等原则进行总体审核。在对检验检测报告进行审核时，绝不可“盲审”“盲签”。

试验签字人员（包含报告编制人员、复核人员）是否具有资格，是否超范围或超出其规定能力；采用的仪器设备的量程、精度、检测限是否适宜，是否经过检/校和计量确认，是否包含了所有的产生关键溯源性量值的计量设备，是否需要对其在检测前后进行核查；样品是否按技术标准规定取得，是否具有代表性，是否按规定进行流转、留样，是否需要进行空白试验、平行试验、留样再测或比对；环境（包含采样和检验检测与留样环境）是否满足技术标准规定。

以上情况，如有不符合，均应声明，同时，检测报告还要特别关注以下几点：

(1) 检测报告的整体符合性。报告格式（或式样）、内容是否符合机构体系文件规定，是否与委托合同、原始记录等一致，是否符合检验检测技术标准的规定；报告名称是否正确、样品描述是否规范、信息是否充分、项目是否齐全、方法是否恰当、频次是否达到要求、数据是否漏测漏报、计量单位是否正确、结论表达是否准确、语言是否严谨、是否与合同及客户提供的技术资料相冲突；任务单、原始记录是否按要求填写和全面；在保证报告完整性的基础上，重点审核是否执行有关技术标准，选择的检验检测方法是否在资质证书范围内且现行有效，仪器设备精度和有效性是否符合检测对象的要求，数据修约是否正确等。

(2) 检测报告的数据正确性。由于有些被测样品本身的性质及相互关系，某些被测参数之间往往具有紧密的相关性，故应结合影响检验检测结果因素的仪器设备精度、操作性能以及运行情况等方面，审核检测数据合理性。如是否有可疑数据、是否有超过标准规范规定的数据、有效位数是否正确等；检测记录中出现异常数据的分析判断，可结合实验室内部质量控制内容进行审核。通过现场查看和检测过程追踪调查，确保数据的真实性和报告的可靠性。记录/报告审核是一个细致、严谨且工作量较大的工作，要充分发挥试验（主检）、编制、复核（审核）等各岗位人员的责任心和技术素养，模板的设计、作业指导书的充分运用是减少错误的关键环节。

(3) 信息的充分性和完整性。

(4) 应特别关注检测结果。重点审核检验所用标准是否在其检测能力范围内，且应用是否得当；报告结论用语的正确性和规范性；报告数据的有效位数与标准要求是否一致；与委托合同的一致性；检测结果为临界数据时的处理方法是否得当；数据的更正和更正原因；原始记录中可追溯性的相关信息，包含样品的情况；计量单位的应用与表述；原始记录与报告的一致性。

审核报告时要善于总结经验，探索审核程序和技巧，把握审核重点，提高检测报告的审核效率和审核水平。尤其在记录/报告定型前更要反复推敲，在标点符号、遣词用句、数字修约、格式美观等方面都应特别谨慎，避免形成批量或系统性错误。

4. 报告签字

《检验检测机构监督管理办法》、《检验检测机构资质认定评审准则》（国家市场监督管理局 2023 年第 21 号）和《检验和校准实验室能力认可准则》（CNAS-CL01：2018）一样，均只对报告签发人进行了明确要求，未对编制、试验、复核等人员进行明确规定。当检验检测机构报告格式中包含多层次人员签字时，应在体系文件中有所规定。一般情况下，报告审核（复核）人员应至少从事本专业 5 年以上或具有中级及以上技术职称。公路水运工程行业规定，记录或报告的复核人员必须取得所签字领域的检测工程师资格。当有两个及两个以上试验人员签字时，在满足前述要求的情况下，其中一人可以同时签计算，如果取得授权签字人资格，可以签批准；试验、计算人员一般不能同时签复核，复核签字人员在特殊情况下可以签批准。

一般而言，报告签名可采用三种方式：手签、盖章和电子签名。《中华人民共和国电子签名法》第十四条规定："可靠的电子签名与手写签名或者盖章具有同等的法律效力。"其中，盖章和电子签名应当是签名人本人确认或控制的一种行为，其制作数据仅由电子签名人控制，属于签名人专用，而非他人利用其印章或电子签名（包含其签名扫描件）的代签、冒用或盗用行为，且电子签名后的任何改动都能够被发现，否则应按代签、冒用或盗用处理，如发生伪造、冒用、盗用电子签名，属于犯罪行为。当事人也不宜授权他人使用自己的印章或电子签名。电子签名人应当妥善保管电子签名制作数据，当知悉电子签名制作数据已经失密或者可能已经失密时，应当及时告知有关各方，并终止使用该电子签名制作数据。

5. 检验检测结果说明和解释

必要时，应结合合同、样品、抽样结果、分包结果，以及检验检测结果，对检验检测报告进行补充说明、声明或提出意见和解释。

（1）表格式报告（多为单页）和综合性报告（一般有多页），免责声明应当充分且表述一致，室内试验报告和现场检测报告的声明内容可有所差异。

（2）对抽样结果、检测结果，尤其是现场检测结果，当易于引起争议且不易追溯或复现现场检测行为时，应将抽样和检验检测现场的准确位置、高程、环境状况等信息予以描述；当抽样方法或程序有关的技术标准在实际检验检测活动中有偏离、增加或删减时，也应在检验检测报告中明确且得到相关方的确认或见证，必要时应增加现场检测状态图片。

（3）检验检测过程中产生的图像及电子记录应妥善保存，必要时，除专用保存外，凡能形成纸质记录固化的，应当形成纸质记录；图像图片的纸质记录，应有相关人员（如主检人、见证人）确认。

（4）当需要对检验检测结果提出意见和解释时，应围绕检验检测结果及其分布范围的原因分析、合同（含分包）履行、使用结果建议和改进等进行；如果采用直接对话和交流，当可能产生不可控风险时，应保留相关记录。当检验检测结果的意见和解释可能涉及权威性判断或可能引起歧义、争议时，应经机构授权，并由技术负责人或其他授权人员做出。

6. 报告的修改或更正

报告的修改或更正指已签发批准送达客户后的检验检测报告，因发现下列原因之一，需要对检验检测报告进行更正或补充：

（1）检验检测报告所采用的仪器设备有问题，且已影响到检测结果；

（2）采用了不正确或不完善的检验检测方法，导致检测结果有误；

（3）出具的检验检测报告有其他错误；

（4）客户新增了其他的合理要求。

报告的修改或更正原则上应发布新的检验检测报告，以替代原检验检测报告，且新检验检测报告应有新的编号并标明替代的原检验检测报告编号，同时应收回被替代的检验检测报告；当原检验检测报告没有错误，但须补充完善时，可以将补充内容重新出具报告，仍须注明对编号为××的补充报告。

7. 报告存档与受控管理

报告应与记录一起共同存档并实行受控管理，适时更新报告管理台账。一般情况下，存档检验检测报告应作为首页，按任务单、委托单、检验检测记录、附图及客户提供的技术资料的顺序装订后存档。对外出具的检验检测报告编号，应按规定提交到国家市场监督管理总局检验检测报告编号查询平台，以方便检索查询。

8. 工程质量检测综合报告制度

工程质量检测应建立综合报告制度。

【视野拓展】

工程质量检测综合报告制度

2020年12月23日，江苏省住房和城乡建设厅发布《关于实行建设工程质量检测综合报告制度的通知》（苏建规字〔2020〕8号），其中明确规定了以下内容：

建设工程质量检测综合报告制度包括制定建设工程质量检测计划、编制建设工程质量检测方案、出具建设工程质量检测综合报告三项内容。建设工程质量检测计划是检测合同的组成部分。建设工程质量检测计划、建设工程质量检测方案、建设工程质量检测综合报告应当作为工程档案资料进行管理和归档。

（一）建设工程质量检测计划

建设工程质量检测计划（以下简称检测计划）应当符合法律法规、审查合格的设计文件和标准规范，在工程开工前由建设单位组织编制，并负责后续实施，建设单位可以组织设计、监理、施工单位和检测机构共同编制。建设单位应当明确项目检测负责人，负责检测计划的编制和实施。

检测计划一般按照单位工程编制，应当包括以下主要内容：工程概况、建设工程质量检测责任主体、项目检测负责人任命文件、建设工程质量检测实施计划、建设工程质量检测计划变更、建设工程质量检测工作实施一览表等。建设工程质量检测实施计划包括项目编码、项目名称、工程量、检测项目、检测参数、计划检测批次、计划检测节点等内容。项目编码、项目名称应当依据《房屋建筑与装饰工程工程量计算规范》（GB 50854—2013）、《通用安装工程工程量计算规范》（GB 50856—2013）、《市政工程工程量计算规范》（GB 50857—2013）、《江苏省装配式混凝土建筑工程定额（试行）》等标准、规范确定。工程发生变更时，建设单位应当及时组织调整检测计划。

（二）建设工程质量检测方案

建设工程质量检测方案（以下简称检测方案）由检测机构在单位工程开工前，根据建设工程质量检测合同、检测计划、标准规范等编制。检测机构应当明确项目负责人，负责检测方案的编制与实施。检测机构项目负责人应当具有中级以上工程类专业技术职称，并从事检测工作3年以上。

检测方案应包括以下主要内容：工程概况、建设工程质量检测责任主体、检测机构承诺书、检测项目负责人任命文件、检测工作质量保障措施、建设工程质量检测实施表、建设工程质量检测方案变更等。工程发生变更时，检测机构应根据调整后的检测计划相应调整检测方案。

（三）建设工程质量检测综合报告

建设工程质量检测综合报告（以下简称综合报告）是检测机构在完成检测合同约定的全部检测任务，对检测计划和检测方案实施情况进行汇总分析后，由检测机构项目负责人负责组织编制，在分部工程验收或竣工验收前提交建设单位。综合报告应包括以下主要内容：工程概况、建设工程质量检测责任主体、建设工程质量检测变更汇总、建设工程质量检测工作统计、检测工作总结等。综合报告经建设单位签收后归入竣工验收资料中的工程质量检测资料。

9. 不实或虚假检验检测报告的法律法规规定

国家市场监督管理总局办公厅于2020年5月22日发布了《市场监管总局办公厅关于开展危险化学品及其包装物和车载罐体产品质量安全隐患排查的通知》（市监质监〔2020〕54号），为进一步加强重点工业产品质量安全监管，落实企业质量安全主体责任，决定在全国范围内以危险化学品、危险化学品包装物及危险化学品车载罐体等三类产品为重点，开展产品质量安全隐患排查工作，并提出在对企业进行现场检查时，如发现出厂检验报告存在不真实或造假情况，将对出具问题报告的检验检测机构进行延伸现场检查。

《检验检测机构监督管理办法》第十三条规定，检验检测机构不得出具不实检验检测报告。检验检测机构出具的检验检测报告存在下列情形之一，并且数据、结果存在错误或者无法复核的，属于不实检验检测报告：

（一）样品的采集、标识、分发、流转、制备、保存、处置不符合标准等规定，存在样品污染、混淆、损毁、性状异常改变等情形的；

（二）使用未经检定或者校准的仪器、设备、设施的；

（三）违反国家有关强制性规定的检验检测规程或者方法的；

（四）未按照标准等规定传输、保存原始数据和报告的。

《检验检测机构监督管理办法》第十四条规定，检验检测机构不得出具虚假检验检测报告。检验检测机构出具的检验检测报告存在下列情形之一的，属于虚假检验检测报告：

（一）未经检验检测的；

（二）伪造、变造原始数据、记录，或者未按照标准等规定采用原始数据、记录的；

（三）减少、遗漏或者变更标准等规定的应当检验检测的项目，或者改变关键检验检测条件的；

（四）调换检验检测样品或者改变其原有状态进行检验检测的；

（五）伪造检验检测机构公章或者检验检测专用章，或者伪造授权签字人签名或者签发时间的。

对以上四种不实检验检测情形、五种虚假检验检测情形，《检验检测机构监督管理办法》规定了依法实施罚款、没收违法所得直至撤销、吊销、取消检验检测资质或者证书，以及追究民事、刑事等法律责任，同时明确规定，要对检验检测报告造假行为实施失信联合惩戒。

10．报告印章与签发的法律法规规定

《建设工程质量管理条例》（国务院令第 279 号）第二十九条规定："施工单位必须按照工程设计要求、施工技术标准和合同约定，对建筑材料、建筑构配件、设备和商品混凝土进行检验，检验应当有书面记录和专人签字；未经检验或者检验不合格的，不得使用。"

《建设工程质量检测管理办法》（建设部令第 57 号）第二十一条规定："检测报告经检测人员、审核人员、检测机构法定代表人或者其授权的签字人等签署，并加盖检测专用章后方可生效。"

《公路水运工程质量检测管理办法》（交通运输部令 2023 年第 9 号）第三十七条规定："检测机构的技术负责人和质量负责人应当由公路水运工程试验检测师担任。质量检测报告应当由公路水运工程试验检测师审核、签发。"

另外，《检验检测机构资质认定管理办法》（2021 年修改）、《检验检测机构监督管理办法》也有相应规定。

6.5.4 保存和修改

纸质记录和多媒体记录必须按规范进行修改。记录应由记录人或授权人员进行修改，但不得采用涂抹、删除的方式进行修改，应能识别修改前的信息，必要时应注明修改日期、修改原因等，当不具备杠改、备注等修改方式时，可另填写一张记录，但必须同时保存修改前记录。多媒体记录应与纸质记录相关联，即在相应的纸质记录中说明多媒体记录形式、名称（命名）、存储与溯源方式等。

所有记录的更改（包含电子记录）应当全程留痕，监测或检测活动中由仪器设备直接输出的数据和图谱，应以纸质或电子介质的形式完整保存，电子介质存储的记录应采取适当措施备份保存，保证可追溯和可读取，以防止记录丢失、失效或篡改。当输出数据打印在热敏纸或光敏纸等保存时间较短的介质上时，应同时保存记录的复印件或扫描件。

记录、报告、证书的保存期限不得少于 6 年，技术记录和报告，尤其是涉及结构安全的记录和报告，一般应当长期保存或永久保存。

【视野拓展】

文件与记录管理要求

按《建设工程文件归档整理规范》（GB/T 50328—2014）相关规定，长期保存被称为“长期保管”，指工程档案保存到该工程被彻底撤除时为止。

记录都必须手写吗？某检测报告的记录只有电子记录，可以吗？如何确保电子记录的有效性？

随着科技的进步，智能智慧检测技术的应用越来越广泛。智能智慧检测结果或仪器设备自动采集产生的记录，应确保记录的标识（命名）、贮存、保护、检索、保留和处置符合体系的规定，并应与报告及其纸质记录相关联。具体可参照：

（1）《实验室信息管理系统管理规范》（RB/T 028—2020）；

（2）《检测实验室信息管理系统建设指南》（RB/T 029—2020）；

（3）《数字化实验室数据控制和信息管理要求》（T/CSCA 30002—2020）；

（4）《生态环境检验检测机构电子原始记录通用规范》（T/AHEMA 26—2022）。

【视野拓展】

概念比较：文件、记录

序号	项目	文件	记录
1	定义	信息及承载媒体的总称	阐明所取得的结果或提供所完成活动的证据的文件
2	用途	传递信息、沟通意图、统一行动	为可追溯性提供文件，并提供验证、预防措施和纠正措施的证据
3	表现形式	满足客户要求和质量改进、提供适宜的培训、重复性和可追溯性、提供客观证据、评价质量体系有效性和持续适宜性的规范性样表	承载有质量或技术信息的文件，通常没有控制版本
4	存在时间	在工作之前确定该怎么做的规定（空白表或样表）	工作中形成的证据或结果，包含纸质或电子文件信息
5	批准发布	需要批准、发布，且现行有效	不需批准、发布，但应核查信息是否完整
6	有效期	新文件发布，旧文件应宣布作废并及时回收	具有耐久性，规定有保存期
7	文件修改	可以随时修改，不断完善	一旦形成，不得修改

续表

序号	项目	文件	记录
8	保密性	分为有保密要求和无保密要求两类	要求安全防护和保密，防止未经授权的人员修改，电子记录还要有备份和存储路径说明
9	文件管理	控制编制、审批、颁布、分发、使用、更改、回收和归档	控制识别、收集、检索、维护、储存、处置
10	案例	质量体系文件； 质量与技术记录规范样表； 《公路水运试验检测数据报告编制导则》（JT/T 828—2019）； 《铁路工程试验表格》（Q/CR 9205—2015）	内审检查记录表（××××年度）； 水泥试验记录（××××年度）

6.6 内部审核

6.6.1 内部审核的概念

检验检测机构应建立和保持管理体系内部审核的程序，以便验证其运作是否符合管理体系的要求，是否得到有效的实施和保持等。内部审核通常每年一次，由质量负责人策划内审并制定审核方案。内审员须经过培训，具备相应资格。若情况允许，内审员应独立于被审核的活动。另外，《实验室内部审核指南》（RB/T 196—2015）、《检验检测机构管理和技术能力评价内部审核要求》（RB/T 045—2020）对内部审核资源、策划、实施、后续措施、验证、记录和报告等做了更加全面的规定。

按照《管理体系审核指南》（ISO 19011：2018），审核指为获取客观证据并进行客观评价，以确定审核准则的满足程度的系统、独立和形成文件的过程。审核分为内部审核和外部审核。

内部审核简称内审，也称第一方审核，是由机构自己或以机构的名义进行的，对机构自己建立的管理体系是否持续的满足规定的要求并且正在良好运行的检查或验证活动。它为有效的管理评审和纠正、预防措施提供信息，其目的是证实组织的管理体系运行是否有效，可作为组织自我合格声明的基础；它是对所策划的体系、过程及其运行的符合性、适宜性和有效性进行系统的、定期的审核，以保证管理体系的自我完善和持续改进的过程。

外部审核简称外审，也称第三方审核，指具有可靠的执行认证制度的必要能力，并在认证过程中能够客观、公正、独立地从事认证活动的审核活动。

检验检测机构应做好以下几方面工作：

（1）依据有关过程的重要性，对检验检测机构产生影响的变化和以往的审核结果，策划、制定、实施和保持审核方案，审核方案包括频次、方法、职责、策划要求和报告；

（2）规定内部审核的审核要求和范围；

（3）选择内部审核员并实施审核；

（4）形成内部审核报告，并报告给相关管理者；

（5）及时制定或采取适当的纠正和纠正措施；

（6）保留形成文件的信息，作为实施审核方案以及做出审核结果的证据。

内审可由机构自主进行，也可邀请外部机构进行。

6.6.2 内部审核员应具备的基本素质

机构的内部审核员（简称内审员）应具有丰富的工作经历，具备相当强的专业能力和知识，保持良好的素质和人格魅力。了解与机构相关联行业的设计开发、技术管理、质量管理资讯，熟悉《检验检测机构资质认定评审准则》及相关质量管理法律法规，同时还应关注以下几方面情况：

（1）法律法规、技术标准与要求在本行业中的应用情况。

内部审核员如果熟悉法律法规、技术标准在本行业中的应用情况，审核中就可以查看整个产品实现过程是否偏离产品质量保证的策划、实施过程是否合规合理。

（2）产品产生过程、设备或检测方法和检测点的变化。

内部审核员应当关注机构产品检验检测方法和检测点的变化，做好事先策划，有利于实现产品质量持续改善的工作效果和管理能力。

（3）特殊过程控制的有效性。

内部审核员应将机构新增能力、能力变化或能力提升等过程控制的确认作为内审的重点。

（4）风险的把控情况。

内部审核的实质是确保机构风险可控，识别和有效控制风险是内部审核的重要目的。

（5）以往审核问题的整改情况。

内部审核员在审核时宜对上次内部或外部审核提出的问题进行必要的跟踪，要仔细审查审核发现所采取的纠正措施，判断其是否能够降低或减少质量成本，是否能促进企业利润目标的实现。对带有普遍性的问题，要确认是否进行了系统分析、识别产生的原因，并验证改进措施的有效执行和实现的增值效果；要对照问题的解决确认质量管理体系文件的规范性、适宜性的修编和完善。

内部审核可采用面谈、查阅文件档案、核实过程、现场观察等方式进行，但也应当抓大放小、把握重点，识别一般性不符合、系统性不符合或严重不符合。

质量负责人或内审组长应提前做好内审策划工作，一般情况下，内审应当覆盖机构的各个部门（含派出机构）的全过程质量管理体系运行情况。

6.6.3 内部审核的工作流程

按照《检测和校准实验室认可受理要求的说明》（CNAS-EL-15：2020）的规定，实验室应在管理体系充分运行，即管理体系所有要求均已运行并有运行记录的基础上进行首次内审，尤其是申请初次认可的检测/校准实验室，应进行覆盖管理体系全范围和全部要素的完整的内审和管理评审，需提供相应的记录；内审不符合项整改完毕并经过验证后，进行管理评审；在体系运行过程中部分条款可能不会产生运行记录，但应有充分的理由；内审和管理评审应计划充分、实施有效，职责分配与实际情况一致；体系要素运行记录应真实清晰地记录相应客观证据并具可追溯性，能反映实际的运行情况。内审记录至少应包括内审计划、核查记录、内审报告、不符合整改验证资料等；管理评审记录至少应有管理评审计划、管理评审输入资料、管理评审输出资料、输出事项采取具体措施的记录（适用时）等。

1. 做好年度内部审核策划

按照机构内部审核程序，制订年度内部审核计划，确定内部审核实施时间、覆盖范围。内部审核一般应包含体系所涉及的所有过程、部门和场所，每年至少一次。当遇下列特殊情况时应增加内审频次：

（1）当合同要求或客户需要评价质量管理体系时；

（2）当机构和职能有重大变更时；

（3）发现严重不合格而需要审查时；

（4）第三方审核认证或监督审核前；

（5）最高管理者提出要求时。

2. 成立内部审核小组

按照内审计划，根据内审活动目的、范围、部门、过程及日程安排，由最高管理者授权成立内审小组。内审小组成员应满足以下要求：

（1）内审人员应是所在部门负责人或主要骨干，应通过质量管理体系内审课程培训并考试合格。合格内审员应有符合内审员资格的相关说明文件。

（2）内审员应能根据审核要求编制检查表，按审核计划完成审核任务，将审核发现形成书面材料，编制不合格项报告；协助受审核方制订纠正措施，并实施跟踪审核。

（3）内审组长负责协商并制订审核活动计划，准备工作文件，给审核组成员布置工作；主持审核会议，控制现场审核实施，使审核按计划和要求进行；确认内审员审核发现的不合格项报告。

3. 制订内部审核实施计划

实验室应提前建立内部审核方案，针对特定时间段及特定目标对内部审核要素进行安排和策划，制订内部审核计划。

内审员按照年度内审计划，编制内审日程计划。在编制内审实施计划时，编制人应与内审员及被审核部门负责人确认时间的安排是否合理，如有问题应及时调整计划。内审实施计划应包括内审目的、范围、起止日期，依据文件，审核的主要内容和时间安排，内审员分工。

4. 编制内部审核检查表

内审员应根据分工编制检查表。检查表应突出审核区域的主要职能，选择典型、关键的质量问题，覆盖质量管理方面的全部职能，包括客户的一些特殊要求。内审检查表在使用一段时间后形成相对稳定的内容，可作为标准检查表，为以后内审提供参考。

内审检查表可参照机构所遵从的管理标准制订，同时应包含机构自身特点、行业或属地质监部门的有关规定。

5. 通知内部审核

正式实施内审活动，应至少提前一周通知受审核部门，并得到受审核部门负责人的确认。

6. 召开首次会议

现场审核前应召开首次会议，由审核组全员和受审核部门负责人及有关人员参加，会议由内审组长主持，会议时间以不超过半小时为宜。首次会议召开的主要内容包括：

（1）向受审核部门介绍审核组成员及分工；

（2）声明审核范围、目的和依据；

（3）简要介绍实施审核所采用的方法和程序；

（4）在审核组和受审核部门之间建立联系；

（5）宣读审核计划，澄清审核计划中不明确的内容。

7. 实施现场审核

现场审核是使用抽样检查的方法寻找客观证据的过程。在这个过程中，内审员个人素质和审核策略、审核技巧是实施内部审核最重要的保证。

（1）现场审核原则。

①坚持以客观证据为依据的原则。这是最基本、最主要的工作原则。没有客观证据而获取的任何信息都不能作为不合格项判断的依据；客观证据不足或未经验证也不能作为判断不合格项的证据。

② 坚持独立、公正的原则。审核判断时应坚决排除其他干扰因素，包括来自受审核方的、审核员感情上的等影响判断独立、公正的因素，自始至终维护、保持审核判断的独立性和公正性，不能因情面或畏惧而私自消化不合格项。

③坚持“三要三不要”原则。要讲客观证据，不要凭感情、凭感觉、凭印象办事；要追溯到实际做得怎样，不要停留在文件、回答上面；要按审核计划如期进行，不要“不查出问题不罢休”，或搞“有罪推定”。

（2）客观证据收集。

收集到的客观证据应有存在的客观事实，或被访问人员关于本职范围内工作的陈述，或现有的文件、记录等。

（3）现场审核记录。

在提问、验证、观察环节中，审核员应作好记录，记下审核中听到、看到的有用的真实信息，这些记录是审核员提出报告的真凭实据。

（4）审核发现。

对所收集到的客观证据进行整理、分析、筛选，在此基础上得出审核证据与审核发现。当发现不合格项时，应与受审核方的代表就不合格项进行确认，双方应尽力解决有关事实存在的意见分歧，未能达成一致意见的应予以记录。

6.6.4 内部审核的策略

内部审核主要有以下三种审核策略。

1. 问题溯源

问题溯源是针对某个问题进行原因追查的审核方法。在审核中会发现各种各样的问题，为使判断正确、深刻，应分析、追溯产生问题的本质原因。在审核数据分析、顾客投诉、设计和开发更改的控制、不合格品、纠正和预防措施等时可采用该策略。采用该策略的关键是要透过现象看本质，保持预防、改进的敏锐审核眼光。

2. 概括切入

概括切入是从了解审核项目基本情况、事实、数据入手，有目的、有重点地缩小范围、深入具体的审核方法。

3. 顺藤摸瓜

顺藤摸瓜是以问题线索为主导深入追查或核实的审核方法。内审员应具有职业敏感性，在审核中善于发现、捕捉问题线索。有时问题线索会超出检查表范围，但若是与标准有关的重大问题线索，应当及时变更审核计划，跟踪线索。在审核不合格品控制、顾客投诉、退回报告、顾客满意等时，应当采取顺藤摸瓜的审核策略。

6.6.5 现场审核的技巧

内部审核过程，其实质上是审核方与被审核方正式进行双向沟通的过程。掌握沟通技巧是对审核员的基本要求。充分、流畅的沟通是审核成功的关键之一。

1. 面谈技巧

一次成功的面谈，有利于建立融洽关系，消除心理障碍；有助于争取受审核方人员的合作，查明情况，获取需要的客观证据。面谈技巧包含提问得当、少说多听、关系融洽、适当询问等。

2. 提问技巧

提问是审核中运用最多、最基本的方法。采用正确的提问方式是审核员需掌握的基本的沟通技巧。提问一般包含三种方式：

（1）开放式提问，是指以能得到较广泛的回答为目的的提问方式，如“怎么样?”“什么?”

（2）封闭式提问，是指可以用“是”“不是”或一两个字回答的提问方式。在内审过程中应尽量少采用封闭式提问方式，以避免面谈对象情绪紧张，更何况有些问题可能很难回答或一时不知怎么回答，有的问题也不能简单以“是”或“不是”来定论。

（3）思考式提问，是指可围绕问题展开讨论以便获得更多信息的提问方式。

不管采用哪种提问方式，所提问题必须观点和目的明确，时机适当，表述准确、清楚、层次分明，这样才能得到理想的答案。

3. 不合格项的判断技巧

现场审核时内审员要及时地对所收集到的客观证据和形成的审核发现进行符合性判

断。如何正确判断，除深刻理解标准要求外，还应当遵循以下原则：

（1）“能细则细，不能细则粗”原则；

（2）最贴近原则，在标准中找不到完全能“对号入座”条款时就看最为接近的条款；

（3）最有效原则，当存在多种判断时，按最有利改进或改进最易见效的条款处判；

（4）最关键原则，当同时存在多个问题时，应寻找关键词或关键客观证据或关键问题进行判断；

（5）最密切联系原则，透过现象看本质，从与问题的产生有最紧密关系的原因处判；

（6）合并同类项原则，相同的轻微不合格项可采取合并同类项的方法，如文件控制中的标识等；

（7）具体分析审核对象，切忌望文生义。

6.6.6 现场审核的控制

1. 忠于审核目的

内部审核从策划开始到提交内部审核报告结束，自始至终应忠于审核目的，特别是在现场审核时，会有各种干扰，稍不注意就会使审核偏离原定轨道。审核组长在组织审核时应随时掌握动态、把握方向、认准目标，发现偏离及时协调、调整。

2. 控制审核进度

审核工作应在预定的时间完成，如果出现不能按预定时间完成的情况，审核组长应及时做出调整，通过增加人员或适当减少审核内容等办法使审核工作按预定的计划进行。对需追踪的重要线索可由组长决定延长审核时间直至得到可信的检查结果。

3. 控制审核范围

从审核目的出发，审核中常有扩大审核范围的情况出现。当要改变审核范围时，应征得审核组长的同意，必要时审核员有权扩大抽样范围和抽样数量。

6.6.7 不符合项确认原则

1. 不符合项的确认应具备明确的指向，不能用不确定性语言进行描述

发现的不符合应是客观存在的事实，应有非常明确的指向，不能让被审核方产生歧义或误解。如“某化学标准溶液标识不充分”“某试验记录/报告信息不完整”，这将使被审核人员难以捉摸，到底缺失了什么标识？缺少了哪些信息？所以应当明确告知被审核方，是漏了关键计量器具量值溯源，还是样品状态、试验环境温湿度、报告声明等信息缺失，这样才能让实验室得到正确的信息，从而进行有针对性的整改。

又如“实验室未对天平校准结果进行确认”，实验室往往具有各种规格型号的很多台天平，或许实验室确实忽略了对得到“检定/校准证书”的全部或部分天平进行符合性确认，但经技术性审查，这些未经计量符合性确认的天平能够满足相应的使用方法标准的规定，且并未发现产生了不良后果，故应具体指明某更关键量值的某一台或几台天

平作为不符合项纳入整改。当然，这种做法并不表示不要求实验室对其他天平进行符合性确认或予以整改，而应当由实验室举一反三，自觉进行整改。

2. 不符合项的确认应以法律法规、准则要求为准，不能以内审员个人的认知作为判罚的依据

有的内审员（或外审员）往往将个人的认知或者自己曾经所在实验室的做法作为开具不符合项的依据。如某实验室外未明示温湿度控制标识、实验室配置的混凝土抗渗仪数量不足等，除非该实验室有温湿度环境控制标识且规定错误，有证据表明混凝土抗渗仪数量配置不足，方可作为不符合的证据。

3. 不符合项的确认应为不带修饰的事实陈述，不应包含不符合事实原因

对发现的不符合项，应以将发现的客观事实描述清晰为基本宗旨，不应包含“严重”“非常”等修饰用语，也不应引入“因……”“应……”等原因或要求说明。

4. 对事实的描述应尽量简洁，突出要点，不妄断

对发现的不符合事实描述要尽量简洁，突出核心事实，不可自提意见或建议，额外增加分析或总结性内容。如高温实验室试验人员擅自将消防器材移动到化学实验室，防水材料试验室在举行消防演练时发现消防器材配置不充分，未达到演练目的等。

5. 实验室自有规定可以作为内审不符合项的依据

当法律法规、评审准则未做规定，但实验室体系文件有更加严格的规定时，可以作为内部审核不符合项的判定证据，但实验室的这些规定不能违背法律法规、评审准则或技术标准的规定。如实验室规定钢筋力学试验操作室的控制温度为20℃±2℃，当发现其控制温度不在该规定范围内时，可以作为不符合的依据。

6. 对于涉及技术能力的不符合，不能有严重不符合出现

当内部审核活动进行过程中发现缺少导出检测结果的关键性配件时，应十分谨慎，应确认是损坏、丢失，可代用，还是根本未予配置，否则所对应的“项目/参数”存在没有支撑其导出结果的依据。如钢筋力学试验，发现机构未配置引申计时，其“延伸率”参数可能存在严重误判；真空抽提设施配置不充分，应重点关注混凝土“抗氯离子渗透试验”的有效性；当沥青闪（燃）点试验仪缺匹配的温度计和煤气罐时，应追根溯源闪点（燃点）获得值的合理性。

7. 当同一事件的不符合项较多时，应以更严重项作为判定不符合项的依据

因检验检测人员熟练程度不够或机构重视不足，可能发生在对某一事项内审时出现较多不符合现象，这时应以这些不符合中更严重的事项作为判定不符合项的依据。如查询到某份检测报告存在错别字、单位符号不规范，以及委托编号、试验日期、样品描述、关键过程数据、附图附表、声明事项等缺失或不完整情况，内审员应分析其严重程度，选择其中的一至两项作为判定不符合项的依据即可。当然，相应责任人不能仅限于对所提示不符合问题的整改。

8. 不符合事实的判定要客观，条款应用要准确

不符合事实的依据一定要客观，必须依从资质认定或认可准则，或实验室所涉及的

技术标准进行判断，不可采用国外标准、业内书刊，其他与实验室不相关标准作为依据，且不符合对应条款要准确，不可同时对应多个条款。如实验室不能提供某供应商的有关评审记录，导致某设备提供的检测结果不可靠，前者属于记录保存的问题［《检验检测机构资质认定评审准则》（国家市场监督管理总局 2023 年第 21 号）附件 4 序号 42、RB/T 214—2017 第 4.5.6 或 CNAS-CL01：2018 第 6.6.2］，后者属于仪器设备检定/校准或期间核查的问题［《检验检测机构资质认定评审准则》（国家市场监督管理总局 2023 年第 21 号）附件 4 序号 23、RB/T 214—2017 第 4.4.6 或 CNAS-CL01：2018 第 6.4.4、6.4.10］或结果有效性的问题［《检验检测机构资质认定评审准则》（国家市场监督管理总局 2023 年第 21 号）附件 4 序号 48、RB/T 214—2017 第 4.5.19 或 CNAS-CL01：2018 第 7.7.1］，两个或多个问题，根本上互不相关，应当在核查时弄清楚，到底是哪一方面的不符合，如果均存在，应找出不符合的核心事实，或分列为多个不符合事实，再对应相应的条款。

总之，对于不符合事实的描述一般应包含时间、地点、数量、记录、文件、参数、接口、环境、法律法规具体条款、专业术语等直接相关要素，不反映具体的人名、省略语、习惯用语、模糊用语、保密信息等内容。

在内审活动中一般不开具观察项，当有开具时，观察项可不提交整改材料，但责任人员或部门应实施“纠正”。

【视野拓展】

不符合典型案例——以《检验检测机构资质认定评审准则》（国家市场监督管理总局 2023 年第 21 号）为例说明其不符合条款

（1）某用于防水卷材拉伸试验的电子万能材料试验机校准证书确认依据为 JJG 475—2008，常用量程为 0.01～5.00kN，却只对 5kN 和 100kN 进行确认。（不符合附件 4 序号 23）

（2）某实验室技术监督员陈××系中文专业、马×系高中学历，不满足质量手册（第十一版）“6.2.2 关键人员的任职条件”中对监督员应为相关专业本科及以上学历的规定。（不符合附件 4 序号 29 及质量手册的规定）

（3）某实验室提供了 2020 年 10 月 15 日—11 月 23 日的 6 份混凝土配合比设计和 1 份砂浆配合比设计资料，但未查到其构成材料的特性试验记录；2020 年 10 月 15 日的成型记录注明有抗压试件 2 组，抗渗、抗冻、抗弯、弹模、极拉试件各 1 组，却未查到其力学和耐久性能试验记录；编号 JB-ZX-C-007—2020 水泥化学分析检测报告，委托日期为 2020 年 6 月 3 日，样品接收人签认日期为 6 月 18 日，检测日期为 9 月 8 日—16 日，报告日期为 9 月 17 日，未说明长达近三个月未予检测的原因，其中样品特征描述为“干燥、无污染”。（不符合附件 4 序号 42）

（4）某实验室无损检测人员将计算机自动采集数据及其处理软件安装在自有笔记本电脑上，且利用公开网络进行数据传输。（不符合附件 4 序号 44）

（5）某实验室开展了水泥等检测对象的内部比对活动，但未对质量控制结果的有效性进行评价，且未查到其对内部质量控制结果的评价准则。（不符合附件4序号48）

6.6.8 确定不符合报告

凡未满足规定要求就是不符合，又称不合格。规定要求主要有标准要求（包括管理标准或技术标准要求）、文件规定（包括质量手册、程序文件、质量记录和质量计划等管理文件和技术文件）、合同规定、社会要求（包括法律、法规、法令、条例、规章规则以及环境保护、健康安全、能源和自然资源的保护等应承担的义务）、客户投诉、其他规定（如最高管理者的要求、常识性要求）等。

不符合项的判定应以明示的要求和客户的投诉为依据，对隐含要求的不符合项可以观察形式表述或在审核报告中适当描述。

不符合项的确定应以客观证据为依据，凡依据不足的不能判定为不符合项。如果审核结果有争议或分歧的不符合项，应通过协商或重新审核来决定。

1. 不符合项的分级与评定

按照不符合的性质，一般分为体系性不符合、实施性不符合和效果性不符合三种。体系性不符合指体系文件没有规定；实施性不符合指体系文件有规定但实际工作中未得到遵循或与规定不符；效果性不符合指实施效果不理想。

内部审核获得的不符合项，可按不符合的严重程度将发现的不符合项分成严重不符合项、一般不符合项、轻微不符合项和观察项四级。

（1）严重不符合项。

严重不符合项通常指系统性失效或缺陷。主要判断标准有：

①与约定的标准或文件的要求严重不符合项。如关键的控制程序没有得到贯彻，缺少标准规定的要求等。

②系统性失效的不符合项（可能需要由多个一般不符合去说明）。如在用监控设备多数未按周检计划安排检定/校准或核查，不合格品的处置基本未按规定要求进行评审和记录等。

③区域性失效的不符合项（可能需要由多个一般不符合去说明）。如质量管理体系未覆盖到某个部门（或岗位）、某新增能力未按计划实施质量监督等。

④可造成严重后果的不符合项，一般指可能直接危及产品、人身安全，或带来重大经济损失或声誉的不符合。

⑤明显不符合法律法规规定的不符合项。

通俗地讲，严重不符合项指法律法规、质量体系有明确规定，但未遵照执行，无显著的支撑支持证据的不符合，需要实施纠正并制订预防措施。

（2）一般不符合项。

一般不符合项的判断标准主要有：

①不是偶然的，明显不满足文件要求的不符合项。如部分合同未评审、岗位职责不明确。

②直接影响检测结果的不符合项。如几台设备超过校准周期，或未按计划实施期间核查等。

③造成质量活动失效的不符合项。如质量监控未针对关键质量特性进行控制等。

通俗地讲，一般不符合项指法律法规、质量体系有明确规定，机构也做了这方面的一些工作，但做得不够好，存在明显缺陷或瑕疵，需要实施纠正并制订预防措施。

（3）轻微不符合项。

轻微不符合项指孤立的、偶发性的，对产品质量无直接影响的问题。如卷宗里有一张图或一份文件的版次不是最新的，某一份文件没有标明日期、用词不准确、签字不符合要求等。在实际工作中只需要立即纠正即可，不形成纠正/预防措施，不产生整改记录。

另外，不符合事实的认定应重实质轻表象，如经查证，未发现使用过期作废标准，就可忽略对查新报告的要求；未发现消防器材、防护用品失效，就不必强求检查记录等。

（4）观察项。

对不符合项进行分级，在有些情况下会成为一件困难的事情，因为其界线很难准确划定。这种区分往往取决于内审组长和内审员的经验和技巧。有时候会出现一种类似于不符合项的报告，称为观察项报告。出现观察项的情况主要有：证据稍显不足，但存在问题，需提醒的事项；已发现问题，但尚不能构成不符合项，如发展下去就有可能构成不符合项；其他需要提醒注意的事项。

观察项报告不属于不符合报告，也不列入最后的内审报告。观察项如使用得当，对内审仍然有积极意义。

2. 不符合项报告的内容

不符合项报告的内容包括被审核方名称、内审员、陪同人员、内审日期，不合格现象的描述（应指出不合格、缺陷的客观事实），不符合现象结论（违反标准、文件的条文），不合格项性质（按严重程度），受审核方的确认，纠正措施及完成时间，采取纠正措施后的验证记录等，其中不符合现象的描述、不符合现象的结论和不符合项的性质是不符合项报告三要素。

不符合现象的描述应严格引用客观证据，并可追溯。例如观察到的事实、地点、当事人、涉及的文件号、产品批号，有关文件内容，有关人员的陈述等。描述应尽量简单明了、事实确凿、直笔表述、不加修饰。

不符合现象的结论主要指所描述的现象违反了约定文件的某一个具体的条款。当一个不符合事实可能涉及多个不符合条款时，宜分开独立描述。确实不宜分开独立描述时，应落实到严重程度最高的条款号。

6.6.9 末次会议

现场内部审核结束后应召开末次会议，由内审组长主持，审核组全体人员和受审核部门相关人员参加。末次会议的主要内容包括：重申审核范围、目的和依据；审核说明；宣读不符合项报告；提出纠正措施要求；宣读审核意见，说明审核报告发布时间、方式及其他后续要求；审核总结。末次会议应建立并保存会议记录。

末次会议结束一周左右，内审组长应对本次审核的不符合报告进行汇总、分析，制订不符合项分布表，并向最高管理者提交内部审核报告，不符合项报告作为附件，应分发到各相关部门。

6.6.10 实施跟踪审核

审核组应对纠正/预防措施情况进行跟踪/验证，及时向最高管理者反映跟踪/验证状况，并对跟踪审核实施情况及效果进行复查评价，一同写入内部审核报告，实现审核闭环管理以推动质量的持续改进。在任何组织中，从审核获得的真正益处最终都只来自机构进行的内部审核。在内审活动中产生的记录，应建立相应的文件档案，受控保存。

6.7 管理评审

检验检测机构应建立和保持管理评审的程序。

管理评审通常每年进行一次，一般应在内审不符合整改完成后进行，由管理层负责。管理层应在管理评审后将相应的变更或改进措施予以实施，确保管理体系的适宜性、充分性和有效性，同时应保留管理评审的各项记录。

一般情况下，管理评审实质上就是由最高管理者主持，领导层和管理层共同提交的针对行政、技术、质量体系运行情况而开展的工作报告会、问题探讨和处置会、质量方针和发展目标制（修）订会，以及机构近期、中期或长期工作规划会（发展愿景）等。可以这样说，凡整个管理层参加的，涉及机构的月度、季度或年度总结工作会议，往往包含了体系的符合性，都可以称为管理评审。不过大多机构的这些日常工作会议更侧重于生产、安全、效益，而管理评审则明确倾向于体系运行。

管理评审的输入一般至少应包含以下内容：既定政策（体系文件要求）及程序的适宜性，总体目标的实施与完成情况，最近内/外审结果及其纠/预措施有效性与验证情况，客户调查或意见/投诉反馈与处置情况，内/外部质量控制报告，总技术负责人和质量负责人以及各部门主管、各派出机构负责人对体系运行情况的总结、改进或评价报告，质量监督报告，以及其他需要说明的情况。

管理评审的输出应形成总结性报告，如方针目标的修订或调整、改进，发布新的管理办法或文件等。管理评审的输出应作为下一次机构内审的工作内容之一。

管理评审一般在内（外）部审核工作完全结束后进行，具体可参照《实验室管理评审指南》（RB/T 195—2015）的有关要求执行。

【视野拓展】

概念比较：内部审核、管理评审、质量监督

序号	项目	内部审核	管理评审	质量监督
1	目的	验证管理体系运行的充分性、符合性和有效性	评价管理体系的持续适宜性、充分性和有效性（效率），包括对质量方针和目标的评审，以寻求改进机会，确定改进措施	考察人员能力，包含初始能力、持续能力、潜在能力
2	依据	管理体系文件（质量手册、程序文件、法律法规、技术文件等）	相关方的期望和要求、法律法规、方针目标、市场变化、科技或环境发展状况等	技术标准、校准规范，以及诚信与职业道德等
3	内容	管理体系的基本要求	内外部审核结果；纠正和预防措施结果；组织环境变化情况；顾客、社会及内部期望和要求；相关方抱怨；达到方针目标的适应性；体系适宜性	理论水平、试验操作水平、资料管控水平，以及相关方反馈及证据
4	结果	对不符合项采取纠正和改进措施，使管理体系有效运行	持续改进管理体系和产品（数据和结果）质量；必要时修改管理体系文件，提高管理水平	提高人员素质和技术能力，确保检测/校准数据和结果正确可靠
5	主持人	质量负责人（质量管理者）	最高管理者	总工程师（技术管理者）
6	执行者	评审组长、内审员	最高管理者、管理层	监督员
7	频次	每年至少一次或多次	每年至少一次	持续的或一定频次的
8	形式	集中、滚动、附加等，表现为战术性	会议、文件传递等，表现为战略性	旁站、目击、查验等，表现为游击性
9	方式	一般在活动发生现场	一般采取研讨、会议形式，一般不在活动现场	一般在活动发生现场
10	关系	管理评审的输入之一	管理评审的输出可以作为内审的输入	管理评审的输入之一

6.8 检验检测方法与程序偏离

6.8.1 方法验证与确认

检验检测机构应建立和保持检验检测方法控制程序。

检验检测机构应能正确使用有效的方法开展检验检测活动。检验检测方法包括标准方法和非标准方法，应当优先使用标准方法。可申请资质认定的检验检测方法，主要包含国家标准、行业标准和地方标准；ISO、IEC、ITU 等国际组织发布的标准或经 ISO 确认并公布的其他国际组织制定的标准；国务院有关部门认可采用的国外标准（如已等同采用的以等同采用的为准）；国务院和省级政府有关部门以文件、技术规范等形式发布和指定的检验检测方法，以及用于监督检查等特定工作所指定的作废或废止标准；具有创新性、领先性并经行业采信的其他标准；法律、法规、规章规定可允许采信的其他技术标准等。国际标准应提供有效的中文文本。

【视野拓展】

方法标准的选用

《关于实施〈检验检测机构资质认定管理办法〉的若干意见》指出，“检验检测机构应当在资质认定的能力范围内开展检验检测工作，不含检验检测方法的各类产品标准、限值标准可不列入检验检测机构资质认定的能力范围，但在出具检验检测报告或者证书时可作为判定依据使用”。

按《实验室认可评审工作指导书》（CNAS-WI14-01D0：2020）对标准方法验证和非标准方法确认的要求，实验室采用的方法可分为以下三类：

（1）标准方法经过验证后可以直接选用；

（2）由知名技术组织公布的方法，如果是公认的方法，经过验证后可以直接选用；

（3）对实验室制定的方法、超出预定范围使用的标准方法，或其他修改的标准方法、有关科技文献或期刊中公布的方法或设备制造商规定的方法等非标准方法，均需经过确认后才能采用。

1. 方法标准在使用前，标准方法应验证，非标准方法应先确认再验证

验证和确认，其本质都是指机构能否正确运用方法的能力，也就是机构应当通过核查并提供客观证据，以证实某一特定预期用途的特殊要求得到满足，并保留对相关方法的确认和验证记录。

验证和确认一般应由相关领域的技术专家（或技术负责人）领衔进行。对非标准方法应进行技术评价、科学论证，以确定其是否科学合理，是否满足预期用途的特殊或特定要求，并实施验证，提供客观证据。确认所采用的技术方法通常包括各种比对（如人员比对、仪器比对、方法比对、实验室间比对、留样再测等）、标样检验，以及对影响结果的因素进行系统性评审、测量不确定度评定等。

国家鼓励新方法、新设备的应用，但当新方法、新设备尚无相应的技术标准支撑时，实验室应做好新方法、新设备的验证或比对工作，以确保其不低于原有技术标准的要求。

2. 标准查新、更新与发布

应定期开展法律法规、技术标准、管理文件的查新、更新与发布工作，并将查新结

果传达到相关部门及其派出机构。

3. 方法验证

方法验证一般应包含以下几个方面：

(1) 对执行新方法所需的人力资源的评价，即检测/校准人员是否具备所需的技术及能力，必要时应进行人员培训，经考核合格方可上岗。

(2) 对现有设备适用性的评价，包含是否需要补充新的标准器具、标准物质或其他仪器设备等。

(3) 对样品制备，包括前处理、存放等各环节是否满足新方法要求的评价。

(4) 对操作规范、不确定度，以及原始记录、报告格式及其内容是否适应新方法要求的评价。

(5) 对设施和环境条件的评价，必要时进行验证。

(6) 对新方法正确运用的评价，当旧方法有变更时，应对新旧方法进行比较，尤其是差异分析与比对的评价。

(7) 按新方法要求进行两次以上完整模拟检测/校准，出具两份完整的结果报告。同时应当注意，方法确认应有文件规定和相应记录，当修改已经确认过的方法时，应确定这些修改的影响；如果影响到原有的确认，应重新进行确认和验证。

4. 方法验证的具体要求

以化学分析检验检测方法为例。

(1) 对检出限的验证。

确定方法检出限，确认实验室的综合检测能力。

(2) 对精密度的验证。

有证标准物质或标准样品：采用高（接近测量上限）、中、低（接近测量下限）3种不同含量水平的同一样品，每个样品平行测定6次以上，分别计算不同浓度或含量样品的平均值、标准偏差、相对标准偏差等各项参数。

实际样品：对1～3个含量水平的同类型样品进行分析测试，每个样品平行测定6次以上，分别计算不同样品的平均值、标准偏差、相对标准偏差等各项参数。

对验证结果汇总统计，确定重复性限（r）和再现性限（R）。

(3) 对准确度的验证。

有证标准物质或标准样品：对1～3个不同含量水平的有证标准物质或标准样品进行测定，每个样品平行测定6次以上，分别计算不同浓度或含量样品的平均值、标准偏差、相对标准偏差等各项参数。

实际样品：分别在1～3个不同含量水平的实际样品中加入一定量的有证标准物质或标准样品进行测定，每个加标样品平行测定6次以上，分别计算每个同一样品的加标回收率。

对验证结果进行汇总和统计分析，计算相对误差、加标回收率均值及变动范围，以确定准确度是否满足要求。具体可参照《化学分析方法验证确认和内部质量控制要求》（GB/T 32465—2015）、《生活饮用水标准检验方法 第3部分：水质分析质量控制》（GB/T 5750.3—2023）等。

5. 方法验证的实施

方法验证的实施分为首次使用的方法和更新后的方法两种。

(1) 首次使用的方法。

首先应明确所选择的方法标准为最新有效版本，其次由技术管理者对现有资源进行评估及组织技术验证。结合方法的具体要求，对实验室能否达到方法的各项指标进行证实，如检出限、回收率、正确度和精密度等。如方法规定了允许偏差，则通过分析有证标准物质，比较实验室的分析值与标准值的差异是否符合允许偏差要求；如果方法规定了检出限，则通过多次空白试验（一般取10次以上测定值的3倍标准偏差所对应的浓度值作为方法的检出限）验证实验室所得到的检出限不大于标准的规定值。最后，将方法和作业指导书下发到各操作室，发布使用通知，明确新方法使用时间。

(2) 更新后的方法。

当检测方法发生变更且涉及方法原理、仪器设施、操作程序的变更时，需要通过技术验证重新证明正确运用新方法的能力（如CNAS-CL01-A002：2018）。

在获得更新后的方法后，首先应对新旧版本的方法进行核查比对，明确变更内容，必要时对人员进行重新培训，修订作业指导书；其次，应由技术管理者组织进行技术验证，技术验证的重点是针对变更的项目，证明实验室仍能满足更新后的标准要求；最后，将新版标准和作业指导书下发到各操作室，同时注意回收旧版标准，发布使用通知，明确新方法使用时间。

方法验证可参考《检验检测机构管理和技术能力评价 方法的验证和确认要求》（RB/T 063—2021）、《检验检测标准方法验证》（T/HNCAA 027—2021）、《检验检测机构检测方法开发指南》（T/CCAA 61—2023）等。

【视野拓展】

实验室对方法更新后的能力确认示例

以《公路工程水泥及水泥混凝土试验规程》（JTG 3420—2020）更新后的检测能力的符合性确认为例。

(1) 人——人员能力的符合性核查。

本机构路基路面现场检测工作由××等人员组成，由××等人员负责对检测结果的复核，由××等人员负责报告签发，通过培训及考核（理论、实操等）确认是否能胜任新方法对人员的质量与技术能力要求。

(2) 机——仪器设备的符合性核查。

通过对更新方法的核查，确认机构仪器设备数量、量程、精度等是否满足更新后方法的技术要求。

(3) 样——样品管理符合性核查。

通过对更新方法的核查，确认机构样品管理（包含硬件设施等）是否满足更新后方法的要求，包含样品接收与验收、样品前处理、样品流转及样品保存等全过程。

（4）法——方法符合性核查。

确认是否获得了有效的更新方法，是否受控，是否对新方法进行了学习、贯彻或培训，培训效果如何？是否需要按照更新后的方法要求进行能力证实？

（5）环——环境控制符合性核查。

确认机构是否还能按照更新后的方法要求实施和满足对环境条件的监控能力。

（6）测——是否需要开展能力证实试验。

确认机构是否能够结合更新后的方法或新增能力，通过模拟试验、典型试验，开展必要的能力证实活动（包含外部质量控制），并由此评价检测活动整个流程——委托、样品管理、检验检测、记录与报告、偏差与不确定度等的符合性。

方法更新核查示例：

名称	更新方法 JTG 3420—2020	替代方法 JTG E30—2005	更新后主要变化
T0501—2005 水泥取样方法	4.1　散装水泥取样：当所取水泥深度不超过 2m 时，每一个批次采用散装水泥取样器随机取样，通过转动取样器内管控制开关，在适当位置（如距顶 0.5m、1.0m、1.5m）插入水泥一定深度，关闭后小心抽出，将所取样品放入要求的容器中，每次抽取的样品量应尽量一致。 4.2　袋装水泥取样：应按图 T0501-2 规定的取样管取样。随机选择不少于 10 袋水泥，每袋 3 个以上不同的部位，将取样管插入水泥适当深度，用大拇指按住气孔，小心抽出取样管。将所取样品过 0.9mm 筛后，放入洁净、干燥、不易受污染的容器中	3.3　袋装水泥取样器：采用图 T0501 的取样管取样。随机选择 20 个以上不同的部位，将取样管插入水泥适当深度，用大拇指按住气孔，小心抽出取样管。将所取样品放入洁净、干燥、不易受污染的容器中。 3.4　散装水泥取样器：采用图 T0501-2 的槽形管式取样器取样，通过转动取样器内管控制开关，在适当位置插入水泥一定深度，关闭后小心抽出。 4.2 及 4.3　将所取样品放入洁净、干燥、不易受污染的容器中。将每一编号所取水泥混合样通过 0.9mm 方孔筛，均分为试验样和封存样	细化了取样方法，其他无实质性变化
	5.1　袋装水泥：每一批次至少取样 12kg，200t 算 1 批次，不足 200t 按 1 个批次计量。 散装水泥：每一批次至少取样 12kg，500t 算 1 批次，不足 500t 按 1 个批次计量	3.1　取样数量应符合各相应水泥标准的规定 3.2　分割样 3.2.1　袋装水泥：每 1/10 编号从一袋中取至少 6kg 3.2.2　每 1/10 编号在 5min 内取至少 6kg	明确了取样批次和数量，无实质的技术难度更新
	6.3　封存样应密封储存，储存期应符合相应水泥标准的规定。 7　取样单格式明确	5.2　封存样应密封保管 3 个月。试验样与封存样亦应妥善保管	无实质的技术难度更新

（以下略）

注：(1)《公路工程水泥及水泥混凝土试验规程》(JTG 3420—2020) 还新增了水泥水化热等 40 个试验方法；

(2) 可以只核查与机构相关的项目/参数，不相关的新旧方法变化，可以说明“其他项目/参数，本机构资质证书附表未包含相应检验检测能力”。

机构对新开展项目应按人机样法环测等要求，提供全面的能力证实符合性报告；对于既有能力的方法更新，则应结合更新后方法与机构所获得的实际能力状况（项目/参数）、被替代方法的实质性更改与实际能力状况的相关程度进行比较，如比较的结果有显著性变化，则机构应按新开展项目的要求进行能力证实；如比较的结果未发生实质性或显著性的更新，则以声明或承诺的形式向资质审查监管部门提出备案即可。

实质性或显著性的更新一般指对人员能力有特别的规定，对仪器设备精度和量程及其操作的复杂程度有明显的提高，检验检测技术有重大变化，或者对样品管理进行了更加严格的要求等，满足以上任何一种情况都属于实质性或显著性的更新。

对于通过备案后的更新方法，应及时在组织内部发布，必要时做好技术培训与监督检查工作，明确被替代方法的停用日期及更新后方法的启用日期。

【视野拓展】

方法验证/确认作业指导书

1. 目的

对实验室选用的各种方法进行验证/确认，以证实实验室能够正确运用这些方法，并能证实这些方法适用于预期的用途，在误差允许范围内，可在本实验室运行。

2. 范围

适用于实验室引进的标准方法或对非标准方法、实验室设计（制定）的方法、超出其预定范围使用的标准方法、扩充和修改过的标准方法，也适用于建立新方法。

3. 职责

(1) 技术负责人指定专人负责方法的验证/确认，并对方法验证/确认的结果进行核查批准；

(2) 参加方法验证/确认的工程师应详细记录试验现象及数据，总结实验结果，并编写成技术文件（作业指导书）；

(3) 相关人员严格按此技术文件（作业指导书）作业。

4. 名词解释（略）

5. 验证/确认内容

(1) 线性评价。(略)

(2) 检出限确认。(略)

(3) 准确度和精确度确认。(略)

(4) 试验的不确定度确认评估。(略)

(5) 数据记录。(略)

(6) 方法验证/确认报告的编写。(略)

(7) 方法验证/确认报告的审核。(略)

6.8.2 过期标准方法的使用

机构必须谨慎使用旧方法标准或过期方法标准。2020 年 3 月 11 日，国家市场监督管理总局发布《认可检测司关于新旧标准换版保留旧标准检验检测机构资质认定有关问题的复函》，其中有非常明确的规定：

（1）依据《检验检测机构资质认定评审准则》中“检验检测机构应优先使用标准方法，并确保使用标准的有效版本”的相关规定，检验检测机构依据国家或省级产品质量监督抽查的文件要求，使用旧标准对依据旧标准生产的产品实施检验检测，属于《检验检测机构资质认定评审准则》规定之外的特殊合同约定情形。

（2）为便于开展产品质量监督抽查检验检测，满足相关执法监督需要，允许检验检测机构在资质认定能力附表中保留或者依监督抽查文件申请扩增旧标准，相关扩项程序可依标准变更情形适当简化。

从上述规定可知，采用旧方法标准开展检验检测活动，原则上只适用于质量监督抽查的行政执法监督行为，除非签订特别合约并在报告中声明的情况下，否则必须慎用。

在新、旧版标准换版期间，更新后标准实施前已取得对新标准资质认定（或备案）的，新、旧技术标准均可采用，但应征得客户的同意。

机构如已按照旧标准取得资质认定，依据旧标准进行检验检测时，在委托合同和检验检测报告中必须予以声明，可以加盖资质认定印章。

6.8.3 地方标准、团体标准和企业标准

《中华人民共和国标准化法》指出，标准包括国家标准、行业标准、地方标准和团体标准、企业标准。国家标准分为强制性标准、推荐性标准，行业标准、地方标准是推荐性标准。强制性标准必须执行，由国务院批准发布或者授权批准发布。国家鼓励采用推荐性标准。

地方标准由省、自治区、直辖市人民政府标准化行政主管部门报国务院标准化行政主管部门备案，再由国务院标准化行政主管部门通报国务院有关行政主管部门。

国家鼓励学会、协会、商会、联合会、产业技术联盟等社会团体协调相关市场主体共同制定满足市场和创新需要的团体标准，由本团体成员约定采用或者按照本团体的规定供社会自愿采用。国家支持在重要行业、战略性新兴产业、关键共性技术等领域利用自主创新技术制定团体标准、企业标准。国家鼓励社会团体、企业制定高于推荐性标准相关技术要求的团体标准、企业标准。国家推进标准化军民融合和资源共享，提升军民标准通用化水平，积极推动在国防和军队建设中采用先进适用的民用标准，并将先进适用的军用标准转化为民用标准。

标准应当按照编号规则进行编号。标准的编号规则由国务院标准化行政主管部门制定并公布。企业应当公开其执行的强制性标准、推荐性标准、团体标准或者企业标准的编号和名称；企业执行自行制定的企业标准的，还应当公开产品、服务的功能指标和产品的性能指标。国家鼓励团体标准、企业标准通过标准信息公共服务平台向社会公开。

按《实验室认可评审工作指导书》（CNAS-WI14-01D0：2020）相关要求：

（1）对于企业标准，其中的检测方法标准按照非标方法方式予以认可。如申请认可的企业标准不是申请机构自主制定的，需要有企标制定机构的书面授权；如企业方法标准已成为公认方法时，按标准方法认可。

（2）对于团体标准，如在国家标准化管理委员会“全国团体标准信息平台”公布的团体标准（方法标准），按标准方法予以认可，即只需对实验室提供的方法验证的证据进行评审；如未在国家标准化管理委员会“全国团体标准信息平台”公布的团体标准（方法标准），按非标方法予以认可，即评审时需要审查实验室提供的方法确认的证据。

对于不涉及检测方法的团体标准（产品标准）不予认可。

【视野拓展】

团体标准先进性评价方法

按国认实〔2018〕12号《国家认监委关于推进检验检测机构资质认定统一实施的通知》、国标委联〔2019〕1号《国家标准化管理委员会 民政部关于印发〈团体标准管理规定〉的通知》及国家标准化管理委员会等十七部门联合印发的国标委联〔2022〕6号《关于促进团体标准规范优质发展的意见》，检验检测机构申请团体标准时需提供方法验证报告及标准发布团体出具的有关标准技术优势及领先性、创新性的相关说明，“团体标准的使用方或采信方，可以自行评价或委托具有专业能力和权威性的第三方机构进一步对团体标准组织标准化良好行为进行评价，作为使用和采信团体标准的重要依据”。在实际工作中，团体标准除在前言中对技术优势及领先性、创新性等有简单说明（或声明）外，一般不容易取得团体标准更充分的技术优势及领先性、创新性报告，当申请团体标准作为检测能力时，申请机构除开展方法验证外，还应当结合现行标准情况，编写团体标准的先进性评价报告。其主要内容应包含：

一、概况

受评标准名称及代号	
标杆标准名称及代号	

二、评价内容

序号	项目	标杆标准	受评标准	评价结果 （受评标准比标杆标准）	单项得分
1	人员要求			□更优 □同水平 □偏低	
2	仪器设备要求			□更优 □同水平 □偏低	
3	样品管理要求			□更优 □同水平 □偏低	
4	测试方法要求 （包含限值、修约等）			□更优 □同水平 □偏低	

续表

序号	项目	标杆标准	受评标准	评价结果（受评标准比标杆标准）	单项得分
5	评价方法要求（包含限值、修约等）			□更优 □同水平 □偏低	
6	环境控制要求			□更优 □同水平 □偏低	
7	其他（如行业要求）			□更优 □同水平 □偏低	

注：

（1）标杆标准可以多个并列，应为公开发布的或行业中现行有效的技术标准；

（2）更优也可以理解为更高、更先进；

（3）先进性评价评分，可参考下表规定：

序号	项目	单项分值	权重
1	人员要求	10	更优 1.05，同水平 1.00，偏低 0.95
2	仪器设备要求	10	更优 1.05，同水平 1.00，偏低 0.95
3	样品管理要求	10	更优 1.05，同水平 1.00，偏低 0.95
4	测试方法变化的显著性	20	更优 1.10，同水平 1.00，偏低 0.90
5	测试方法，只是限值、修约有变化	10	更优 1.05，同水平 1.00，偏低 0.95
6	评价方法变化的显著性	10	更优 1.10，同水平 1.00，偏低 0.90
7	评价方法，只是限值、修约有变化	5	更优 1.05，同水平 1.00，偏低 0.95
8	环境控制要求	10	更优 1.05，同水平 1.00，偏低 0.95
9	其他（如行业要求）	15	更优 1.05，同水平 1.00，偏低 0.95

（1）单项得分=单项分值*对应权重；

（2）先进性评价总分=各单项得分之和；

（3）总分基准分为 100 分，如受评标准先进性评价总分高于 100 分为更优，等于 100 分为同水平，低于 100 分为低于标杆标准。

另外，团体标准先进性评价组成员应由该行业有一定影响的资深技术专家领衔，如团体标准起草人、行业内资深的正高级工程师、科技带头人、实验室认可或资质认定资深评审专家等。

6.8.4 方法与程序偏离

在开展检验检测活动的过程中，发生偏离的现象时有发生，因种种原因造成的方法或程序偏离，必须征得客户的同意并形成文字依据。如对检测结果可能带来影响的偏离，必须经过客户确认，否则必须消除偏离再行检测。

对客户认可的，因偏离得到的检测结果，在可能影响实体质量或结构安全时，应向客户提供检验检测结果的测量不确定度。

【视野拓展】

概念比较：验证、确认、偏离

序号	项目	验证（证实）	确认	偏离
1	定义	对标准方法或非标方法，在引入实验室使用前，应从人机样法环测等方面评定其是否有能力在满足方法要求的情况下开展检测/校准活动的过程	对非标准方法或自制定方法，以及超出预定范围使用的标准方法或其他修改的标准方法	在特殊情况下，实际操作方法与既定检测方法之间的偏差
2	强调	证实、验证，强调提供客观证据，证明某项目满足规定要求	通过提供客观证据，对特定的预期用途或应用要求，得到满足的认定	强调偏差及其影响后果
3	对象	标准方法和经过确认的非标方法，但主要针对标准方法	非标方法，包括部分非标准方法、自制定方法，超出预定范围使用的标准方法和其他修改的标准方法	针对的是检测能力中的既定方法，对标准方法的偏离，只有在文件规定、经过技术判断和授权、客户允许情况下发生
4	目的	验证实验室是否有能力按方法要求开展检测/校准活动	确认该非标准方法能否合理、合法使用	临时需要，非常态
5	方法	按“人机料法环测及技术能力”等执行	按“人机料法环测及技术能力”等执行	一定的误差范围内、一定的数量、一定的时间段
6	时限	一般5年或新方法出现	在转化为拟采用的方法前	偏离后需回归常态

6.9 抽样管理和样品管理

6.9.1 抽样管理

检验检测机构为后续的检验检测需要对受检对象进行抽样时，应建立和保持抽样控制程序。

在实施抽样工作前，机构应根据适当的统计方法建立可具操作性的抽样计划。当客户对抽样程序有偏离的要求时，应予以详细记录，同时告知相关人员。如果客户要求的偏离影响到检验检测结果时，应在报告、证书中做出声明。

1. 抽样类别

(1) 验收抽样。

验收抽样指对检查批进行抽样检查，以确定该批产品是否符合要求，并决定是接收还是拒收该批产品的抽样活动。

(2) 调查抽样。

调查抽样指用于估计总体的某个或多个特性的值，并估计这些特性在总体中是如何分布的枚举研究或分析研究的抽样活动，又分为监督抽样和生产抽样两种类别。

2. 抽样方法

(1) 简单随机抽样。

从总体中抽取 n 个个体，使包含有 n 个个体的所有可能的组合被抽取的可能性都相等。

(2) 分层随机抽样。

从各层中按比例随机抽样。如果一个批的产品是由质量明显差异的几个部分所组成的，则可以将其分成若干层，使层内的质量较为均匀，而层间差异较明显。

(3) 系统随机抽样。

如果一个批的产品可按一定的顺序排列，并可将其分为数量相当的几个部分，此时，从每个部分按简单随机抽样方法确定相同位置，各抽取一个单位产品构成一个样本。

(4) 分段随机抽样。

将一定数量的单位产品包装在一起，将若干个包装单位组成批，再按照前述方法之一抽样。

3. 抽样前准备

依据抽样方法、抽样计划、抽样程序、抽样人员、特殊要求或异常情况处理预案、抽样记录等。

4. 见证取样

部分法规和技术标准对抽样有明确的规定。

《建设工程质量管理条例》(国务院令第 279 号) 第三十一条规定：“施工人员对涉及结构安全的试块、试件以及有关材料，应当在建设单位或者工程监理单位监督下现场取样，并送具有相应资质等级的质量检测单位进行检测。”

《房屋建筑工程和市政基础设施工程实行见证取样和送检的规定》(建建〔2000〕211 号) 中第五条规定：“涉及结构安全的试块、试件和材料见证取样和送检的比例不得低于有关技术标准中规定应取样数量的 30%。”一般而言，对于承重结构使用的试块、试件和其他工程材料应当实施见证取样和送检；对于地下、屋面、厕浴厨卫间使用的防水材料，以及国家规定的其他试块、试件和工程材料必须实行见证取样和送检。

见证人员应由建设单位或该工程的监理单位具备建筑施工试验知识的专业技术人员担任，并应由建设单位或该工程的监理单位书面通知施工单位、检测单位和负责该项工程的质量监督机构。

在施工过程中，见证人员应按照见证取样和送检计划，对施工现场的取样和送检进行见证，取样人员应在试样或其包装上做出标识、封志。标识和封志应注明工程名称、取样部位、取样日期、样品名称和样品数量，并由见证人员和取样人员签字。见证人员应制作见证记录，并将见证记录归入施工技术档案。见证人员和取样人员应对试样的代表性和真实性负责。

5. 抽样涉及的技术标准

除技术标准有明确规定之外，计数抽样检验一般依据以下方法标准执行：

（1）《计数抽样检验程序》（GB/T 2828—2012）。

（2）《验收抽样检验导则》（GB/T 13393—2008）。

（3）《建筑工程检测试验技术管理规范》（JGJ 190—2010）。

（4）《产品质量检验抽样规程》（DB61/T 1430—2021）。

（5）《建设工程见证取样检测标准》（DB22/T 5040—2020）。

（6）《四川省建设工程质量检测见证取样手册》（2020 年 10 月）。

6.9.2　样品管理

检验检测机构应建立和保持样品管理程序，建立样品接收（含验收）、标识、流转、检测、留样管理系统，以及在运输、接收、处置、保护、存储、保留、清理或返回过程中应予以控制和记录。

对于在室内完成的样品检验检测活动，应执行第三方检测模式下的盲样管理。

盲样管理，是为了实现客观、独立、公正要求下的第三方检测管理模式，即在样品流转、样品检验检测过程中，为保护客户机密信息所实行的检测任务单管理模式。收样员在获得样品和签订委托检测协议后，进入样品标识系统，然后下发检测任务单，检测任务单只包含与样品直接相关的约定检验检测方法和检后样品处理等与样品相关的必要信息，而可能引起有失客观、独立、公正性检测和判断的委托方信息，或者对样品在流转和检验检测过程中可能接触到样品及其检验检测信息的所有相关或不相关人员，实行样品信息的有限屏蔽。

在样品流转和检验检测过程中，机构应确保受检样品的特性稳定性，如创造适合保持样品特性稳定性的环境控制条件；对于在检验检测过程中需要对接收样品进行再次分样或二次分样时，应按程序进行，并确保分样后样品的匀质性和代表性。

在样品接收与流转过程中，相关人员应密切关注样品数量是否满足技术标准的规定，以及是否出现与技术标准规定相偏离的异常情况，如性能退化、被污染、有缺陷等。

在样品流转过程中的样品编号（含分样）应始终保持，除非因破坏性检验检测结果造成不可避免的标识损坏或暂时取消，必要时应在检后及时对样品标识进行必要的复原处理，同时标识检验状态，如未检、在检、检毕、留样等。

样品是委托方的财产，除非合同约定，未经委托方授权不得擅自处理。检后样品应按技术标准要求保存。样品保存一般应关注储存环境温度、湿度、通风、防潮、腐蚀、易燃、毒害、清洁、安全等技术标准的规定。检后样品保存环境，应以确保样品在保存期间不发生属性或性状等“质”的变化为前提。

检后样品保存期限应视具体情况确定，一般采用机构在报告中的声明或合同约定，如取得本报告后15个工作日内未有提出异议者，机构将自行决定检后样品处置方式。

当技术标准对检后样品的保存有明确规定时，应执行技术标准的规定。如《房屋建筑和市政基础设施工程质量检测技术管理规范》（GB 50618—2011）第3.0.10规定“检测应按有关标准的规定留置已检试件。有关标准留置时间无明确要求的，留置时间不应少于72h”。

对于标准无明确要求的检后样品保存期限，机构应结合自身实际制定必要的检后样品留置时间，以确保实现机构的风险管控要求。具体应考虑样品复测的要求、行业领域的要求以及机构自身保存条件等因素。如无特殊要求时，应保留至客户获得报告后无异议为止。一般工程材料检后留样期限见表6−1。

表6−1　一般工程材料检后留样期限

粉料、液体	混凝土/砂浆试件	骨料、砖、土工填料	钢筋及其连接件
15～30d	3～7d	3d	3～15d

对已过保存期限的弃置样品，但仍然需要临时存放时，宜建立专用的受控存放区域，设置专门的堆砌场所，并妥善保留样品信息。机构应确保检测样品的处置、储存和处理满足客户的需要，且不对检测结果产生影响。对那些需要延长储存时间可能会影响待测（或待分析）结果的样品，应规定最长保留时间并在规定的时间内完成检测。

样品的处置一般应视样品特性来定，如机构自身无处置有毒有害类样品的能力，须委托专业机构来进行处理，决不可置之不顾。

现场实体检测一般不存在对来样样品或抽检样品检测结果负责的问题，但如涉及对现场实体检测部位或点位不同可能引起检验检测结果偏差，或易于引起争议或不易追溯，应对检测部位或点位进行准确的属性描述（如方向、标高、里程桩号等），以及对检测部位或点位所处的属性状态（如检测活动进行时的天气状况、温湿度、有否积水、是否松软、特征性状等）进行描述；如检测结果可能引起争议或仲裁检验检测，还应当增加现场检测概貌图片、见证人签认等更加充分的信息。

在现场实体检测中如发现未达设计等级等情况，须在报告中明确，必要时及时口头告知委托人，甚至正式行文报告委托方。

【视野拓展】

样品的正确接收

1. 样品信息

接收样品时应仔细检查，确认并记录样品信息。样品信息应包含名称（由客户命名或指导客户命名）、类别（如土壤、自来水）、数量（如5袋、3瓶）、规格（如1kg/袋、500mL/瓶）、性状（如褐色粉末、黑色颗粒、无色无气味液体）、运输条件（对运输条件有要求时）、采样日期和时间（检测有时限要求时）。

样品接收除了采用文字描述外，必要时还可借助影像（如照片）记录样品的性状。

在接收样品时，应通过目视、嗅觉等感官方法或简单测量，结合规范要求命名，如黄色黏土、带肋螺纹钢筋等。

2. 样品标识

确认样品信息后应对样品状态进行标识，具体包含样品名称、样品的唯一性编号、样品状态（未检、在检、检毕、留样）等。在进行样品标识时，应确保在检验检测活动流转期间保留样品标识并及时修订样品状态。

3. 样品接收方式

若客户送样上门，收样人员必须与客户一起清点样品（对特殊样品，可邀请机构内专业人员协助清点和确认），确认无误后再签订委托合同。若样品不满足检测要求，或与客户声称情况不一致，应在合同签订前向客户提出。

若与客户远程签订合同，客户通过物流传送样品，收到样品后发现异常情况应第一时间联系客户。机构有义务向客户说明技术标准对样品运输条件及检测时限的要求等信息。

样品接收还应考虑技术标准或地方质监机构的要求，如四川省成都市城乡建设委员会《关于进一步加强建设工程质量检测管理工作的通知》（成建委〔2017〕37号）规定，“完善检测收样管理。检测机构收样时应严格检查样品的二维码标识是否完好、通过监管系统核对样品信息、将收样编号与该样品的二维码标识进行关联。检测机构不得收取未按要求粘贴二维码标识或二维码标识不完整的施工现场送检样品”；“严格执行试块养护制度。施工单位应按规定在施工现场设立满足需要的标准养护室（箱）。标养试块和同条件试块不得送商砼站、检测机构等非施工现场场地进行养护。标养试块和同条件试块留置数量应符合规范要求”。

4. 异常情况处理

若在接收或清点样品时发现：

(1) 样品并非客户声称的类别、质量时，应及时告知客户，确认是否为邮寄错误或客户理解/认知有误。如包装完整的一袋水泥、环氧涂层钢筋有锈蚀或涂层有脱落、混凝土抗渗试件未进行表面水泥砂浆刷除处理等。

(2) 样品数量与声称不符。确认是否为客户忘带、快递漏发，或是多个快递导致的部分样品丢失。

(3) 样品数量不足。应向客户询问是否可补充样品，还是直接安排检测。若不补充样品，应向客户说明样品数量不足对检测结果带来的影响（如方法检出限增大、无法留样、无法进行重复性测试、无法进行样品加标等），并在报告中进行声明。

(4) 样品变质。包含包装破损，即便无肉眼可见的变质，也需要通知客户。

(5) 未按标准要求运输储存样品。如有温湿度控制、防震动等要求的样品未按标准规定运输和储存，应向客户说明运输储存条件不符对检测结果带来的影响。若客户坚持继续检测，需在委托合同和检测报告中做出声明。

(6) 样品存放时间超过技术标准规定，应向客户说明超过时限后检测对检测结果带来的影响。若客户坚持继续检测，需在委托合同和检测报告中做出声明。

如样品含水率检测，可能因自取样后的运输保存方式或时效原因，导致检测结果不能代表原检验批特征值；又如水样检测，按 TB10104—2003 要求，pH 检测要求在 6h 内完成，浑浊度检测要求在 7h 内完成，色臭味、酚类、氰化物类、碳酸盐等的检测要求在 24h 内完成，这些参数的检测有非常明确的检测时效规定，如不能在取样点现场检测，且明显得知运输保存方式和时效均不满足技术标准规定，但客户又要求按现有状态进行检测时，除经客户签字确认外，还应在报告中做出明确声明。对饮用水指标的检测时效，可参考 GB/T 5750.2—2023 的规定。

［例］钢筋进场验收

1. 核对质保书（产品质量检验证明书、质量检验报告等）

检查钢筋原材料是否有产品质量检验证明书，每一捆钢筋上是否有挂牌。

2. 外观检查

检查钢筋是否平直无损伤，表面不得有裂纹、油污、颗粒状或片状老锈。

3. 检查挂牌

合格钢筋品牌的正确悬挂方式是用钢钉固定在钢筋上，而不是用铁丝绑扎在钢筋上。

4. 复核证件信息

检查钢筋原材料质量证明书中厂名、生产日期、炉罐号、钢筋级别、直径等信息是否与每捆钢筋上的挂牌一致，重点注意捆数、直径、炉罐号；检查质量证明书（原件）中是否盖有红章。

5. 钢筋直径检查

直径允许偏差满足技术标准或合同规定。

6. 见证取样

取样时建设单位、监理单位、施工单位均需有专人到场，并重点注意以下几点：

(1) 取样时同一厂家、同一类型的成型钢筋，一批不超过 60t，每批随机抽取 3 个成型钢筋；

(2) 取样时将端头部分去掉；

(3) 取样时切口应平滑，与长度方向垂直且不应小于 500mm。

7. 重量偏差检测

用电子秤称钢筋的实际重量，并根据理论重量算出重量偏差。

8. 力学性能检测

检验钢筋的屈服强度、抗拉强度、伸长率性能，应符合规范规定。

对于有抗震设防要求的结构，其纵向受力钢筋的强度应满足设计要求；当设计无要求时，一、二、三级抗震等级设计的框架和斜撑构件（含梯段）中的纵向受力钢筋应采用 HRB400E、HRB500E、HRB600E 或 HRBF400E、HRBF500E、HRBF600E 钢筋，抗拉强度实测值与下屈服强度实测值的比值（强屈比）不应小于 1.25，下屈服强度实测值与下屈服强度标准值的比值（屈标比）不应大于 1.30，钢筋在最大力下的总伸长率不应小于 9%。

9. 检查数量

按进场批次和产品的抽样检验方案确定。

10. 存放

应有防止雨季受潮设施，标示明确；并按照批次、级别、品种、直径、外形分垛堆放，悬挂标示牌，注明产地、规格、品种、数量、进场时间、检验状态、标示人等信息，内容填写齐全、清晰。

6.10 资质认定申请书检测能力附表填报说明

按《检测和校准实验室认可受理要求的说明》（CNAS-EL-15：2020）要求，申请人应对CNAS的相关要求基本了解，且进行了有效的自我评估，提交的申请资料应齐全完整、表述准确、文字清晰。实验室应根据自身实际情况填写并提交申请资料。实验室的主要管理人员应对CNAS的认可相关要求（基本认可准则、应用准则等规则类文件）基本了解，并对实验室提交的申请资料负责；在提交认可申请前应进行过有效的自我评估，确认符合认可条件、具备申请认可的能力和接受评审的条件后，再确定提交认可申请。申请认可的中国境内的实验室，无论是中资机构还是外资机构，都应提交完整的中文申请材料，必要时可提供中、外文对照材料。

在填报资质认定申请书检测能力附表之前，建议首先学习《实验室认可规则》（CNAS-RL01：2019）、《检测和校准实验室认可能力范围表述说明》（CNAS-EL-03：2016）、《建材领域实验室认可能力范围表述说明》（CNAS-EL-09：2021）、《建材领域实验室认可评审工作指导书》（CNAS-WI14-12D0）等管理标准。

实验室资质认定初次申请或复查评审，建议参考以上规定。另外，评审员在进行文件评审或进入现场评审时，也应当本着“有准则遵从准则，有依据执行依据”的基本出发点，没有准则、没有依据可以提出建议，但建议就只能是建议，不可作为评审的要求。

资质认定检测能力表和实验室认可检测能力表，在形式上略有差异。

实验室认可的检测能力表表头见表6－2。

表6－2　实验室认可的检测能力表表头

序号	检测对象	项目/参数		领域代码	检测标准（方法）名称及编号（含年号）	说明	备注
		序号	名称				

资质认定的检测能力表表头见表6－3。

表6－3　资质认定的检测能力表表头

序号	类别（产品/项目/参数）	产品/项目/参数		依据的标准（方法）名称及编号（含年号）	限制范围	说明
		序号	名称			

现以资质认定的检测能力表为例，对填写的有关要求说明如下。

1. 专业术语描述必须与对应的规程规范术语表述一致

实验室检验检测能力表中的专业术语，必须采用规程规范所定义的专业术语，以体现标准规范的严肃性，不得采用俗语或过时术语。如混凝土拌合与拌和、黏与粘、砂与沙、砼等概念，在标准或一些文献中经常出现。一般而言，当用作行为动态表达时，应采用其动词属性，如拌和、胶粘剂；当表达术语属性时，应采用其名词形式，如拌合物、黏土；“砂”一般指经人工破碎或较粗粒的工程属性材料，“沙”则指源自天然，表征的是自然及其文化属性。而“砼”这个字，在规范的著作、标准中已不再使用。

又如混凝土用碎（卵）石不能表述为“石子”，“标线涂层厚度”不能描述为“标线厚度”；“地基基础——地基承载力（动力触探法）”，如依据 TB 10018—2018（8）进行试验，按照该方法 8.4.9～8.4.10 得到的是“黏性土、中砂～砾砂土、碎石类土的基本承载力”，按照 8.4.12～8.4.13 得到的是“黏性土、中砂～砾砂土、碎石类土的极限承载力”，按照 8.4.14 得到的是“卵石土、圆砾土地基的变形模量”，按照 8.4.15 得到的是“碎石类土的密实度”，故在参数申报或确认时，必须予以识别，或增加参数限制或说明。

当不同的规程规范对同一内涵的术语的表述有偏差时，为避免混淆，其术语宜一一对应。如碎石压碎试验，GB/T 14684—2022（7.14）、GB/T 14685—2022（7.12）、DL/T 5151—2014（4.11）、SL 352—2006（2.29）称为“压碎指标”；JGJ 52—2006（7.13）称为“压碎值指标”；JTG E42—2005（T0316）称为“石料压碎值”等。

2. “类别（产品/项目/参数）”范围应准确

这里的“类别（产品/项目/参数）”，凡是有明确的检测对象可与之对应，应侧重于“类别（产品）”，即以检测对象进行表达，除非非常特殊的情况，不宜描述为具体的检测方法或明确的检测参数。对于建设工程实验室，其类别（产品）或检测对象一般包含建筑工程材料、水泥混凝土、砂浆、土工和填料、无机结合料稳定材料、沥青混合料、混凝土结构（构件）、砌体结构、路基路面、桥涵工程、隧道工程、交安设施工程、室内环境、地基基础、竹木板材、家具等几大类别（产品），当这些检测对象所包含的项目/参数较少时，也可以合并，如混凝土结构与砌体工程、竹木板材及家具等。如有机构申请的类别中包含“回弹法检测混凝土/砂浆抗压强度”“混凝土实体”“混凝土钻芯”“混凝土结构后锚固”等，这些都应归结到“混凝土结构（构件）”或“砌体结构”类别，而将原申请类别所对应的参数修订为“回弹值、碳化深度值、强度”等。

在建设工程领域，其项目/参数名称的规范要求，各省市间存在一些差异，这时应遵从当地的规定，如《关于建设工程质量检测机构计量认证参数有关事项的通知》（闽建许〔2021〕3 号）。

3. “产品/项目/参数”名称填写必须规范

这里的“产品/项目/参数”，侧重点是产品标准中技术要求所对应的项目/参数或参数名称。如产品标准、评定标准或其他技术标准中的术语与其所对应的方法标准不一致，或检测能力中某一参数名称所对应的技术标准中有多个名称时，可以兼顾，且宜在该术语后加（）表示或分别对应方法标准，或在“说明”中说明“同××”等。

如GB 175—2007中的“碱含量”参数，要求按GB/T 176—2017进行检测，但GB/T 176—2017中却没有“碱含量”，只有“氧化钾和氧化钠”可与之对应，故该参数名称宜表述为“碱含量（氧化钾和氧化钠）”；同样，《高强高性能混凝土用矿物外加剂》（GB/T 18736—2017）中的“总碱量”参数，也不宜与“碱含量”混用；又如，混凝土中泌水率、压力泌水率、泌水率比在不同的标准中均有体现，但均可采用GB/T 50080—2016（12、13）进行检测。可以将该参数综合描述为“（压力）泌水率（比）”。当然，如果能够在检测能力申请时就分开描述，各自和相应的方法标准一一对应，是最好的处理方式，也不易引起歧义。另外，参数名称应当是表征该参数属性的概念，除非很特殊的情况，参数名称中一般不应包含“××方法”或“××试验”，因其表征的是一种检测活动或检测行为。

4.“依据的标准（方法）名称及编号（含年号）”必须与现行标准（方法）名称及编号（含年号）完全一致

（1）不能将“××××规程”表述为“××××规范”“××××标准”；不能增字也不能漏字，如不能将“GB”表达为“GB/T”，或将“JGJ/T”表达为“JGJ”。对于年号，如有疑虑时应在国家标准全文公开系统（https://openstd. samr. gov. cn/bzgk/gb/）、国家工程建设标准化信息网（http://www. ccsn. org. cn）、全国团体标准信息服务平台（http://www. ttbz. org. cn/）、工标网（http://www. csres. com/）以及标准发布机构的官网上检索查询，以确认其有效性。

如《岩土锚杆与喷射混凝土支护工程技术规范》（GB 50086—2015）取代《锚杆喷射混凝土支护技术规范》（GB 50086—2001）、《用于水泥、砂浆和混凝土中的粒化高炉矿渣粉》（GB/T 18046—2017）取代《用于水泥和混凝土中的粒化高炉矿渣粉》（GB/T 18046—2008）等，名称与年号均发生了改变；又如，原强制性标准GB 18173.1—2012、GB 18173.2—2014、GB 18173.4—2010均改为推荐性标准GB/T 18173.1—2012、GB/T 18173.2—2014、GB/T 18173.4—2010等，其中GB/T 18173.3—2014在2002版时就已是推荐性标准，按《关于〈水泥包装袋〉等1077项强制性国家标准转化为推荐性国家标准的公告》（国家标准委〔2017〕7号）的要求，所有GB/T 18173高分子防水材料系列标准均修订为推荐性标准；再如，JG/T 193—2006指向的是《钠基膨润土防水毯》，JGJ/T 193—2009指向的是《混凝土耐久性检验评定标准》，JG/T 370—2012指向的是《缓粘结预应力钢绞线专用粘合剂》，JGJ/T 370—2015指向的是《悬挂式竖井施工规程》，JG/T 266—2011指向的是《泡沫混凝土》，JGJ 266—2011指向的是《市政架桥机安全使用技术规程》等，一“字”之差，谬误千里！

（2）按照国家认监委《关于实施〈检验检测机构资质认定管理办法〉的若干意见》（2015年10月12日发布），“检验检测机构应当在资质认定的能力范围内开展检验检测工作，不含检验检测方法的各类产品标准、限值标准可不列入检验检测机构资质认定的能力范围，但在出具检验检测报告或者证书时可作为判定依据使用”。因此，资质认定的评审属于对检验检测机构是否拥有某方法标准所规定的技术能力，以及体系所要求的质量管理能力的评审，这里的“依据的标准（方法）名称及编号（含年号）”应当只针对“方法标准”，不宜包含纯粹意义上的产品标准、验收标准、评定标准、施工或设计规范等不含明确的方法步骤或程序的技术标准。因此，对于包含了明确的方法步骤或程序条款的产品标准、验收标准、评定标准、施工或设计规范等技术标准，当采用其中的方法步骤或程序时，应当将参数指向该技术标准中明确的方法条款。如某机构测“板厚”，采用的是《混凝土结构工程施工质量验收规范》（GB 50204—2015），则其检测能力表对应的方法就应当表述为《混凝土结构工程施工质量验收规范》（GB 50204—2015 附录F），而同时该机构又将该验收规范中“附录E结构实体钢筋保护层厚度检验”作为混凝土结构实体钢筋保护层厚度的检验方法，查询该方法，实际表征的是钢筋保护层厚度检验的技术要求，并不含明确的方法步骤或程序，故该验收规范附录E不能作为“钢筋保护层厚度”检验的方法标准予以推荐确认。

（3）如某产品的项目/参数对应多个检测方法，除非这些方法确实能够很好地一一对应，否则宜将具体的项目/参数对应具体的方法标准，不宜笼统地描述在一起。如某机构申请的产品类别“混凝土”，共包含6个项目/参数，却笼统地对应着12个方法标准，而这些方法标准又并非都包含其中所申请的6个项目/参数，如此就很难确定其中的某个项目/参数究竟对应着哪一个方法标准条款，以及是否需要进行方法限制等。

（4）关于转引标准的问题。有的技术标准，如产品技术标准，其检测项目/参数往往转引其他具体的方法标准，那么对于该产品所对应的检测项目/参数，所引用的方法应视具体情况而定，如《砂浆和混凝土用硅灰》（GB/T 27690—2011）所引用的方法标准不含年号时，应当指向该方法标准的现行有效版本。如比表面积、含水量、烧失量、总碱量、氯含量、放射性等参数，其检测方法应当采用GB/T 19587、GB/T 176、GB 6566的现行有效版本；当所引用的方法标准包含年号时，既可指向该方法标准，也可直接指向产品标准的条款号，但考虑到产品标准仍然有效，带有年号的方法可能失效的情况，以直接指向产品标准条款更好一些。如二氧化硅含量、需水量比的检测方法，均转引到了GB/T 18736—2002，而GB/T 18736—2002已被GB/T 18736—2017代替，在申请检测能力时，这两个参数的采用方法宜依据产品标准GB/T 27690—2011来选择，对应条款为6.1、6.5。

当产品标准对检测项目/参数有要求，包含样品管理、方法说明、数据处理等时，宜采用产品标准的条款号。如抗氯离子渗透性，宜将产品标准GB/T 27690—2011作为方法标准，对应条款号6.10；也可将转引的方法共同列为该项目的方法标准（但该方法标准应不带年号）。又如《烧结普通砖》（GB/T 5101—2017）中对强度等级的确定，就宜把GB/T 5101—2017/7.3和《砌墙砖试验方法》（GB/T 2542—2012/7）共同列为方法标准。

（5）有技术要求却缺少明确的方法标准与之对应时，应当编写作业指导书。有一些项目/参数在验评标准中有要求，却没有与之对应的检验检测方法。如JTG F80/1—2017《公路工程质量检验评定标准》，其中的很多尺寸测量类项目/参数是没有明确与之对应的方法标准的，这时在采用方法中可以使用“非方法标准”名称及代号，同时实验室应当按照这些技术要求的“本义”编写作业指导书，以明确目的、使用量具、作业方法、安全防护、数据处理、记录/报告表格等操作规程或工作方法；又如该评定标准中的“土工合成材料处置层黏结力”参数也没有对应的方法标准，这时应当与标准制订者或权威机构协商，确定适宜的检测标准，甚至编写作业指导书。如该参数与权威机构协商后，可按照GB/T 23457—2017《预铺防水卷材》、GB/T 35467—2017《湿铺防水卷材》中与水泥砂浆剥离强度、与水泥砂浆浸水后剥离强度、与后浇混凝土剥离强度、与后浇混凝土浸水后剥离强度方法执行。

5. 关于不产生量值或不能量化的参数

无论是资质认定还是实验室认可，除食品等特殊行业、标准另有规定外，一般不宜将通过色觉、嗅觉、触觉等感官获得的、不能量化的项目/参数作为认定或认可的项目/参数。如对某检测对象的外观描述往往因人而异，难以固化，须谨慎推荐。

6. 关于“限制范围”

无论是资质认定评审报告，还是实验室认可评审报告，其检测能力附表都对限制范围用语有十分明确的规定。限制范围主要针对方法限制和项目/参数限制，方法限制有时又包含范围限制。当某项目/参数所选择的方法包含多个方法，而实验室实际上只具备其中部分检测能力时，应将其描述为“只用××法”或“不用××法”；当某项目/参数实际上包含多个子项目/参数，而实验室的检测能力实际上只能得到其中部分检测结果时，应将其描述为“只测××”或“不测××”。如某机构申请的路基路面压实度试验，其采用的方法为JTG 3450—2019，该方法标准包含有挖坑灌砂法（T 0921—2019）、核子密度仪法（T 0922—2008）、环刀法（T 0923—2019）、钻芯法（T 0924—2008）、无核密度仪法（T 0925—2008）、土石路堤或填石路堤压实沉降差法（T 0926—2019），经查实验室硬件配置及其检测经历得知，实验室只具备“挖坑灌砂法”检测能力，这时应将其描述为“只用挖坑灌砂法”；又如某机构申请的“用于水泥和混凝土中的粉煤灰”中“三氧化硫含量”的测定，采用的方法标准是GB/T 176—2017，该方法标准中三氧化硫的测定包含6.5基准法、6.28碘量代用法、6.29库仑滴定代用法、6.30离子交换代用法、8.5光谱法等5种方法，很显然，相当多的实验室都很难同时具备以上5种方法的检测能力，此处应予限制或明确；再如某机构申请的混凝土“抗冻试验”中的“只用快冻法”，该方法能同时得到“相对动弹模量”“质量损失率”两个检测结果，经查实验室硬件配置及其检测经历得知，实验室不具备得到“相对动弹模量”的能力，这时应将其描述为“只用快冻法，只测质量损失率”。

对于实验室因某些原因需保留过期作废标准的，应注明“作废标准，只在指定该标准时使用”（Invalid standards，accredited only when this criterion is specified）。

7. 关于“说明”

这里的“说明”一般指“扩项”或“变更”。

按《实验室认可指南》（CNAS-GL 001：2018）、《实验室认可规则》（CNAS-RL01：2018），“扩项”指“扩大认可范围”。实验室获得认可后，可根据自身业务的需要随时提出扩大认可范围申请，申请的程序和受理要求与初次申请相同，具体包含增加检测/校准/鉴定方法、依据标准/规范、检测/鉴定对象/校准仪器、项目/参数（其中增加等同采用的标准，按变更处理，不作为扩大认可范围），增加检测/校准/鉴定场所，扩大检测/校准/鉴定的测量范围/量程，取消限制范围；“变更”指实验室获得认可后，有可能会发生实验室名称、地址、组织机构、技术能力（如主要人员、认可方法、设备、环境等）等变化的情况，主要包含获准认可实验室的名称、地址、法律地位和主要政策发生变化，获准认可实验室的组织机构、高级管理和技术人员、授权签字人发生变更，认可范围内的检测/校准/鉴定依据的标准/方法、重要试验设备、环境、检测/校准/鉴定工作范围及有关项目发生改变，以及其他可能影响其认可范围内业务活动和体系运行的变更。简单地讲，扩项主要针对原实验室没有的检测能力基础上的增加；变更是针对原有能力的变化。扩项是实验室的自愿行为，需要时必须提前做出申请；变更是实验室必须上报备案的必须行为。

在日常工作中，除扩项外，涉及较多的是“方法变更”。当方法标准年号更新，如评审时发现实验室所选择的方法标准已经作废且没有可替代的方法标准时，该“项目/参数”不予推荐；如某方法标准指向某“项目/参数”，但实验室未申请该方法标准时，可参考实验室对该方法标准的使用经历，如无此经历，应不予推荐；如某“项目/参数”所采用的方法标准年号有更新，应核查实验室在更新方法标准后是否具备检测能力。另外，“方法变更”要能得到实现，必须得到审评中心或评审组组长的许可，且实验室已具备该项能力（专指复评审），并将其描述为“变更”。

对于“项目/参数”名称的变更，必须在满足方法标准及其所对应的条款在实质检测方法未发生变化的情况下，予以推荐，并将其描述为“参数名称变更”；如果参数名称和方法标准同时变更，不宜推荐；如变更后参数名称与原申请或原能力名称不会发生误解或产生歧义，采用的方法标准无论是否更新，可不予说明。

6.11 资质认定评审报告现场考核表填写说明

资质认定评审报告现场考核表表头见表 6-4。

表 6-4 资质认定评审报告现场考核表表头

序号	类别（产品/项目/参数）	产品（项目/参数）	依据的标准（方法）名称及编号（含年号）	所用仪器名称、型号、准确度	考核形式/样品来源	检验检测人员	结论

该表中前 3 列与资质认定申请书检测能力表对应内容填写要求一致。

第 4 列“依据的标准（方法）名称及编号（含年号）”，如在申请的检测能力表中项目/参数对应有多个方法标准时，现场考核一般只选择检测能力表中的 1 个方法标准，如将对应的多个方法标准同时纳入现场考核，则应在“考核形式”中注明“方法比对”，而对于未纳入现场考核的方法标准，原则上实验室应当提供这些方法标准的检测经历记录及报告，否则在检测能力表中应当谨慎推荐缺检测经历的方法标准。检测经历可以包含既有业绩检验检测报告、模拟报告或典型报告，其中以具有公证性作用的业绩报告、实验室间比对试验报告、能力验证报告等检验检测活动得到的记录/报告为优先。

第5列“所用仪器名称、型号、准确度”，应将能提供关键量值和不提供量值的关键性仪器设备列入，同时核查机构实有仪器设备是否相符，是否满足方法标准要求，否则对检测能力中对应的项目/参数、方法标准应谨慎推荐或进行“限制”，并纳入不符合项整改。

第6列“考核形式/样品来源”方面，考核形式可选择报告验证、能力验证（含权威机构组织的实验室间比对）、现场试验（分为人员比对、设备比对、留样再测、方法比对、盲样试验、见证试验、操作演示等），现场试验宜尽可能包含充分的考核形式。对报告验证而言，实验室须提供完整且有效的文件资料，如委托单、任务单、试验记录（含电子记录）、试验报告等；盲样试验一般由评审组提供，评审组应对盲样考核结果的符合性做出评价；对比对试验或留样再测试验而言，实验室应对比对或留样再测试验结果的偏差合规性进行评价。

“样品来源”可选择评审组提供、自备样品或标准物质，所有因此而发现的不符合项，都应要求机构予以整改。

第7列“检验检测人员”，考虑到监督与复核，一般不应少于2人/组，而且须是机构合约人员，必要时应核对其身份和社保等信息；另外，每组人员所分配的工作量应合理，确保其在考核期间能按要求顺利完成现场考核的各项操作，圆满完成现场考核任务。

现场考核的项目/参数应与人员数量和能力相匹配，以确保其在规定时间内完成现场考核任务。

第8列“结论”，一般应填写“通过”或“不通过”。

7　测量不确定度

1927 年，德国物理学家海森堡提出测量不确定性原理，不可能同时精确确定一个基本粒子的位置和动量。实际上，在检验检测活动中也不可能精确地获得某个检测对象的真值，人们把这个原理称为测不准原理。

测不准是绝对的，测得准是相对的。测不准是检验检测结果不确定性（度）非常重要的表现，测量结果的准确性与人机样法环测等许许多多的影响因素（因子）密切相关，也与测量结果要求的精确度直接相关。所有检验检测活动都会产生测量不确定度，虽然测不准是必然的，但测量不确定度却是确定的。在日常工作中，标准偏差、变异系数是测量不确定度的一种较单纯、较直观的表现形式。

检验检测机构应建立和保持测量不确定度评定程序。检验检测结果测量不确定度的正确评定和运用，是机构技术水平和技术能力的重要体现。当检验检测活动中有测量不确定度要求时，应当建立相应的数学模型，给出相应检验检测项目/参数的测量不确定度。检验检测机构可在检验检测出现临界值、内部质量控制、偏离、自证符合性、客户有要求，可能会影响检测结果的判断时，报告测量不确定度。

7.1　测量不确定度概述

测量不确定度（measurement uncertainty）简称“不确定度”，表征赋予被测量量值分散性的非负参数。用通俗的语言描述，其是表征一个定量的测量结果（或测得值）不可确定程度或可信（怀疑）程度的参数（或其分散程度），是衡量检验检测过程是否持续受控、结果是否能保持稳定及能力是否符合要求的参数，但并不能反映该测得值是否接近真值。

影响不确定度分散性通常有两种情况：一是各种随机性因素的影响，如每次测量得到的值不是同一个值，而是以一定概率分散在某个区间；二是有时存在的一个恒定不变的系统性影响，但因不知其真值，也只能结合现有认知，认为它以某种概率分散于某个区间。

为了表征测得值的分散性，测量不确定度常用标准偏差或其特定倍数表示，或者用说明了包含概率的区间半宽度表示。当用标准偏差表示时称为标准不确定度，当用标准偏差的特定倍数或给定概率下分散区间的半宽表示时称为扩展不确定度，但它们都是非负参数，在单独表示时均不加正负号。

测量不确定度一般由若干分量组成，其中一些分量可根据一系列测得值的统计分布按测量不确定度的A类评定方法（即统计方法）来评定，还有一些分量则只能根据经验或其他信息按假设的概率分布以B类评定方法（即非统计方法）来评定，二者均可以用标准偏差进行表征。

测量不确定度没有系统和随机的性质，所以不能称系统不确定度或随机不确定度，如需要明确其来源时，可以明确为由系统效应引入的测量不确定度，或由随机效应引入的测量不确定度。

另外，不带限定词的测量不确定度一般用于概念或某种定性描述；对于带有限定词的测量不确定度（如标准不确定度、合成标准不确定度、扩展不确定度），则是用于不同情景下对测量结果的定量表达。在实际应用中，标准不确定度常简称为“不确定度”，也常用实验标准差 s 去估计标准差 σ，即：

$$u=\sigma\approx s$$

标准不确定度（u）指以标准偏差表示的测量不确定度，其分量用 u_i 表示。如某同批混凝土的 10 组试件，经检测，得到 54.5、57.6、53.1、52.8、59.2、55.0、53.7、54.6、54.6、56.4（单位：MPa）共 10 组检测结果，经计算，其平均值为 55.2MPa，均值标准差（即实验标准差）为 2.02MPa，假定其符合正态分布，则该组混凝土的抗压强度的真值就应在 $\overline{R_c}-3\,s_{R_c}\sim\overline{R_c}+3\,s_{R_c}$ 范围内，即 49.1～61.3MPa 之间，故其不确定度可直接用实验标准差表示，即 $u=s=2.02$MPa（$k=3$），此时的包含概率为 $p=99.7\%$，指 10 组混凝土抗压强度的测得值为 49.1～61.3MPa，其所代表的该批混凝土强度有 99.7%的概率落在这个区间以内。

合成标准不确定度（u_c）指在一个测量模型（测量函数）中，由各输入量的标准不确定度获得的输出量的标准不确定度，通俗地讲，就是由各标准不确定度分量合成得到的标准不确定度。合成标准不确定度仍然是标准偏差，它是测得值标准偏差的估计值，同样表征了测量结果的分散性。合成标准不确定度的自由度为有效自由度（υ_{eff}），它定量地表示所评定的 u_c 的可靠程度。合成标准不确定度也可以用 $u_c(y)/y$ 的相对形式表示，或用 $u_r(y)$、u_r、u_{rel} 表示。

扩展不确定度（U）指合成标准不确定度与一个大于 1 的数字因子的乘积，即 $U=k\cdot u_c$（k 为包含因子或置信因子）。扩展不确定度确定了测量结果可能值所在的区间，被测量值 y 以一定的概率分别落在（$y-U$，$y+U$）或 $y=\pm U$ 之间，该区间称为包含区间，扩展不确定度 U 就是测量结果的包含区间的半宽度，而测量结果的取值区间在被测量值概率分布总面积中所包含的百分数为该区间的包含概率，用 p 表示。同样地，扩展不确定度可以用其相对形式 $U(y)/y$ 或 $U_r(y)$、U_r、U_{rel} 表示。

当需要说明规定包含概率为 p 的扩展不确定度时，也可以用 U_p 表示，如 U_{95} 表示由扩展不确定度决定的测量结果取值区间包含概率为 0.95（或 95%）。

7.2 需要报告测量不确定度的情况

在检验检测活动中，当某测量结果的有效性或应用与测量不确定度存在密切关系时，或客户有要求时，或法律法规和技术标准有要求时，或影响规范限值的判定时（如处于临界值附近），或用于自证其符合性判定时（如内部校准、期间核查、内部质量控制），应当报告该测量结果的测量不确定度。

相应地，对只进行合格与否、阴性或阳性判断等而不能获得量值，或公认的检测方法对测量不确定度主要来源规定了限值及其表示方式，或实验室能够证明其关键影响因素能够显著地识别且受控时，一般可以不报告测量不确定度。

理论上，每一个检测/校准实验室对每一个检测项目（对象）都应有一个本实验室的扩展不确定度（U_{95}）来表明本实验室在这个项目上的检测能力，以作为客户评价委托检测机构时的选择依据。

7.3 测量不确定度计算所依据的技术标准

测量不确定度的计算一般参考《测量不确定度评定与表示》（JJF 1059.1—2012），其他可资参考的还有：

（1）《用蒙特卡洛法评定测量不确定度技术规范》（JJF 1059.2—2012）。

（2）《化学分析测量不确定度评定》（JJF 1135—2005）。

（3）《测量不确定度评定和表示》（GB/T 27418—2017）。

（4）《检测实验室中常用不确定度评定方法与表示》（GB/T 27411—2012）。

（5）《冶金材料化学成分分析测量不确定度评定》（GB/T 28898—2012）。

（6）《化学分析中测量不确定度评估指南》（RB/T 030—2020）。

（7）《化学检测领域测量不确定度评定 利用质量控制和方法确认数据评定不确定度》（RB/T 141—2018）。

（8）《测量不确定度在符合性判定中的应用》（CNAS-TRL-010：2019）。

（9）《建设领域典型检验检测设备计量溯源在检测结果不确定度评定中的应用》（CNAS-TRL-007：2018）。

（10）《测量不确定度的要求》（CNAS-CL01-G003：2018）。

（11）《化学分析中不确定度的评估指南》（CNAS-GL 006：2019）。

（12）《材料理化检验测量不确定度评估指南及实例》（CNAS-GL 009：2018）。

（13）《试验数据的测量不确定度处理》（NB/T 42023—2013）。

（14）《化学成分分析测量结果不确定度评定导则》（CSM 0101 系列）。

（15）《铁路专用计量标准的测量不确定度》[JJF（铁道）602—2004]。

（16）《化学分析实验室测量不确定度评定及运用指南》（DB51/T 2156—2016）。

7.4 量值、测量结果与约定真值

在通用计量术语中，测量指通过实验获得并可合理赋予某被测量一个或多个量值的过程，并由此衍生出计量、检定、校准、测试、示值、量值、真值、约定量值、约定真值、约定值、检测结果、测量结果、测得值、获得值、平均值、期望值、参考值、约定参考值、公议值、标准值、标称值、专家实验室公议值、参加者结果公议值、指定值、中位值、估计值或最佳估计值等一系列概念，它们有时候具有相同的含义可以互用，有时候又有较大差异。

但测量不适用于标称特性，它意味着包含量值的量之间的比较，其先决条件是对测量结果预期用途相适应的量的描述、测量程序、测量条件以及依据测量程序进行操作的经校准确认后的测量系统。

在通用计量术语中，“被测量”是一个“拟测量的量”，当通过实验获得并可合理赋予该量一个或多个的，表征其大小的特性时所获得的“值”，就称为量值，全称“量的值”，简称“值”。如混凝土的抗压强度是45.5MPa，“抗压强度”是混凝土的一个特性“量”，“45.5MPa”是这个特性量的“值”。

在实际测量过程中，对于给定目的，由协议赋予某量的量值称为“约定量值”，又称“量的约定值”，简称“约定值”。与约定量值相对应的是“量的真值”，简称“真值”，是指与量的定义一致的量值。真值是唯一的，但往往又是不可知的，当被测量定义的不确定度与测量不确定度其他分量相比可忽略时，即可认为被测量具有一个“基本唯一”的真值。故有时又将“约定量值”称为“约定真值”，或称为“被测量的值的估计值”“中位值的估计值”，其具有适当小，甚至可能接近于0的测量不确定度。

测量结果是指与其他有用的相关信息一起赋予被测量的一组量值，通常表示为单个测得的量值和一个测量不确定度；但在传统文献中，测量结果又被定义为赋予被测量的值，并按情况分别解释为平均示值、未修正的结果或已修正的结果等。而测得的量值，称为量的测得值，简称测得值，是指代表测量结果的量值。

7.5 误差及其准确度、正确度和精密度

误差又称测量误差、绝对误差，指测得的量值减去参考量值之差，通常包含系统测量误差和随机测量误差两大类。

系统测量误差简称系统误差，指在一系列重复测量过程中常保持不变，或按可预见方式变化的测量误差的分量。当其参考量值为真值时，系统误差常常未知；但当参考量值是测量不确定度时可忽略的测量标准的量值或约定量值，则可以获得系统误差的估计值，此时系统误差为已知。

随机测量误差简称随机误差，指一系列在重复测量过程中按不可预见方式发生变化的测量误差的分量。

1. 测量准确度、测量正确度与测量精密度

测量准确度简称准确度，一般包含测量正确度和测量精密度，指被测量的测得值与其真值或接受参照值之间符合的程度。

测量正确度简称正确度，指接近无穷多次重复测量所得量值的平均值与参考量值之

间的一致程度。正确度不是一个定量的量，不能用数值表示，它与系统误差有关，与随机误差无关。当系统误差较小时可以说正确度较高。

测量精密度简称精密度，指在规定条件下对同一或类似被测对象重复测量所得示值和测得值之间的一致程度；精密度通常用规定测量条件下的标准偏差、方差或变异系数等表示。

在重复性检测中，正确度反映的是多次重复测量所得量值的平均值与参考量值之间的一致程度；而精密度则是在规定测量条件下，对同一或类似被测对象重复测量与各独立测量结果之间的一致程度。另外，精密度严格依赖测量条件，重复性和再现性只是两种极端测量条件下的精密度。

2. 测量重复性与测量再现性

测量重复性简称重复性，指在相同测量条件下对同一被测量对象进行连续、多次测量所得结果之间的一致性，表征的是在一组重复性测量条件下的测量精密度。相同测量条件是指在相同的操作人员、相同的测量系统、相同的测量程序、相同的操作条件、相同的测量环境（地点）下，短时间内对同一或相似被测对象进行的重复测量的精密度。

测量再现性又称测量复现性或复现性，指在改变测量条件下，对同一或相似被测量对象进行重复测量的精密度。改变测量条件是指改变测量原理、测量方法、测量人、参考测量标准、测量地点、测量环境、测量时间其中任一个或多个条件。在给出再现性时，一般须说明改变和未改变的条件，以及实际改变到什么程度。

3. 相互关系

对于正确度和精密度，通常用射击靶图来表达其“优”与“劣”，“好”与“差”的程度。

需要注意的是，精密度一般针对方法而言，并且严格遵循测量条件，且一定要有参照值或参考值、标准值作为基准才能进行评估，因而要求比较高。不确定度则只针对测量结果，对测量条件没有约束，或者说只考虑误差大小。测量方法一般也只有精密度而无不确定度。在日常工作中提到的测量方法的不确定度，实际上是指测量方法引入带给测量结果的不确定度（分量）。如样品复测，就是对样品再现性（复现性）的一种考核。样品复测包括对盲样的检测，也包括对使用或检验过的标准样品、非标准样品或留样样品在有效期内的再检测，这些检测可以由原检测人员进行，也可以由其他检测人员进行。

通常样品的再现性或复现性好，意味着精密度高。精密度是保证准确度的先决条件，没有良好的精密度就不可能有高的准确度，但精密度高准确度不一定高，而准确度高精密度必然好。

7.6 平均值或期望值及其确定

在概率论的定义中，数学期望是随机变量 X 以概率为权的加权平均值，记作

$E(X)$，常用符号 μ 表示，用来表示随机变量 X 本身的数值；在分布曲线中，表征变量全部可能取值分布的中心位置。简单地说，期望就是概率分布或随机变量的均值或期望值，是在无穷多次测量条件下定义的，故期望值是无穷多次测量的平均值。一个离散性随机变量的期望值是试验中每次可能结果的概率乘以其结果的总和，换句话说，期望值是随机试验在同样的条件下，利用重复多次的结果计算出的等同期望的平均值。

在检验检测活动（或机构内部质量控制活动）中，所获得的检测结果大多在几个到几十个之间，被测量估计值——约定真值（或期望值）的确定一般用平均值表示。在统计学中，平均值通常有以下几种表示方式。

1. 算术平均值

算术平均值反映的是数据的集中趋势，表征的是一组数据的平均水平。

2. 加权算术平均值

加权算术平均值是考虑不同权重数据的平均值，是将原始数据按照合理的比例计算平均值的一种方法。

在检验检测活动中得到的一组检测结果，当平均值或期望值的获得涉及权重时，应采用加权算术平均值。加权算术平均值的计算关键是确定各参与实验室的权重（或权值），而权重的获得与各检测结果所对应的合成标准不确定度 u_c 直接相关。

【视野拓展】

加权算术平均值的计算

假设在某次实验室间比对试验活动中，各参与实验室获得的检测结果分别为 x_1，x_2，…，x_n，对应的合成标准不确定度分别为 u_{c1}，u_{c2}，…，u_{cn}。

对某测量结果，通常选择 $u_{c,i,\max}^2=u_0^2$，即其对应的权重为 $\omega_{i,\max}=\dfrac{u_0^2}{u_{c,i,\max}^2}=1$，加权算术平均值及实验标准差为：

$$\overline{x_\omega}=\frac{\sum_{i=1}^{n}\omega_i x_i}{\sum_{i=1}^{n}\omega_i},s_\omega=\sqrt{\frac{\sum_{i=1}^{n}\omega_i\ (x_i-\overline{x})^2}{(n-1)\sum_{i=1}^{n}\omega_i}}$$

如某公司举办了 1 次钢筋抗拉强度实验室间比对，共有包含本部及其派出机构在内的 6 个实验室参加，要求除报告极限抗拉强度检测结果外，必须同时报告本次实验结果的合成标准不确定度，结果如下：

项目	测得值 1	测得值 2	测得值 3	测得值 4	测得值 5	测得值 6
R_i(MPa)	595.3	597.4	591.8	599.6	594.7	593.5
$u_{c,i}$(MPa)	3.76	4.10	4.18	4.96	5.03	5.10
$u_{c,i}^2$	14.14	16.81	17.47	24.60	25.30	26.01
ω_i	2	2	1	1	1	1

注：权重计算结果宜保留整数。

则该次实验室间比对的加权平均值及实验室标准差为：

$$\overline{R_{m,\omega}} = \frac{\sum_{i=1}^{6} \omega_i R_i}{\sum_{i=1}^{6} \omega_i} = 595.6(\text{MPa}), s_\omega = \sqrt{\frac{\sum_{i=1}^{n} \omega_i \left(R_{m,i} - \overline{R_{m,\omega}}\right)^2}{(n-1)\sum_{i=1}^{n} \omega_i}} = 1.03(\text{MPa})$$

7.7 偏差、标准偏差和实验标准偏差

1. 绝对偏差

绝对偏差又称绝对误差或示值误差，是指某一次测量值与平均值的差：

$$\delta_i = \Delta = x_i - \bar{x}$$

其中平均值 $\bar{x}$ 也可以用标准值 x_s 代替。

2. 相对偏差

相对偏差又称相对误差或示值相对误差，是指绝对偏差占平均值（或标准值）的百分比，用于衡量单项测定结果对平均值（或标准值）的偏离程度：

$$\delta_r = \frac{\Delta}{\bar{x}} \times 100\%$$

3. 相对标准偏差

相对标准偏差又称变异系数，是标准偏差与相应的平均值的比值：

$$RSD = \frac{S}{\bar{x}} \times 100\%$$

相对标准偏差 RSD 有时也用 δ 表示，在检测活动中表征的是检测结果的精密度。

4. 标准偏差与实验标准偏差

(1) 理想的标准偏差计算法（贝塞尔公式法）。

在概率论和统计学中，一个随机变量的方差描述的是它的离散程度，也就是该变量与其期望值的距离，而方差的算术平方根则称为该随机变量的标准差，反映的是组内个体间的离散程度。在概率分布函数（即正态分布函数）中，概率分布或随机变量的标准偏差是方差的正平方根，用 σ 表示，有时也直接称为标准差：

$$\sigma = \lim_{n \to \infty} \sqrt{\frac{1}{n} \sum_{i=1}^{n} (x_i - \mu)^2}$$

期望（μ）和方差（σ^2）是表征概率分布的两个特征参数。标准偏差（σ）反映了测得值的分散性，σ 小则表明测得值比较集中，反之则表示测得值比较分散。当某一组数值具有较大的标准差时，则代表该组数值中的大部分数值和其平均值之间差异较大；当某一组数值具有较小的标准差时，该组数值较接近于平均值。例如，某两组数值的集合 {0，5，9，14} 和 {5，6，8，9}，其平均值均为 7，但显然，第二组数值的集合具有较小的标准差。

需要注意的是，标准差是建立在无限多次测量（$n \to \infty$）这一理想状态下的标准偏差，很显然，在实际工作中很难得到这样的标准偏差。

（2）实际的实验标准偏差计算法。

①贝塞尔公式法。

方差说明了随机误差的大小和测得值的分散程度，但在实际工作中很难得到处于理想状态下的标准偏差（即 $n \to \infty$），而大多数情况下，对于总体的标准偏差往往是通过随机抽取一定量的样本（即 n 为有限值），并计算这个样本的标准差而得到的一个估计值。于是，我们将利用有限次（注：这里的“次”既指“单次”，常常也包含“批次”，即按重复性条件下获得的一系列检测结果）测量结果得到的标准偏差的估计值称为实验标准偏差，简称实验标准差，用 s 表示。其中：

$$s = \sqrt{\frac{1}{n-1} \sum_{i=1}^{n} (x_i - \bar{x})^2}$$

样本方差s^2 是对总体方差σ^2 的无偏估计。实验标准差 s 中分母 $n-1$ 是因为（$x_i - \bar{x}$）的自由度为 $n-1$。

这个方法通常称为贝塞尔公式法。

②极差法。

一般在检验检测活动中，大量的测量次数都比较少，这时也可以采用极差法评定获得实验标准偏差 $s(x_k)$。在重复性条件或复现性条件下，对 x_i 进行 n 次独立重复观测，测得值中的最大值与最小值之差称为极差，用符号 R 表示。在 x_i 可以估计其接近正态分布的前提下，单个测得值 x_k 的实验标准差 $s(x_k)$ 可近似地表达为：

$$s(x_k) = \frac{R}{C}$$

其中 R 表示极差，C 为极差系数。极差系数 C 及自由度 υ 可查表 7−1 得到。

表 7−1　正态分布时的极差系数 C 及自由度 υ

n	2	3	4	5	6	7	8	9	10	15	20
C	1.13	1.69	2.06	2.33	2.53	2.70	2.85	2.97	3.08	3.47	3.74
υ	0.9	1.8	2.7	3.6	4.5	5.3	6.0	6.8			

在这种情况下，自由度 υ 通过统计学计算获得，故一般保留小数。

（3）实际测得值的平均值的标准偏差计算法。

经 n 次测量所得的算术平均值 $\overline{x}$ 的实验标准差计算方法为：

$$s(\overline{x})=\frac{s(x_k)}{\sqrt{n}}$$

增加测量次数，用多次测量的算术平均值作为被测量的最佳估计值，可以减小随机误差，或者减小由于各种随机因素引入的不确定度。

在给出标准偏差的估计值时，自由度越大，表明估计值（$\overline{x}$ 或 s）对期望值（μ 或 σ）的可信度也越高。

7.8 正态分布与常用的非正态分布

正态分布又称高斯分布，其概率密度函数 $p(x)$ 可表示为：

$$p(x)=\frac{1}{\sigma\sqrt{2\pi}}e^{-\frac{(x-\mu)^2}{2\sigma^2}}\quad(-\infty<x<+\infty)$$

1. 正态分布的特征

正态分布曲线如图 7－1 所示，具有 6 个显著特征。

（1）单峰性：概率分布曲线在均值 μ 处具有一个极大值。

（2）对称分布：正态分布以 $x=\mu$ 为其对称轴，分布曲线在均值 μ 的两侧是对称的。

（3）渐近性：当 $x\to\infty$ 时，概率分布曲线以 x 轴为渐近线。

（4）拐点：概率分布曲线在与均值等距离（即 $x=\mu\pm\sigma$）处。

（5）概率总和为 1：分布曲线与 x 轴所围面积为 1，或各样本值出现的概率总和为 1。

（6）μ 为位置参数，σ 为形状参数。

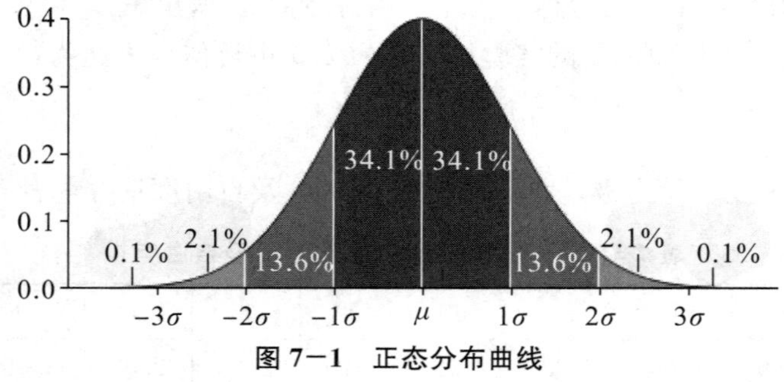

图 7－1　正态分布曲线

由于 μ、σ 能完全表达正态分布的形态，所以常用简略符号 $X\sim N(\mu,\sigma)$ 表示正态分布。当 $\mu=0$，$\sigma=1$ 时表示为 $X\sim N(0,1)$，称为标准正态分布。

2. 常用的非正态分布

(1) 均匀分布。

均匀分布为等概率分布，又称矩形分布，其概率密度函数为：

$$p(x)=\begin{cases}\dfrac{1}{a_{+}-a_{-}} & a_{-}\leqslant x\leqslant a_{+}\\ 0 & x>a_{+},\ x<a_{-}\end{cases}$$

其中，a_{+}、a_{-}表示均匀分布包含区间的上限和下限。当对称分布时，可用 a 表示矩形分布的区间半宽度，即 $a=\frac{a_{+}-a_{-}}{2}$。均匀分布的标准偏差为：

$$\sigma(x)=\frac{a}{\sqrt{3}}$$

(2) 三角分布。

三角分布呈三角形，其概率密度函数为：

$$p(x)=\begin{cases}\dfrac{a+x}{a^2} & -a\leqslant x<0\\ \dfrac{a-x}{a^2} & 0\leqslant x<a\\ 0 & \text{其他}\end{cases}$$

三角分布的标准偏差为：

$$\sigma(x)=\frac{a}{\sqrt{6}}$$

(3) 梯形分布。

梯形分布呈梯形，其概率密度函数为：

$$p(x)=\begin{cases}\dfrac{1}{a(1+\beta)} & |x|\leqslant\beta a\\ \dfrac{a-|x|}{a^2(1-\beta^2)} & \beta a\leqslant|x|\leqslant a\\ 0 & \text{其他}\end{cases}$$

其中，梯形的下底半宽度为 a，上底半宽度为 βa，$0<\beta<1$。梯形分布的标准偏差为：

$$\sigma(x)=a\sqrt{\frac{1+\beta^2}{6}}$$

(4) 反正弦分布。

反正弦分布又称 U 形分布，其概率密度函数为：

$$p(x)=\frac{1}{\pi\sqrt{a^2-x^2}}$$

其中，a 为概率分布包含区间的半宽度，$|x|<a$。反正弦分布的标准偏差为：

$$\sigma(x)=\frac{a}{\sqrt{2}}$$

(5) t 分布。

t 分布又称为学生分布，是期望值为 0 时的概率分布。当 $n\to\infty$时，t 分布趋近于标准正态分布。

7.9 误差

1. 系统误差

系统误差又称规律误差，指在偏离检测条件下按某个规律变化的误差，表现为同一量的多次测量过程中，保持恒定或以预知的方式变化的测量误差。系统误差由检测过程中某些经常性因素引起，在重复测定中会重复出现，它对检测结果的影响比较固定，故又称为可测量误差。系统误差的主要来源有：

（1）方法误差。方法误差主要由检测方法本身存在的缺陷引起。如在利用硫酸钡重量法（箱式电阻炉燃烧法）检测粉煤灰中的三氧化硫含量时，检测物（硫酸钡）有少量分解；在稳定土水泥石灰剂量滴定分析中，反应进行的不完全、等当点和滴定终点不一致等。

（2）仪器误差。仪器误差是由仪器设备精密度不足引起的。如天平（特别是电子天平，在0.1～0.9mg之间）、砝码、容量瓶等。

（3）试剂误差。试剂误差是由试剂的纯度不足引起的。

（4）操作误差。操作误差是由试验人员操作不当、不规范引起的。如有的人对颜色不敏感，因读数时机、读数方法等个人习惯会造成操作不当。

对照试验可消除系统误差，如用可靠的分析方法对照（方法比对）、用已知结果的标准试样对照（标准校正），或由不同的实验室、不同的分析人员进行对照（人员比对，重复性、再现性），以及样品复测、实验室间比对、空白试验、校正试验（含仪器设备校正和检验方法校正）等。

对检测结果进行校正是非常重要的，特别是检测结果处于临界值的情况，对检测结果进行校正对批量产品的判定有重要意义。

2. 偶然误差

偶然误差又称随机误差，是由测定过程中一系列有关因素出现微小的随机波动时而形成的具有相互抵偿性的误差。虽然误差的产生带有极大的偶然性，但在多次重复测定后就会发现，其具有统计规律性，即服从于正态分布。

从图7-1可以看出，偶然误差具有四个特性：

（1）单峰性。绝对值小的误差比绝对值大的误差出现的概率更大，即$\pm 1\sigma$占68.3%。

（2）对称性。绝对值相等的正、负误差出现的概率相等。

（3）有界性。在一定条件下，在有限次的测量中偶然误差的绝对值不会超出一定的界限。

（4）抵偿性。在相同条件下对同一量进行检测，其偶然误差的平均值随着测量次数的无限增加而趋于零。抵偿性是偶然误差最本质的统计特性，凡有抵偿性的误差都可以按偶然误差来处理。

分析结果可用相同条件下一系列测量值的算术平均值来表示，这样得到的平均值是比较可靠的，但在实际工作中进行大量的、无限次的测量显然是不真实的。因此，必须根据实际情况采取适当的检测次数。

在正态分布中，标准偏差或误差大于$\pm 3\sigma$的检测结果仅占全部检测值的0.27%。且σ值越小曲线越凸起，偶然误差的分布越密集；反之，σ值越大曲线越扁平，偶然误差的分布越分散。

3. 粗大误差

粗大误差简称粗差，也称过失误差，是指在一定测量条件下测量值明显偏离实际值（或明显超出测定条件下的预期）所造成的误差，有时也称为离群值、异常值。

粗大误差的来源有主观因素，也有客观因素。如错读、错记、错算，或电压不稳导致的仪器检测结果出现异常值等。含有粗大误差的检测结果称为坏值，坏值应想办法予以发现和剔除。

消除粗大误差最常用的方法是采用拉依达3S准则，即拉依达3倍标准偏差剔除法，该准则要求检测结果的次数不能少于10次，否则不能剔除任何坏值。实际上，对同一检测活动进行10次以上的分析也不太容易实现，因此，关于坏值的剔除应非常谨慎，具体可参照《数据的统计处理和解释 正态样本离群值的判断和处理》（GB/T 4883—2008）。

系统误差与偶然误差没有一条不可逾越的明显界限（只能是一个过渡区），两者在一定条件下可能相互转化。如某一产品，由于其用途不同其精度要求也不同，对于精度要求高的产品易出现粗大误差，对于精度要求低的产品易出现随机误差。同样，粗大误差和数值很大的随机误差间也没有明显界线，也存在类似的转化。因而，刻意去划定或确定产生的某个或某类误差究竟是系统误差、随机误差还是粗大误差，是完全没有必要的。

4. 最大允许测量误差

在实际工作中，常见的还有最大允许测量误差，简称最大允许误差或误差限，其绝对值用*MPEV*表示，是指对给定的测量、测量仪器或测量系统，由规范或规程所允许的相对于已知参考量值的测量误差的极限值，是表示测量或测量仪器准确程度的一个参数。

最大允许误差也可以用相对误差表示，即被测量占约定真值的百分比：

$$\delta = \pm \left| \frac{\Delta}{x_0} \right| \times 100\%$$

或用测量仪器的引用误差形式表示，即被测量占引用值（通常是量程或满刻度值FS）的百分比：

$$\delta = \pm \left| \frac{\Delta}{x_s} \right| \times 100\%$$

式中，$\Delta = MPEV$，δ为最大允许误差的相对值，x_0为最佳估计值（约定真值），x_s为引用值或量程、满刻度值（FS）。

如某万能材料试验机的最大允许误差为±1%，就是用最大允许误差相对值表示的；抗渗试验用 0.25 级压力表一般也用“0.25%×示值上限值”表示示值最大允许误差。又如某游标卡尺的使用说明书声明其精度为±0.02mm，即该游标卡尺最大允许误差为±0.02mm；标准钢卷尺最大允许误差为±($0.04mm+4\times10^{-5}\times L$)，其中 L 为被测物长度。

5. 误差理论在质量控制中的应用

综前所述，测得值、总体均值、误差等可以在正态分布曲线中进行表示，如图 7−2 所示。

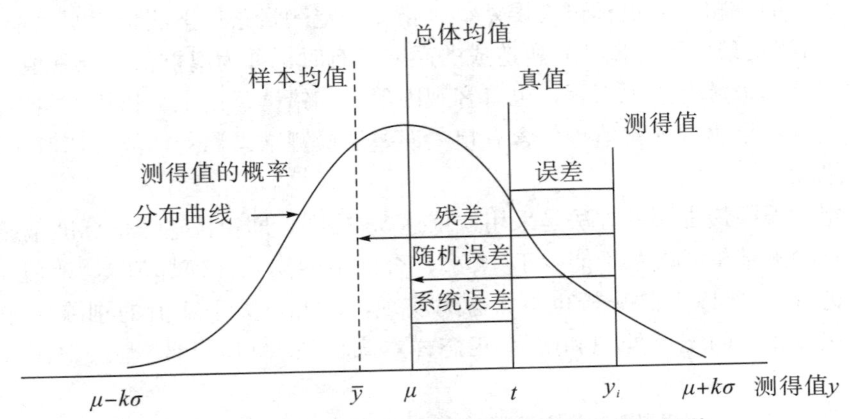

图 7−2 正态分布曲线中的测得值、总体均值、误差

假设某被测量值 y，其真值为 t，第 i 次测量所得观测值或测得值为 y_i。总体均值为无限多次测量所得结果的平均值，即数学期望值 μ，样本均值为有限多次测量所得结果的平均值 $\bar{y}$。由于误差的存在使测得值与真值不能重合，仍然假设测得值呈正态分布 $N(\mu,\sigma)$，则分布曲线在数轴上的位置（即 μ 值）决定了系统误差的大小，曲线的形状（按 σ 值）决定了随机误差的分布范围 $[\mu-k\sigma,\mu+k\sigma]$ 及其在此范围内取值的概率。

从图 7−2 可以看出：

$$误差\ E=测得值\ y_i-真值\ t$$

$$残差\ v_i=测得值\ y_i-样本均值\ \bar{y}$$

$$随机误差\ \delta=测得值\ y_i-总体均值（或期望）\mu$$

$$系统误差\ \Delta=总体均值（或期望）\mu-真值\ t$$

故：

$$\begin{aligned}误差(测量误差)E &= 测得值\ y_i-参考量值\ y_0\\ &=[测得值\ y_i-总体均值(或期望)\mu]+[总体均值(或期望)\mu-真值\ t]\\ &=随机误差\ \delta+系统误差\ \Delta\end{aligned}$$

$$测得值\ y_i=真值\ t+随机误差\ \delta+系统误差\ \Delta$$

利用误差理论对日常检验工作进行质量控制有着非常重要的意义。《检验检测机构资质认定评审准则》（国家市场监督管理总局 2023 年第 21 号）附件 4 序号 2.12.9 明确提出了质量控制活动方法及其评价要求。

一些技术标准，如《水利水电工程混凝土防渗墙施工技术规范》（SL 174—2014）提出，对于混凝土抗压强度匀质性的评定应采用离差系数法，并给出了设计强度、评定等级（优秀、良好、一般、较差）与离差系数之间的关系。

将坐标上检测点结果连成线，通过曲线可判定误差的类型：

(1) 假设我们每10天检测一次，共有10个点，而这10个点在标准值之间上下波动，无规律可言，则说明是偶然误差，是正常状态；

(2) 当检测结果呈现出规律性，或在“真值”线以上，或在“真值”线以下，或呈现一条斜线，则视为出现了系统误差，这种情况下应找出导致这些系统误差的原因，并找到消除系统误差的办法。

从本质上来说，误差是在有被测量的期望值（或约定真值）的基础上，用“+”“−”表示，可以作为修正值对测量结果进行修正，以使最终测量结果更接近约定真值。但由于随机误差和系统误差在实际测量中难以完全消除，测量结果存在一定的误差是必然的，而且测量结果又只能在测量后得到，事先（测量前）无法预知，也不能通过分析评定获得。

对此，测量不确定度在定义上与误差有着本质区别。测量不确定度反映的是测量结果可能取值的范围，是表征被测量结果的分散性，是测量结果可能取值范围的半宽，因此任何测量的结果均可以表示为“测量结果±测量不确定度”。

7.10 自由度

输入量 X 的估计值 x 的标准不确定度 $u(x)$，用 x 的概率分布的标准差 $\sigma(x)$ 来表示（实际工作中用 $s(x)$ 估计），$s(x)$ 是输入量 X 的有限次独立观测值 x_i 的实验标准差，是一个基于样本的统计量。很显然，用 $s(x)$ 去估计 $\sigma(x)$ 必然存在一定程度的不准确，即 $s(x)$ 本身也必然存在着方差问题，$s(x)$ 的方差 $\sigma^2[s(x)]$ 可近似地表示为：

$$\sigma^2[s(x)] \approx \frac{1}{2}\sigma^2(x)/\upsilon$$

其中，$\upsilon = n-1$ 是实验标准差 $s(x)$ 的自由度，也就是能够获得测得值的标准偏差的个数，或残差的个数，即样本中总和的项数减去总和中受约束的项数。将上式转换，又可得到：

$$\upsilon = \frac{1}{2}\frac{\sigma^2(x)}{\sigma^2[u(x)]} \approx \frac{1}{2\left\{\frac{u[u(x)]}{u(x)}\right\}^2}$$

自由度与标准不确定度的相对标准不确定度的平方成反比，标准不确定度的相对标准不确定度的值越大，自由度越小；标准不确定度的相对标准不确定度的值越小，自由度越大。因此，在测量不确定度的评定中，自由度实质上是一种二阶不确定度，它表征标准不确定度的可靠程度或不可靠程度。

标准不确定度的自由度，通常按照以下方式获得。

1. 对于A类评定

(1) 采用贝塞尔法。

当对某一输入量进行 n 次独立重复测量时，自由度 $\upsilon=n-1$；

当同时对 t 个输入量进行 n 次独立重复测量时，自由度 $\upsilon=n-t$；

当同时对 t 个输入量进行 n 次独立重复测量时，且有 m 个约束条件时，每增加一个约束条件相当于减少一个输入量，则自由度 $\upsilon=n-t+m$。

(2) 采用合并样本标准差法。

合并样本标准差的自由度为各组自由度之和。

例如某次测量活动有多组测量，每组测量 n 次（即自由度相同），每次核查时的样本标准偏差为 s_i，共测量 m 组，则自由度为 $\upsilon=m(n-1)$。

(3) 采用极差法。

由于极差法计算没有充分利用已有的全部信息，标准不确定度评定的可靠性有所降低，其自由度可查表7−1获得。

(4) 采用最小二乘数法。

当用测量所得的 n 组数据按最小二乘法拟合的校准曲线确定 t 个输入量时，自由度 $\upsilon=n-t$。

2. 对于B类评定

对于B类评定，其标准不确定度不是由试验测量得到的，因此不存在测量次数的问题。但A类和B类评定都是基于概率分布获得的，二者所得不确定度并无实质上的区别，因而B类评定的标准不确定度的自由度，同样可通过前面的公式进行近似计算。

如对输入量 X 的估计值 x 及其标准不确定度 $u(x)$ 的了解，判断 $u(x)$ 的不可靠度约为25%，即 $u(x)$ 的相对标准不确定度 $\frac{u[u(x)]}{u(x)}\approx 0.25$，则其自由度为：

$$\upsilon\approx\frac{1}{2\left\{\frac{u[u(x)]}{u(x)}\right\}^2}=\frac{1}{2\times 0.25^2}=8$$

对输入量 X 的估计值 x，B类标准不确定度的自由度与其相对标准不确定度之间的关系可查表7−2得到。

表7−2 相对标准不确定度及自由度

$u[u(x)]/u(x_i)$	$\upsilon=n-1$	$u[u(x)]/u(x_i)$	$\upsilon=n-1$
0[$u(x)$确切已知]	∞	0.30	5.5（取5）
0.10	50	0.40	3.1（取3）
0.20	12.5（取12）	0.50	2
0.25	8	无法估计	1

B类评定标准不确定度自由度的估计，除要估计概率分布外，还要估计其可靠程度，一般情况下：

如标准不确定度的评定有严格的数字关系，例如数显仪器量化误差和数据修约引起的不确定度，可以认为其可靠程度为100%，或不可靠程度为0，即自由度为∞；

如当计算标准不确定度的数据来源于检定/校准证书或手册等比较可靠的文件时，可认为可靠程度较高，取较大自由度；

如标准不确定度的计算带有一定的主观判断，例如由指示类仪器仪表的读数误差引起，则宜取较小自由度；

如标准不确定度的信息来源难以用有效的试验方法验证，例如由检定/校准时的温度变化引入，则可取较小自由度。

另外需要注意的是，标准不确定度的大小与其自由度的大小无关，标准不确定度是用来衡量测量结果的可靠程度，自由度是用来衡量标准不确定度取值的可靠程度。标准不确定度的取值估计过大或过小都会降低其可信程度及自由度，只有尽可能准确估计不确定度的值才能获得较高的自由度。

3. 有效自由度的计算

合成标准不确定度 $u_c(y)$ 的自由度称为有效自由度，以 υ_{eff} 表示。

如 $u_c^2(y)$ 由两个以上的输入量合成，即 $u_c^2(y)=\sum_{i=1}^{n} c_i^2 u^2(x_i)$，且各输入量之间相互独立，输出量 Y 接近于正态分布，或 $\dfrac{y-Y}{u_c(y)}$ 的分布可以用 t 分布近似表示，则有效自由度 υ_{eff} 可按韦尔奇-萨特思韦特（Welch-Satterthwaite）公式计算：

$$\upsilon_{\mathrm{eff}}=\frac{u_c^4(y)}{\sum_{i=1}^{n}\dfrac{c_i^4 u^4(x_i)}{\upsilon_i}} \text{ 且 } \upsilon_{\mathrm{eff}}\leqslant\sum_{i=1}^{n}\upsilon_i$$

其中，$u_c(y)$ 表示输出量估计值 y 的标准不确定度分量；υ_i 表示标准不确定度分量的自由度；c_i 为灵敏系数，是输出量 y 对输入量 x 的偏导数。

当用相对标准不确定度来表示时，上式又可表达为：

$$\upsilon_{\mathrm{eff}}=\frac{[u_c(y)/y]^4}{\sum_{i=1}^{n}\dfrac{[c_i u(x_i)/x_i]^4}{\upsilon_i}}$$

由有效自由度 υ_{eff} 和包含概率 p 查 t 分布临界值表，可以得到输出量的包含因子。

通过韦尔奇-萨特思韦特公式计算得到的有效自由度一般带有小数，实际使用时通常会舍去小数后取整。

【视野拓展】

概念比较：测量不确定度、测量误差

序号	项目	测量不确定度	测量误差
1	定义	表明被测量之值的分散性，是一个区间	表明测量结果偏离参考量值，是一个确定的值
2	分类	按是否用统计学方法求得，分为A类评定和B类评定，在评定时一般不区分其性质。若需要区分，应表述为“由随机（或系统）效应引入的不确定度分量”	按出现于测量结果中的规律分为随机误差和系统误差
3	可操作性	通过对试验、资料、经验等信息进行评定，可定量确定	由于参考量值未知，往往无法得到测量误差的值
4	数值符号	不用正负号表示，恒为正值	非正即负
5	合成方法	当各分量不相关时，用方和根法合成，否则应考虑加入相关项	各误差分量的代数和
6	结果修正	为一个区间，因此无法用不确定度对结果进行修正；对已修正结果进行不确定度评定时，应考虑修正不完善引入的不确定度分量	已知系统误差的估计值时，可对测量结果进行修正。修正值等于负的系统误差
7	结果说明	在相同条件下进行测量时，合理赋予被测量的任何值均具有相同的测量不确定度，即测量不确定度仅与测量过程有关	误差客观存在，属于给定的测量结果，相同的测量结果具有相同的误差
8	实验标准差	来源于合理赋予的被测量之值，表示同一观测列中，任一个估计值的标准不确定度	来源于给定的测量结果。它不表示被测量估计值的随机误差
9	自由度	可作为不确定度评定可靠程度的指标	不存在
10	包含概率	当了解分布时，可按包含概率给出包含区间	不存在

7.11 测量不确定度的来源及其评定步骤

1. 测量不确定度的来源

对于任何一个被测量，测得准是相对的，而测不准是绝对的。任何测量都会带来测量不确定度，那么引起测量不确定度的因素主要有哪些呢？

第一是来源于被测量，主要表现为：

（1）对被测量的定义不完整、不完善。

如在测量玻璃容器的体积时，大多采用水量法，而水温对测量结果有十分显著的影响，如果在定义时不予规定，其测量结果的分散性将很大。

（2）被测量不稳定。

某三级钢筋的公称直径是22mm，要求测准到0.001mm，这时钢筋的尺寸受温度波动、测量位置等因素的影响较显著。

（3）样品的代表性不充分。

如对某样品取样或制样时，样品粒度不匀、样品缩分不规范、样品烘干温度有波动、样品运输和传递过程不规范或超时限等。

第二是来源于检测手段，主要表现为：

（1）复现被测量的测量方法和程序不理想。

如以雷达法检测混凝土内部缺陷，由于现阶段雷达检测技术还不够先进，导致雷达基频配置匹配度不能达到预期，其结果失真度较高；又如在实施测量的过程中，存在重复测试误差。

（2）测量模型不够完整。

由测量模型、校准模型、拟合曲线等获得测量结果或校正，因为模型或曲线本身也是经验模型或经验曲线，必然存在近似取舍后的获得结果。

（3）测量仪器或标准物质存在误差，或稳定性及可靠性不确定。

任何仪器或标准物质都有一定的测量误差，其给出的（示）值，必然是作为约定真值出现的，故复现的量值必然存在不确定度。

第三是对环境及其控制对测量过程的影响的认识尚不完善。如在高精确度的称量分析试验中，一般实验室很难将空气湿度、气流速度等影响因素控制在某个稳定值。

第四是引用数据或其他参数本身存在不确定度。

第五是对读数或数据修约存在人为习惯误差或局限性。如由于末位估读偏差、观测者位置或者读数习惯引入的不确定度。

第六是在相同条件下被测量在重复观测中发生了变化。由于随机因素的影响，导致重复观测结果之间有重复修正、重复观测偏差。

第七是由于检验检测人员的技术能力、认知水平与操作熟练程度引入的不确定度。

2. 测量不确定度评定步骤

通常情况下，某被测量的不确定度往往由多个分量组成，在进行测量不确定度评定时，首先应确定这些分量所引入的不确定度，然后再进行合成，其步骤如下。

（1）确定影响测量不确定度的来源。

测量结果往往会受到多个因素的影响，既有随机产生的，也有系统效应产生的，它们会不同程度地影响测量结果。在评定测量不确定度时，应明确这些影响因素，尤其是有显著影响的因素。

（2）建立测量不确定度评定的数学模型。

建立数学模型，即建立可经输入量值的已知量值计算得到被测量量值，并满足测量不确定度评定要求的函数关系。

(3) 评定各输入量的标准不确定度。

采用对观测列的统计分析方法或其他方法，即采用A类评定法还是B类评定法对输入量的标准不确定度进行评定。

(4) 合成标准不确定度。

将各输入量的标准不确定度合成得到合成标准不确定度，如当各输入量之间存在明显的包含关系时，应选择影响量最大的标准不确定度纳入合成；如当各输入量之间存在不可忽略的相关性时，还须同时考虑它们之间的相关系数。

(5) 评定扩展不确定度。

在实际应用中，一般需要给出一个期望包含被测量分布的大部分的包含区间，为此，需要将合成标准不确定度乘以包含因子 k（k 一般取 2～3，与被测量的分布及所要求的包含概率有关），得到扩展不确定度。

(6) 报告测量结果及其不确定度。

需要时，给出测量结果的估计值及其不确定度信息。

7.12 测量不确定度评定的数学模型

测量不确定度评定的数学模型又称测量模型，是指确定被测量与影响其测量不确定度的其他量之间的关系函数，即测量结果与其直接测量的量、引用的量以及影响量等有关量之间的数学关系，通用形式可表示为：

$$Y=f(X_1, X_2, \cdots, X_n)$$

式中，Y 为被测量，也称为输出量；X_1，X_2，…，X_n 为影响量，又称输入量。

数学模型中的每一个输入量都存在与其量值相关的不确定度，并以数学模型所确定的关系影响着输出量的测量不确定度，因此，数学模型也可用于评定输出量的测量不确定度。测量不确定度评定的数学模型一般具有以下特点：

(1) 能通过数学模型计算得到输出量量值；

(2) 包含对测量结果不确定度具有显著影响的全部输入量；

(3) 不重复计算任何一项不确定度输入量，尤其是具有显著影响的输入量；

(4) 当可选不同输入量时，尽量避免处理相关性问题。

测量模型通常根据理论公式、测量方法、实践经验或统计分析数据等导出。若输出量 Y 的估计值为 y，输入量 X_1，X_2，…，X_n 的估计值分别为 x_1，x_2，…，x_n，则测量模型又可以表示为：

$$y=f(x_1, x_2, \cdots, x_n)$$

这时候，输出量 Y 的估计值 y 应是最佳估计值。

如果此时最佳估计值是 m 次独立观测所得值的平均值$\bar{y}$，则计算方法可以表示为：

$$\bar{y}=\frac{1}{m}\sum_{k=1}^{m} f(x_{1k}, x_{2k}, \cdots, x_{nk})$$

或

$$\bar{y} = f(\overline{X}_1, \overline{X}_2, \cdots, \overline{X}_n)$$

$$\overline{X}_i = \sum_{i=1}^{m} \frac{x_{ik}}{m}$$

其中，$i=1$，2，…，n；$\overline{X}_i$ 为对第 i 个输入量进行 m 次独立观测所得值的算术平均值。

在测量模型中，输入量 X_1，X_2，…，X_n 的来源主要有三种：

(1) 由当前的测量过程直接测得的量，其值和不确定度可以由单次观测、重复观测或经验估计得到，并可能包含诸如测量仪器示值、环境条件等输入量的修正值；

(2) 输入量和不确定度由外部来源引入的量，如由测量仪器的校准结果、手册或其他资料得到的参考数据；

(3) 由其他输入量决定的量。

如采用天平对某样品进行称量，该样品的质量由天平的示值和天平自身的不准确定，假设该样品所获得的称量示值为 m_L，天平自身的不准用 δ_m 修正，则其数学模型可表示为：

$$m = m_L + \delta_m$$

δ_m 为天平自身的不准对测量结果的影响，以修正值的形式成为数学模型的一个输入量，其数学期望为 0，虽然不影响输出量的估计值，但会影响输出量的测量不确定度。在实际工作中，如果有 n 个这样的输入量需要考虑，则需增加 n 个 δ_m 修正值，则其数学模型可表示为：

$$m = m_L + \delta_{m1} + \cdots + \delta_{mn}$$

对于 n 个输入量中有若干个（假设为 $n-k$）输入量时，数学模型可表示为：

$$Y = f(X_1, X_2, \cdots, X_k) + (\delta_{y_{k+1}} + \delta_{y_{k+2}} + \cdots + \delta_{y_n})$$

也可表示为：

$$Y = f(X_1, X_2, \cdots, X_k) \cdot \delta_{y_{k+1}} \cdot \delta_{y_{k+2}} \cdot \cdots \cdot \delta_{y_n}$$

这时的 $\delta_{y_{k+1}}$，$\delta_{y_{k+2}}$，…，δ_{y_n} 以修正因子的形式出现，其数学期望为 1。

当然，对于数学期望不为 0 或 1 的输入量，应考虑用一个量明确表示偏离以修正数学模型。对于一个数学模型，通常根据理论公式、测量方法、实践经验或统计分析数据等导出；对于某个针对被测量建立的数学模型，会因测量方法、测量程序、测量条件有所不同。如混凝土试件抗压强度，当采用不同尺寸、不同形体规格的试件时，其测量模型是存在差异的。

对于立的数学模型，应尽可能使各输入量之间不相关或相关性较低，以简化不确定度分量合成评定过程。如输出量与输入量之间的关系复杂，宜分级建立数学模型，如在 $Y=f(X_1, X_2, \cdots, X_n)$ 中，$X_i = f_i(X_{i1}, X_{i2}, \cdots, X_{in})$，可先评定 X_i 的不确定度，再由 X_i 的不确定度评定其对输出量 Y 的不确定度的影响。

7.13　标准不确定度的计算与评定方法

测量不确定度一般由若干分量组成，每个分量用概率分布的标准偏差估计值表征，故称为标准不确定度，各分量用 u_i 表示。根据 X_i 的一系列测得值 x_i 得到的实验标准差的方法，称为A类评定方法；根据有关信息估计的假定概率分布得到标准偏差估计值的方法，称为B类评定方法。

1. 标准不确定度的A类评定方法

对被测量进行独立观测，可得到一系列测得值，进而贝塞尔公式获得实验标准差 $s(x)$。但在大多检验检测活动中，测量次数往往都较少（$n=2\sim5$），这时常采用极差法评定获得实验标准差 $s(x_k)$。

(1) 将单次测量结果作为被测量估计值时引入的标准不确定度计算。

当被测量的估计值通过单次测量得到时，重复性引入的标准不确定度为：

$$u_A=s(x)$$

如钢筋力学性能试验，每组样品中的单根钢筋可以独立得到一个检测结果，这时组内某单根钢筋的标准不确定度应按该公式确定。

(2) 以算术平均值表征的被测量估计值引入的标准不确定度计算。

当被测量的估计值用算术平均值 $\bar{x}$ 作为被测量的估计值时，重复性引入的标准不确定度为：

$$u_A=u(\bar{x})=s(\bar{x})=\frac{s(x)}{\sqrt{n}}$$

如混凝土抗压强度检测试验，每组样品的检测结果由其中3个试件的算术平均值（或代表值）表示，故其重复性引入的标准不确定度以此来确定。

(3) 在既包含重复性又包含再现性时，以算术平均值表征的被测量的估计值所引入的标准不确定度的计算。

在同一实验室，在相同条件下对同一检测对象的测定，由不同的人员在较短时间内完成，这时的“人”作为一个改变条件，n 就是“人数”。在这个检测活动中，既包含重复性，也包含复现性。同样，在不同的实验室、不同的地点、不同的人员，按照相同的方法对同一被测件进行测试，也可以按照该方法进行标准不确定度的计算。因此，在重复性条件或复现性条件下，对同一被测量独立重复观测 n 次，得到 n 个测得值 $x_i(i=1,2,\cdots,n)$，被测量 X 的最佳估计值是 n 个独立测得值的算术平均值 $\bar{x}$，则被测量估计值 $\bar{x}$ 的A类评定的标准不确定度为：

$$u_A(\bar{x})=s(\bar{x})=\frac{s(x_k)}{\sqrt{n}}$$

此时 $u_A(\bar{x})$ 的自由度为实验标准偏差 $s(x_k)$ 的自由度，即 $\upsilon=n-1$。

例如，某化学分析室有3人（也可以延伸到实验室间）对某一检测对象进行化学分析，每人做出一个检测结果，最后被测量估计值用算术平均值表示，这时的标准不确定度就按该公式计算。

(4) 当测量次数较少时被测量估计值引入的测量不确定度计算。

当测量次数较少时，仍在重复性条件或复现性条件下对 x_i 进行 n 次独立重复观测，在 x_i 可以估计接近正态分布的前提下，被测量估计值的标准不确定度可按极差法计算。

例如，测量同批钢筋直径，在受控状态下进行了2次核查，第一次核查时测4次，

即 $n=4$，得到的结果为 22.25、22.24、22.21、22.06（单位：mm）；第二次核查时也测 4 次，求得 $s_2=0.085$mm。如果在该测量过程中测量 6 次，对被测量估计值 Φ 的标准不确定度是多少？

对第一次核查得到的数据，可用极差法求得实验标准差：

$$s_1=\frac{22.25-22.06}{2.06}=0.092\ (\text{mm})$$

其中，极差系数 $C=2.06$。

两次核查，即 $m=2$，合并样本标准偏差为：

$$s_p=\sqrt{\frac{s_1^2+s_2^2}{m}}=\sqrt{\frac{0.092^2+0.085^2}{2}}=0.089\ (\text{mm})$$

在该测量过程中，测量 6 次，被测量估计值 Φ 的标准不确定度为：

$$u(\Phi)=\frac{s_p}{\sqrt{n}}=\frac{0.089}{\sqrt{6}}=0.036(\text{mm})$$

此时，标准不确定度的自由度为 $\upsilon=(n-1)m=(4-1)\times 2=6$。

当测量次数较少时，由于得到的实验标准差有可能被严重低估，在某些情况下，需要对由重复性引入的标准不确定度分量乘以安全因子。

2. 标准不确定度的 B 类评定方法

标准不确定度的 B 类评定方法是基于有关信息或经验，以判断被测量的可能值区间 $[\bar{x}-a，\bar{x}+a]$，再结合被测量值的假定概率分布和要求的概率 p 确定 k 后进行计算：

$$u_{\text{B}}=\frac{a}{k}$$

其中，a 为被测量可能值区间的半宽度，主要来源于以前测量的数据，或根据有关技术资料和测量仪器特性的了解和经验得出，或由生产厂家提供的技术说明书、检定/校准证书和其他文件、手册和某些资料给出的参考数据，以及其他有用的信息等。如：

（1）测量仪器的最大允许误差为 $\pm\Delta$，其可能值区间的半宽度为 $a=\Delta$；

（2）校准证书提供的校准值给出了扩展不确定度 U，则区间半宽度为 $a=U$；

（3）经手册、资料获得的某个参数的最佳估计值在区间 $[a_-，a_+]$，则区间半宽度可估计为 $a=\frac{a_+-a_-}{2}$；

（4）数字显示装置的分辨力为 1 个数字代表的量值 δ_x，则区间半宽度为 $a=\delta_x/2$；

（5）度盘或模拟显示装置的最小刻度值为 δ，其分辨力为 $\delta/2$，则区间半宽度为 $a=\delta/4$；

（6）当测量仪器或实物量具给出准确度等级时，可以按该测量仪器或检定/校准规程规定的该等级的最大允许误差得到对应区间的半宽度，必要时，可根据经验推断某量值不会超出的范围，或用实验方法来估计可能的区间。

k 为包含因子（或置信因子）。对于一个正态分布的测量模型，可根据概率 p 按表 7—3 确定 k 值。

表 7—3 正态分布的概率 p 及包含因子 k

p	0.50	0.6827	0.90	0.95	0.9545	0.99	0.9973
k	0.675	1	1.645	1.960	2	2.576	3

对于一个非正态分布的测量模型，则根据其概率分布按表 7—4 确定 k 值及标准不确定度（B 类）：

表 7—4 非正态分布的概率 p 及包含因子 k

分布形式	置信因子 k		
	概率 $p=100\%$	概率 $p=99\%$	概率 $p=95\%$
三角	$\sqrt{6}$	$\sqrt{2}$	
梯形（β=0.71）	2		
矩形（均匀）	$\sqrt{3}$	1.71	1.65
反正弦	$\sqrt{2}$	$\sqrt{6}$	
两点	1	1	

注：β 为梯形的上底与下底之比，即 $k=\sqrt{6/(1+\beta^2)}$。当 $\beta=1$ 时为矩形分布，$\beta=0$ 时为三角分布。

对于一个非正态分布的测量模型，其测量获得值的概率分布情形可按以下不同情况进行假设：

（1）被测量受许多随机因素影响，当它们各自的效应属同等量级时，无论各影响量的概率分布是什么形式，被测量的随机变化均可按近似正态分布进行假设；

（2）如果有证书或报告给出的不确定度是具有包含概率为 95%、99%的扩展不确定度U_p（即给出U_{95}、U_{99}），此时除非另有说明，仍可按正态分布进行评定；

（3）当利用有关信息或经验估计出被测量可能值区间为（$x-a$，$x+a$），其值在区间外的可能性几乎为零时（即落在区间内的概率为 100%），若被测量值落在该区间内的任意值处的可能性相同，则可假设为均匀分布（或称矩形分布、等概率分布），此时 $u_B(x)=a/\sqrt{3}$；

（4）若被测量值落在该区间（$x-a$，$x+a$）的概率几乎为 100%，且落在该区间中心的可能性最大时，则假设为三角分布，此时 $u_B(x)=a/\sqrt{6}$；

（5）若被测量值落在该区间（$x-a$，$x+a$）的概率几乎为 100%，且被测量落在该区间中心的可能性最小，而落在该区间上限和下限的可能性最大，则可假设为反正弦分布，此时 $u_B(x)=a/\sqrt{2}$；

（6）已知被测量的分布是两个不同大小的均匀分布合成时，则可假设为梯形分布，此时 $u_B(x)=a/2$。

当对被测量的可能值落在区间内的情况缺乏了解时，一般可假设为均匀分布。实际工作中，可依据同行专家的研究成果或经验来假设概率分布形式。

例如，由数据修约、测量仪器最大允许误差或分辨力、参考数据的误差限、度盘回差、平衡指示器调零不准、测量仪器的滞后或摩擦效应导致的不确定度，通常可假设为均匀分布；对于两个相同均匀分布的合成、两个独立量之和值或差值，则一般服从三角分布。

又如某数字显示器的分辨力为δ_x，由分辨力引入的标准不确定度分量$u_B(x)$的区间半宽度为$a=\delta_x/2$，假设可能值在区间内为均匀分布，查表可得$k=\sqrt{3}$，因此：

$$u_B(x)=ak=\frac{\delta_x}{2\sqrt{3}}=0.29\,\delta_x$$

7.14　合成标准不确定度及其计算方法

合成标准不确定度（全称合成标准测量不确定度）指在一个测量模型中各输入量的标准测量不确定度获得的输出量的标准测量不确定度，通俗地讲，就是由各标准不确定度分量合成得到的标准不确定度，其合成的方法称为测量不确定度传播律。

合成标准不确定度仍然是标准偏差，它是测量结果标准偏差的估计值，仍然表征了测量结果的分散性，其自由度称为有效自由度。有效自由度表明了所评定的合成标准不确定度的可靠程度。

合成标准不确定度用符号u_c或其相对形式$u_c(y)/|y|$表示，其相对形式也可简写为u_{rel}或u_r表示，有效自由度用υ_{eff}表示。

（1）计算合成标准不确定度的通用公式——不确定度传播律。

某线性测量函数为f，被测量的估计值y可表示为：

$$y=f(x_1,\ x_2,\ \cdots,\ x_N)$$

则被测量的估计值y的合成标准不确定度$u_c(y)$，可按下式计算：

$$u_c(y)=\sqrt{\sum_{i=1}^{N}[\frac{\partial f}{\partial x_i}]^2u^2(x_i)+2\sum_{i=1}^{N-1}\sum_{j=i+1}^{N}\frac{\partial f}{\partial x_i}\frac{\partial f}{\partial x_j}r(x_i,x_j)u(x_i)u(x_j)}$$

该公式被称为不确定度传播律，是计算合成标准不确定度的通用公式。

当输入量间相关时，需要考虑它们的协方差。其中，y是被测量的估计值，又称输出量的估计值；x_i是输入量X_i的估计值，又称第i个输入量的估计值；$\frac{\partial f}{\partial x_i}$是被测量$Y$与有关的输入量$X_i$之间的函数，又称灵敏系数；$u(x_i)$是输入量$x_i$的标准不确定度；$r(x_i,\ x_j)$是输入量$x_i$与$x_j$的相关系数。

$u(x_i,\ x_j)$是输入量x_i与x_j的协方差，可得

$$r(x_i,\ x_j)u(x_i)u(x_j)=u(x_i,\ x_j)\text{或}r(x_i,\ x_j)=\frac{u(x_i,\ x_j)}{u(x_i)u(x_j)}$$

（2）当各输入量间均不相关时的合成标准不确定度。

当各输入量间均不相关，即相关系数为0或$r(x_i,\ x_j)=0$时，被测量的估计值y的合成标准不确定度$u_c(y)$就转化为：

$$u_c(y)=\sqrt{\sum_{i=1}^{N}\left[\frac{\partial f}{\partial x_i}\right]^2 u^2(x_i)}$$

(3) 对非线性测量函数且各输入量间均不相关时的合成标准不确定度。

当测量函数为非线性，且 $r(x_i, x_j)=0$，每个输入量 X_i 都属正态分布时，被测量的估计值 y 的合成标准不确定度 $u_c(y)$ 可转化为：

$$u_c(y)=\sqrt{\sum_{i=1}^{N}\left[\frac{\partial f}{\partial x_i}\right]^2 u^2(x_i)+\sum_{i=1}^{N}\sum_{j=1}^{N}\left[\frac{1}{2}\left(\frac{\partial^2 f}{\partial x_i \partial x_j}\right)^2+\frac{\partial f}{\partial x_i}\frac{\partial^3 f}{\partial x_i \partial x_j^2}\right]u^2(x_j)}$$

(4) 当各输入量间均不相关时的每一个输入分量的合成标准不确定度。

对每一个输入量的标准不确定度 $u(x_i)$，设 $u_i(y)=\frac{\partial f}{\partial x_i}u(x_i)$，$u_i(y)$ 为相应于 $u(x_i)$ 的输出量 y 的不确定度分量，当 $r(x_i, x_j)=0$ 时，标准不确定度 $u_c(y)$ 又可转化为：

$$u_c(y)=\sqrt{\sum_{i=1}^{N}u_i^2(y)}$$

(5) 当各输入量间均不相关时的简单直接测量的各分量合成标准不确定度。

当简单直接测量的测量模型为 $y=x$ 时，应分析和评定测量时导致测量不确定度的各分量 u_i，若 $r(x_i, x_j)=0$，则合成标准不确定度 $u_c(y)$ 又可转化为：

$$u_c(y)=\sqrt{\sum_{i=1}^{N}u_i^2}$$

(6) 当各输入量间均不相关，测量模型为 $Y=A_1X_1+A_2X_2+\cdots+A_NX_N$ 时的合成标准不确定度：

$$u_c(y)=\sqrt{\sum_{i=1}^{N}A_i^2u^2(x_i)}$$

(7) 当各输入量间均不相关，测量模型为 $Y=AX_1^{P_1}X_2^{P_2}\cdots X_N^{P_N}$ 时的合成标准不确定度：

$$u_c(y)/|y|=\sqrt{\sum_{i=1}^{N}\left[P_iu(x_i)/x_i\right]^2}=\sqrt{\sum_{i=1}^{N}\left[P_iu_r(x_i)\right]^2}$$

(8) 当各输入量间均不相关，测量模型为 $Y=AX_1X_2\cdots X_N$ 时的合成标准不确定度：

$$u_c(y)/|y|=\sqrt{\sum_{i=1}^{N}\left[u(x_i)/x_i\right]^2}$$

即只有当测量函数是各输入量的乘积时，可由输入量的相对标准不确定度计算输出量的相对标准不确定度。

(9) 当各输入量间为正强相关时的合成标准不确定度。

各输入量间正强相关，即 $r(x_i, x_j)=1$，则：

$$u_c(y)=\left|\sum_{i=1}^{N}\frac{\partial f}{\partial x_i}u(x_i)\right|=\left|\sum_{i=1}^{N}c_iu(x_i)\right|$$

当灵敏系数 $c_i=\frac{\partial f}{\partial x_i}=1$ 时，该公式又可转化为：

$$u_c(y)=\sum_{i=1}^{N}u(x_i)$$

（10）当各输入量间都相关时的合成标准不确定度。

当各输入量间都相关时，合成标准不确定度应首先确定协方差和相关系数。

1）协方差的估计方法。

协方差是两个随机变量相互依赖的度量，定义的协方差是在无限多次测量条件下的理想概念。在有限次测量时，两个随机变量的一对测量值 x，y 的协方差估计值用 $s(x,y)$表示：

$$s(x,y)=\frac{1}{n-1}\sum_{i=1}^{n}(x_i-\overline{X})(y_i-\overline{Y})$$

其中，$\overline{X}=\frac{1}{n}\sum_{i=1}^{n}x_i$，$\overline{Y}=\frac{1}{n}\sum_{i=1}^{n}y_i$。

在有限次测量时，两个随机变量 X，Y 的一对算术平均值$\overline{X}$，$\overline{Y}$的协方差估计值用 $s(\overline{X},\overline{Y})$表示：

$$s(\overline{X},\overline{Y})=\frac{1}{n(n-1)}\sum_{i=1}^{n}(x_i-\overline{X})(y_i-\overline{Y})$$

两个随机变量之间的协方差通常按以下两种方法估计：

①两个输入量的估计值 x_i 与 x_j 的协方差，在以下情况时可取 0 或忽略不计：

a. 当 x_i 与 x_j 中的任意一个量可作为常数进行处理时；

b. 在不同实验室用不同测量设备、不同时间测得的量值；

c. 当面对独立测量的不同量的测量结果时。

②用同时观测两个量的方法确定协方差估计值。

设 x_{ik}、x_{jk} 分别是X_i、X_j 的测得值，$\overline{x}_i$、$\overline{x}_j$ 是第 i 个、第 j 个输入量的测得值的算术平均值，k 为测量次数。则两个重复同时观测的输入量 x_i、x_j 的协方差估计值 $u(x_i,x_j)$可按下式计算：

$$u(x_i,x_j)=\frac{1}{n-1}\sum_{k=1}^{n}(x_{ik}-\overline{x}_i)(x_{jk}-\overline{x}_j)$$

当两个量均因与同一个量有关而相关时，设 $x_i=F(q)$、$x_j=G(q)$，q 为使 x_i、x_j 相关的变量 Q 的估计值，F、G 分别表示两个量与 q 的测量函数，则 x_i、x_j 的协方差按下式计算：

$$u(x_i,x_j)=\frac{\partial F}{\partial q}\frac{\partial G}{\partial q}u^2(q)$$

如果有多个变量使 x_i、x_j 相关，当 $x_i=F(q_1,q_2,\cdots,q_L)$，$x_j=G(q_1,q_2,\cdots,q_L)$ 时，则协方差为：

$$u(x_i,x_j)=\sum_{k=1}^{L}\frac{\partial F}{\partial q_k}\frac{\partial G}{\partial q_k}u^2(q_k)$$

2）相关系数的估计方法。

相关性是表述两个或多个随机变量间的相互依赖关系的特性。如果两个随机变量 X 和 Y，其中一个量的变化会导致另一个量的变化，则表示这两个量具有相关性。例如，$Y=X_1+X_2$，其中$X_2=bX_1$，则X_2随着X_1的变化而变化，说明量X_2与量X_1相关。相关系数通常按以下两种方法估计：

①根据对两个量 X、Y 同时观测的 n 组测量数据，相关系数的估计值按下式计算：

$$r(x,y)=\frac{\sum_{i=1}^{n}(x_i-\overline{X})(y_i-\overline{Y})}{(n-1)s(x)s(y)}$$

其中，$s(x)$、$s(y)$是x、y的实验标准偏差。

②如果两个输入量的测得值 x_i、x_j 相关，且当 x_i、x_j 变化 δ_i 则会使 x_j 相应变化 δ_j 时，x_i、x_j 的相关系数可按以下经验公式近似估计：

$$r(x_i,x_j)\approx\left[\frac{u(x_i)}{\delta_i}\right]/\left[\frac{u(x_j)}{\delta_j}\right]$$

很多时候为了计算方便，也通常采用两种方法去除相关性。一种是将引起相关的量作为独立的附加输入量引入测量模型，则在计算合成标准不确定度时就不须再引入 x_i、x_j 的协方差和相关系数了；另一种是采取有效措施变换输入量，使这两个输入量间不相关。

相关系数是一个纯数字，其值介于$-1\sim+1$之间，它表示两个量的相关程度，通常比协方差更直观。当：

a. $r(x,\ y)=0$ 时，表示两个量不相关；

b. $r(x,\ y)=+1$ 时，表示 X 和 Y 正强相关或正全相关，即随着 X 增大 Y 也增大；

c. $r(x,\ y)=-1$ 时，表示 X 与 Y 负强相关或负全相关，即随着 X 增大 Y 变小。

协方差估计值 $s(x,\ y)$ 与其相关系数估计值 $r(x,\ y)$ 之间存在一定的依存关系：

$$s(x,y)=r(x,y)s(x)s(y) \text{ 或 } r(x,y)=\frac{s(x,y)}{s(x)s(y)}$$

在确定协方差和相关系数后，再结合前面的公式计算合成标准不确定度。

(11) 合成标准不确定度的有效自由度。

合成标准不确定度 $u_c(y)$ 的自由度称为有效自由度υ_{eff}，表征了评定的 $u_c(y)$ 的可靠程度，υ_{eff}越大，评定的 $u_c(y)$ 就越可靠。当出现需要评定U_p 为求得 k_p 时，或当用户为了解所评定的不确定度的可靠程度而提出要求时，应当提供 $u_c(y)$ 的有效自由度υ_{eff}。

只有当可以判断被测量为正态分布或接近于正态分布且需要给出包含概率的情况下才需要确定自由度。因此，在进行合成标准不确定度评定时，应先评定各不确定度分量，对被测量的分布进行估计，如估计为接近正态分布时再去计算或估计每个分量的自由度。

7.15 扩展不确定度及其计算方法

扩展不确定度指合成标准不确定度与一个大于 1 的数字因子的乘积，即是合成标准不确定度的倍数，用符号 U 表示。

扩展不确定度是被测量可能值包含区间的半宽度，分为 U 和 U_p 两种，在给出测量结果时，一般情况下报告扩展不确定度 U。

1. 扩展不确定度 U

扩展不确定度 U 由合成标准不确定度 u_c 乘以包含因子 k 得到，即：$U=ku_c$。

测量结果则可以表示为：$Y=y\pm U$。

y 是被测量 Y 的估计值，被测量 Y 的可能值以较高的包含概率落在 $[y-U,\ y+U]$ 区间内，即 $y-U\leqslant Y\leqslant y+U$。被测量的值落在包含区间内的包含概率取决于所取的包含因子 k，而 k 值一般取 2 或 3。

当 y 和 $u_c(y)$ 所表征的概率分布近似为正态分布时，且在 $u_c(y)$ 的有效自由度较大的情况下，若 $k=2$，则由 $U=2u_c$ 所确定的区间具有的包含概率约为 95%；若 $k=3$，则由 $U=3u_c$ 所确定的区间具有的包含概率约为 99%。

在通常的测量中，一般取 $k=2$。当取其他值时，应说明其来源。当给出扩展不确定度 U 时，一般应注明所取的 k 值，如未注明则指 $k=2$。

2. 扩展不确定度 U_p

当要求扩展不确定度所确定的区间具有接近于规定的包含概率 p 时，扩展不确定度用符号 U_p 表示，当 $p=95\%$ 或 99% 时，分别表示为 U_{95} 和 U_{99}。

同样地，$U_p=k_pu_c$

k_p 是包含概率为 p 时的包含因子：$k_p=t_p(\upsilon_{\mathrm{eff}})$

根据合成标准不确定度 $u_c(y)$ 的有效自由度 υ_{eff} 和需要的包含概率，查 JJF 1059.1—2012 附录 B“t 分布在不同概率 p 与自由度 υ 时的 $t_p(\upsilon)$ 值（t 值）表”可得到 $t_p(\upsilon_{\mathrm{eff}})$ 值，该值即是包含概率为 p 时的包含因子 k_p 值。

扩展不确定度 $U_p=k_pu_c(y)$ 提供了一个具有包含概率为 p 的区间 $y\pm U_p$，在给出 U_p 时，应同时给出有效自由度 υ_{eff}。

在实际工作中，B 类评定的标准不确定度通常根据区间 $(-a,\ a)$ 的信息来评定，如可假设被测得值落在区间外的概率极小，则可认为 $u(x_i)$ 的评定是很可靠的，即 $\frac{\Delta u(x_i)}{u(x_i)}\to 0$，此时，可假设 $u(x_i)$ 的自由度 $\upsilon_i\to\infty$。

如，某次沥青针入度试验结果的合成标准不确定度为 3.5（0.1mm），其有效自由度为 5，求扩展不确定度 U_p。

假设该扩展不确定度所确定的区间包含概率为 $p=95\%$。

由于 $u_c(y)=3.5$（0.1mm），$\upsilon_{\mathrm{eff}}=\upsilon_i=5$，由 $p=95\%$，查 JJF 1059.1—2012 附录 B 可得 $k_p=t_p(\upsilon)=t_{0.95}(5)=2.57$，则：

$$U_p=k_pu_c=2.57\times 3.5(0.1\mathrm{mm})=9.0(0.1\mathrm{mm})$$

即该测量结果的扩展不确定度 $U_{95}=9.0$（0.1mm），$\upsilon_{\mathrm{eff}}=5$ 或 $k_p=2.57$。

在合成标准不确定度为非正态分布，同时不确定度分量又很少且其中一个分量起主导作用的情况下，合成分布主要取决于该分量的分布，自然地，也就转化成了非正态分布。一旦可以确定 Y 可能值的分布不是正态分布，而是接近于其他某种分布，如接近均匀分布时，则不应按 $k_p=t_p(\upsilon_{\text{eff}})$ 计算U_p，这时，应当取 $p=95\%$时 $k_p=1.65$，取 $p=99\%$时 $k_p=1.71$，取 $p=100\%$时 $k_p=1.73$，……

当合成分布接近均匀分布时，为便于测量结果间的比较，有时也直接约定仍取 $k=2$，如此的扩展不确定度对应的包含概率远大于 95%，此时就可以只注明 k 值而不必注明包含概率 p。

【视野拓展】

概念比较：误差、准确度、不确定度

序号	项目	误差	准确度	不确定度
1	定义	被测量的单个结果和真值之差。但真值通常未知或无从知晓，只能假定以某种具有分散性的概率分布存在于特定的区域内，所以误差通常是估计值	指检测结果与被检测的真值之间的一致程度	表征被测量量值分散性的非负参数，或对检测结果有效性的怀疑程度，或是衡量检测过程是否持续受控、结果是否能保持稳定及能力是否符合要求的参数。表示由于随机影响和系统影响的存在而对测量结果不能肯定的程度或是以测量结果为中心，以标准差或其倍数，或某置信区间半宽度确定的被测量的取值范围，并确保真值以一定概率落于其中，因而具有可量化属性
2	产生原因	因检测过程的缺陷导致，由多种原因引起，包含人机样法环测抽等全过程因素	由系统误差导致，主要由仪器设备产生	与人机样法环测抽，以及数据处理方法，评定者经验、知识范围和认识水评等均有关
3	范围	误差是一个单个数值。原则上已知误差的数值，可以用来修正结果	由于很多情况下无法知道真值的确切大小，因此准确度被定义为检测结果与被检测真值之间的接近程度	不确定度是一个区间范围，用于其所表达的所有可能的测量结果
4	分量类别	按出现于测量结果中的规律，分为系统误差和随机误差，都是无限多次测量时的理想化概念	针对检测设备的精度，它不是一个量，不能作为一个量来参与运算，用来表明检测结果的准确程度	由多个分量组成，其中一些分量可用检测结果的统计分布（A类评定）估算，另一些分量可用基于实验或其他信息的假定概率分布（B类评定）估算，均可用标准偏差表征，都是标准不确定度

续表

序号	项目	误差	准确度	不确定度
5	可操作性	由于真值未知，只能通过约定真值求得其估计值	表征与真值的接近程度，准确度只能定性地（或笼统地）表达为高或低	按实验、资料、经验估计，实验方差是总体方差的无偏估计
6	影响因素	固有属性，客观存在，不受外界影响	与仪器等级/精度的高低直接相关，等级/精度越高，准确度越好，所获得的检测结果越接近真值	经分析和评定得到，因而与人们对被检测对象、影响量和检测过程的认识有关
7	表示符号	非正即负	无正无负	始终为正，当由方差求得时取正平方根
8	实验标准（偏）差	来源于给定的测量结果，不表示被测量估计值的随机误差	无	来源于合理赋予的被测量的值，表示同一观测列中任一个估计值的标准不确定度
9	合成方法	为各误差分量的代数和	无	当各分量彼此独立时为方和根，必要时加入协方差
10	结果差异	修正后的结果可能非常接近于被测量的数值（真值），因此误差可以忽略	无	即便按误差进行了修正，但不确定度可能仍然很大，因为对接近测量结果的接近程度没有可靠的把握，不能解释为代表了误差本身或经修正后的残余误差
11	结果修正	当已知系统误差的估计值时，可以对测量结果进行修正，得到经修正后的测量结果	无	不能用测量不确定度对测量结果进行修正，在已修正结果的不确定度中应考虑修正不完善引入的分量
12	结果说明	属于给定的测量结果，只有相同的结果才有相同的误差	指符合某一等级或级别的技术指标要求或符合某技术规范的要求	合理赋予被测量的任意一个值，均具有相同的分散性
13	结果处理	测量结果的所有已识别的显著的系统影响都应修正，如采用测量标准或标准物质进行调节或校准	准确度可以表达为高或低，准确度为0.2级，准确度为3级，以及准确度符合××标准等	不确定度始终存在，因为测量标准或标准物质以及过程方法中的测量不确定度无法消除
14	异常值处理	可按照规则对测量过程中产生的异常值进行取舍	无	不确定度不考虑异常值问题

续表

序号	项目	误差	准确度	不确定度
15	包含形式	通常包含随机分量（随机误差）和系统分量（系统误差）。随机误差产生于对影响量的不可预测，且不可消除，但可通过多次观察次数而减少；系统误差为对于同一被测量的大量分析过程中保持不变或以可以预测的方式变化的误差分量，它是独立于测量次数的，因此不能在相同的测量条件下通过增加分析次数的办法减少	无	算术平均值或一系列观察值的平均值不是平均值的随机误差，而是一些随机效应产生的平均值不确定度的度量，其准确值不可知；恒定的系统误差在给定测量值的水平上是恒定的，不会因为没有考虑空白值或多次测量或各种比对等而改变，但可能随着不同测量值的水平而发生变化，但不确定度会随着各项条件的变化而变化
16	包含概率和自由度	无	无	自由度可作为不确定度评定是否可靠的指标；当了解概率分布时，可按包含概率给出包含区间，尤其是B类，可按置信水平确定置信区间
17	评定目的	表明检测结果偏离真值的程度，如具体偏离多少	表明检测结果与被检测真值之间的一致程度，即表明所获得检测结果是否在标准技术要求规定的范围之内	是对影响产生误差的分散性的估计，为的是表明被检测值的分散性，即表明被检测的结果在某个区间内
18	评定结果	检测误差是有正负符号的量值，是每次检测所得到的具体量值，只有通过检测才能得到，它在数轴上是一个点	检测准确度是针对检测设备的精度，不是一个量，不可能作为一个量来进行运算，它表明对检测结果的准确性	检测不确定度表示一个区间，即被检测之值可能分布的范围。它是一个无符号的参数，用标准偏差或标准差的倍数或置信区间的半宽度表示，根据实验资料、经验等信息进行评定。可以通过A、B两类评定方法定量确定
19	应用	已知系统误差的估计值时，可对测量结果进行修正，从而得到被测量的最佳估计值	不是一个量，不能参与量的运算，只能说明被测量的准确程度	不能对测量结果进行修正，只能与测量结果一起表示一定概率水平的被测量值的可靠范围
20	相互关系	误差只能假定以某种具有分散性的概率分布存在于特定的区域内，表现为短期的数据质量，还会造成不同检测结果之间缺乏可比性。不确定度的概念是误差理论的应用和扩展，而误差分析是检测不确定度评估的理论基础，在估计B类分量时更是离不开误差分析；检测不确定度多数时候为检测仪器的一个技术指标，它表明所测结果接近真值的响应能力		

7.16 测量不确定度的计算与评定实例

〔案例1〕电子天平(JA2003)期间核查报告(传递标准比较法)

一、核查目的

核查该天平在常用量程5.0g时是否仍保持有效的校准状态。

二、适用范围

该方法适用于对电子天平是否保持稳定性的期间核查。

三、人员职责

(1)使用人员负责按作业指导书要求确认核查标准,并按作业指导书要求进行核查;

(2)质量监督员负责监督整个核查过程的规范性;

(3)技术负责人负责编制期间核查作业指导书,并对核查结果进行有效性评价。

四、核查时机

按工作计划执行的定期期间核查,具体执行时要求在2h内完成。

五、核查方法

参考JJG 1036—2008《电子天平》偏载误差测量方法,将天平托盘靠边缘2/3处画圆并分出东南西北和中心5个测区(每个测区直径或边长约1cm),该5个测区呈对称分布;仔细调节电子天平,使其满足称量状态的有关规定;将核查标准置于每个测区位置的中心顺次称量,并按程序称量不少于2个循环,即取得不少于10个称量结果。

六、核查标准

本次期间核查采用的核查标准为F1级标准砝码,是具备量值溯源性的传递标准,其校准值$x_{ref}=5.00009$g,测量不确定度$U_{ref}=0.16$mg($k=2$)。该天平最大允许偏差$MPE=\pm0.005$g,$U_{ref}\ll\frac{1}{3}MPEV$。

七、核查环境

(23±2)℃,(65±5)%RH。

八、核查结果判定方法

采用比率值(E_n)法判定。

九、核查记录(略)

十、核查结果计算

1. 电子天平期间核查时的扩展不确定度U_{Lab}的计算

(1)重复性测量的不确定度分量。

核查标准（g）	5.00009				
测量值（实测值）（g）	上	下	左	右	中
	5.000	5.002	5.001	5.001	5.001
	5.001	5.001	5.001	5.002	5.000
代表值(g)x_{Lab}	5.001				
标准差 $s(F)$（g）	0.00067				

按 JJF 1059.1—2012 第 4.3.2.1，重复性测量引入的不确定度分量为：

$$u_1 = \frac{s(F)}{\sqrt{n}} = \frac{0.00067}{\sqrt{10}} = 0.00021(\text{g})$$

(2) 电子天平数字显示器分辨力引入的不确定度分量。

电子天平的分辨力$\delta_x = \frac{0.001}{2} = 0.0005$g，按 JJF 1059.1—2012 第 4.3.3.4，假设均匀分布，取 $k=\sqrt{3}$，则：

$$u_2 = \frac{\delta_x}{k} = \frac{0.0005}{\sqrt{3}} = 0.00029(\text{g})$$

(3) 核查标准偏心放置时引入的不确定度分量。

从统计数据可以看出，当核查标准偏心放置时，其产生的最大偏差$\delta_x=0.002$g，按 JJF 1059.1—2012 第 4.3.3.4，假设均匀分布，取 $k=\sqrt{3}$，则：

$$u_3 = \frac{\delta_x}{k} = \frac{0.002}{\sqrt{3}} = 0.0012(\text{g})$$

因重复性测量包含了示值分辨力及偏心称量时的检测结果，且 u_3 最大，故应忽略重复性和分辨力引入的不确定度分量。

(4) 电子天平自身输出量值不准引入的不确定度分量。

按电子天平校准证书，可查得$U_{Lab,0}=0.002$g，$k=2$：

$$u_4 = \frac{U_{Lab,0}}{k} = 0.001(\text{g})$$

故电子天平期间核查时的扩展不确定度U_{Lab}为：

$$U_{Lab} = 2\sqrt{u_3^2 + u_4^2} = 0.003(\text{g}),\ k = 2$$

2. 期间核查结果评价

按比率值（E_n）法：

$$|E_n| = \left|\frac{x_{Lab} - x_{ref}}{\sqrt{U_{Lab}^2 + U_{ref}^2}}\right| = \left|\frac{5.001 - 5.00009}{\sqrt{0.003^2 + 0.00016^2}}\right| = 0.30$$

因$|E_n| \leqslant 1$，期间核查合格。

十一、其他

主要包含作业指导书、校准证书、编写期间核查报告等。

〔案例 2〕某 200g/0.001g 电子天平的期间核查报告（非传递标准核查法）

一、核查目的

核查该天平在 50g 时所输出量值的稳定性。核查范围、职责等略。

二、核查标准

提前准备一批洗净烘干（或晾干）的石子，选择质量最接近 50g 的一粒石子作为核查标准。

该核查标准为不具备量值溯源的非传递标准。

三、核查结果及判定

第 1 次（在该电子天平刚刚校准结束并经有效性确认之后）核查结果的数据及其统计分析如下：

顺次（第一循环）	东	南	西	北	中
称量值，m_{x_i}(g)	50.125	50.122	50.120	50.125	50.124
顺次（第二循环）	东	南	西	北	中
称量值，m_{x_i}(g)	50.124	50.120	50.120	50.120	50.122
平均值，$\overline{m}_x$(g)	50.1222				

第 2 次（定期期间核查时）核查结果的数据及其统计分析如下：

顺次（第一循环）	东	南	西	北	中
称量值，m_{x_i}(g)	50.123	50.119	50.121	50.126	50.122
顺次（第二循环）	东	南	西	北	中
称量值，m_{x_i}(g)	50.122	50.122	50.122	50.125	50.122
平均值，$m_{\bar{x}}$(g)	50.1224				

从两次对同一核查标准的核查结果可以看出，两次核查结果的偏差 δ 为 $0.0002g$，查该电子天平的最大允许偏差 $MPE=\pm0.005$g，δ 远小于 $MPEV$，故该次期间核查合格。

如建有历年来的稳定性核查控制图，也可将两次核查结果的偏差 δ 与上一年度核查结果进行比较，如不超过上一年度核查结果偏差的平均值或扩展不确定度，则可评定为合格，但最大不得超过最大允许偏差 MPE。

〔附〕以第 2 次核查结果为例，计算本次期间核查结果的测量不确定度。

本次测试，对石子称量结果引入的不确定度主要受称量点量值准确性、测量重复性或天平分辨力等因素（分量）的影响，其数学模型可表示为：

$$m_X=m_0+\delta_{m_0}+\delta_{m_D}\text{或}m_X=m_0+\delta_{m_0}+\delta_{m_C}$$

其中，测量重复性包含了仪器分辨力的影响，在实际计算时可选取其中较大者带入计算。三个影响因素的不确定度分量计算如下：

1. 称量点量值准确性引入的不确定度分量

不同的校准点采用不同的校准砝码，天平称量点量值的准确性由校准时的标准砝码的标准不确定度引入。查校准证书，在各称量点示值误差的扩展不确定度 U 均为 0.0003g（$k=2$），则称量点量值准确性引入的不确定度分量为：

$$u_1=\frac{1}{2}U=0.00015(\mathrm{g})$$

2. 测量重复性引入的不确定度分量

同前，本次测量的单次实验标准差 $s=0.00196\mathrm{g}$，则其平均值引入的不确定度分量为：

$$u_2=\frac{s}{\sqrt{n}}=\frac{0.00196}{\sqrt{10}}=0.00062(\mathrm{g})$$

3. 天平分辨力引入的不确定度分量

查天平技术指标或校准证书，该数字电子天平的实际分度值 d 为 0.001g，按均匀分布，其半宽度 $a=d/2=0.0005\mathrm{g}$，标准不确定度为：

$$u_3=\frac{a}{\sqrt{3}}=0.00029(\mathrm{g})$$

由于测量重复性包含了天平分辨力影响因素，且 $u_2>u_3$，故忽略天平分辨力的影响，其合成标准不确定度为：

$$u_c=\sqrt{u_1^2+u_2^2}=0.00064(\mathrm{g})$$

本次测量结果的扩展不确定度为：$U=ku_c=0.0013\mathrm{g}$，此时 $p=95\%$，$k=2$。

即本次对石子的称量结果可表示为：$m_X=(50.122\pm0.001)\mathrm{g}$，$p=95\%$，$k=2$。

〔注〕

称量点量值准确性、测量重复性、天平分辨力三个因素，对石子称量值引入的不确定度分量可按 $u_1\approx\delta_{m_0}$，$u_2\approx\delta_{m_D}$，$u_3\approx\delta_{m_C}$ 来确定。

〔案例 3〕某万能材料试验机期间核查报告（非传递标准核查法）

一、核查目的

确认半年来某万能材料试验机量值的稳定性，同时为下次校准时间提供参考。

本方法适用于利用核查标准对万能材料试验机输出力值是否保持校准有效性进行核查。

二、核查原理及方法

万能材料试验机输出力值试验是破坏性试验，因此核查标准难以做到重复使用。

本方法是在校准完毕并经确认合格后，开始对核查标准进行检测，取得一组检测结果并计算其扩展不确定度。如在核查期间万能材料试验机正常使用的情况下，考察核查结果是否在首次核查的扩展不确定度范围内，如在，则表示该次期间核查合格。

核查标准选择同牌号、同炉罐号、同规格、同交货状态的一系列满足要求的钢筋。

经统计，近半年来该万能材料试验机 80%的工作量均用于对 Φ22mm 螺纹钢筋的抗拉强度试验，故按照钢筋取样方法，对 6m 定尺钢筋，将端头截除 50cm 后，再任意截取满足抗拉强度试验要求的 20 根钢筋，按照 GB/T 28900—2012、GB/T 228.1—2021 规定的方法进行抗拉强度试验。

三、核查时的环境条件

试验在 3h 内完成，其间控制环境温度为 (19±1)℃，相对湿度为 (60±5)%。

四、数学模型及影响因素

钢筋抗拉强度的计算按：

$$R_m = \frac{F}{S} = \frac{4F}{\pi d^2} + R'_m$$

其中，R_m 为钢筋抗拉强度，F 为极限抗拉力，d 为钢筋直径，R'_m 为数据修约的引入值，S 为面积。

显然，钢筋抗拉强度测量不确定度主要受极限抗拉力、钢筋直径、数据修约的引入值这三个因素的影响。

五、首次核查时的测量结果

任选 10 根钢筋，按核查方法要求进行抗拉强度试验，结果如下：

试样编号	F_m (kN)	R_m (MPa)	$\overline{R_m}$ (MPa)	S_m (MPa)
1	211.15	555.51	552.30	10.43
2	204.38	537.70		
3	215.37	566.61		
4	208.46	548.43		
5	212.66	559.33		
6	203.84	536.30		
7	209.78	551.91		
8	215.47	566.88		
9	208.32	548.07		
10	210.05	552.62		

六、钢筋抗拉强度试验测量不确定度的计算

1. 极限抗拉力不确定度分量的计算

(1) 测得值的不均匀性引入的不确定度分量。

10 根钢筋检测结果的标准偏差按 A 类不确定度进行评定，取 $k_p=\sqrt{3}$，则：

$$u_{\text{rel},1}(F) = \frac{S_m/\sqrt{3}}{\overline{R_m}} \times 100\% = 1.1\%$$

(2) 万能材料试验机拉伸速率不稳定引入的不确定度分量。

按大量实践经验，本实验室在拉伸速率变化控制范围内所得到的抗拉强度最大相差 $R_{mv}=10\text{MPa}$，取 $k_p=\sqrt{3}$，则其引入的不确定度为：

$$u_{\text{rel},2}(V) = \frac{R_{mv}/2}{k_p} / \overline{R_m} \times 100\% = 0.523\%$$

(3) 万能材料试验机示值分辨力引入的不确定度分量。

经查，该万能材料试验机的分辨力为 0.01kN，按 JJF 1059.1—2012 第 4.3.3.1、4.3.3.3 及表 3，取 $k_p=\sqrt{3}$，则：

$$u_{\mathrm{rel},3}(\delta)=\frac{0.01/2}{k_p}/\overline{R_m}\times 100\%=0.0005\%$$

(4) 万能材料试验机自身输出量值不准引入的不确定度分量。

查校准证书，在 200kN 量程时提供的不确定度 $U=0.3\%$，$k=2$，则

$$u_{\mathrm{rel},4}(c_1)=\frac{0.3\%}{2}=0.15\%$$

(5) 计算机数据采集系统引入的不确定度分量。

按《万能试验机数据采集系统评定》(JJF 1103—2003) 附录 B.3，计算机数据采集系统引入的不确定度分量为：

$$u_{\mathrm{rel},5}(c_2)=0.2\%$$

在以上影响因素中，(2) ～ (5) 具有强相关性，其对极限抗拉力的影响应选择最大影响因素拉伸速率 $u_{\mathrm{rel},2}(V)$，故极限抗拉力对测量结果引入的不确定度分量为：

$$u_{\mathrm{rel},1}=\sqrt{u_{\mathrm{rel},1}^2(F)+u_{\mathrm{rel},2}^2(V)}=1.22\%$$

2. 钢筋尺寸测量引入的不确定度分量的计算

(1) 钢筋自身规格尺寸的不均匀性引入的不确定度分量。

按 GB/T 1499.2—2018，公称直径为 22mm 时允许偏差为±0.5mm，即 $a=MPEV=0.5\mathrm{mm}$；据 JJF 1059.1—2012 第 4.3.3.1、4.3.3.4 (a、e) 及表 3，取 $k_p=\sqrt{3}$，则：

$$u_{\mathrm{rel},1}(d_1)=\frac{0.5/22}{k_p}\times 100\%=1.31\%$$

〔注〕也可对测试钢筋在不同部位进行反复测量，测量 10 根钢筋得到 n 组测量结果，再按 A 类评定方法计算不确度，下同。

(2) 钢筋直径测量用游标卡尺的准确度引入的不确定度分量。

钢筋直径用精度为 0.02mm 的游标卡尺进行测量。经反复实践，直径测量的最大偏差为两个分格［即 $a=(\pm 2\times 0.02)\mathrm{mm}$］。按 JJF 1059.1—2012 第 4.3.3.1 及表 2，取 $k_p=1.960$，则：

$$u_{\mathrm{rel},4}(d_2)=\frac{0.04/22}{k_p}\times 100\%=0.093\%$$

很显然，钢筋自身规格尺寸的不均匀性和游标卡尺的准确度两个影响因素相互独立、无相关性，故钢筋尺寸测量引入的不确定度分量为：

$$u_{\mathrm{rel},2}=\sqrt{u_{\mathrm{rel},1}^2(d_1)+u_{\mathrm{rel},4}^2(d_2)}=1.37\%$$

3. 结果修约引入的不确定度分量的计算

按 YB/T 081—2013 的要求，检测结果修约至 5MPa，则 $a=2.5\mathrm{MPa}$，取 $k_p=\sqrt{3}$，则：

$$u_{\mathrm{rel},3}=u(R_m')=\frac{a/\overline{R_m}}{k_p}=0.261\%$$

七、合成标准不确定度

因极限抗拉力、钢筋直径、数据修约的引入值为三个独立分量，故测量结果的合成标准不确定度为：

$$u_{c,rel}(\overline{R_m}) = \sqrt{u_{rel,1}^2 + u_{rel,2}^2 + u_{rel,3}^2} = 1.92\%$$

八、扩展不确定度

$$U_{rel} = 2u_{c,rel}(\overline{R_m}) = 4\%, k = 2$$

九、测量结果表达

$$\overline{R_m} = 552.3(1 \pm 4\%) = (552.3 \pm 22.1)(\mathrm{MPa}), k = 2$$

十、核查结果判断

到了期间核查时，再选择余下的核查标准（钢筋）进行抗拉强度试验，如获得的抗拉强度结果在（552.3±22.1)MPa 范围内，本次期间核查合格。

〔注〕

(1) 对合成标准不确定度贡献较小的影响因素，在合成时可予忽略。

(2) 在涉及不确定度的计算时，可充分考虑对检测结果的所有影响因子，并正确识别它们之间的包含关系和相关性，选择最大影响分量纳入标准不确定度的合成。

(3) 对核查标准的破坏性试验所进行的期间核查，首次采用的核查标准数量宜尽可能多一些，此后可适当减少。

(4) 在进行数据统计计算时如发现可能存在异常值，应及时做出判断。

(5) 当测量模型为加（减）法构成时，不确定度分量用绝对值表示；当测量模型包含乘（除）法时，不确定度分量用相对值表示，以确保量纲一致。

(6) 关于金属材料室温拉伸试验结果的测量不确定度评定，可进一步参考 GB/T 228.1—2021 附录。

(7) 期间核查不合格时一般应仔细分析原因，如重新精心选择样品，在确保样品匀质性的情况下对样品进行精确测量，以实际测量值代替公称值进行计算；如仍不合格，应将测量设备尽快安排委外校准。

〔案例 4〕粉煤灰中三氧化硫含量（硫酸钡重量法）检测结果的测量不确定度报告

一、核查目的、环境、方法等

均略。

二、测量模型

SO_3 含量的计算按：

$$\omega_{SO_3} = \frac{(m_{13} - m_{013}) \times 0.343}{m_{12}} \times 100$$

三、不确定度来源及计算

1. 试样质量称量引入的不确定度分量

称取试样 0.5000g，采用 200g/0.1mg 电子天平两次称量法（即称量纸 1 次、称量纸+试样 1 次），按 JJF 1059.1—2012 第 4.3.3.1、4.3.3.3 表 3，非正态矩形（均匀）分布，称取试样引入的不确定度为：

$$u(m)=\sqrt{2(\frac{0.1}{\sqrt{3}})^2}=0.082(\mathrm{mg})$$

则引入的相对不确定度为：

$$u_{\mathrm{rel},1}(m)=\frac{\sqrt{2(\frac{0.1}{\sqrt{3}})^2}}{500}\times100\%=0.016\%$$

〔注〕试样质量以实际称量值为准，本次假定为 0.5000g。

2. 灼烧沉淀质量称量引入的测量不确定度分量

$$u_{\mathrm{rel},2}(m)=\frac{\sqrt{2(\frac{0.1}{\sqrt{3}})^2}}{4350}\times100\%=0.002\%$$

〔注〕假定灼烧后沉淀质量为 4.3500g，空白试验灼烧后沉淀质量为 0.0012g。由于空白试验灼烧后沉淀质量远小于允许偏差，空白试验引入测量不确定度可以忽略。

3. 重复性试验引入的不确定度分量

假设本次试验同时进行了 3 个试样的平行试验（未包含空白试验），得到 3 个测量结果的平均值为 2.98%，平均值的标准偏差为 0.022%，则：

$$u_{\mathrm{rel},3}=\frac{0.022\%/\sqrt{3}}{2.98}\times100\%=0.43\%$$

4. 电子天平称量不准引入的不确定度分量

查该电子天平校准证书，给出的 $U=0.005\mathrm{mg}$，$k=2$，则：

$$u_{\mathrm{rel},4}=\frac{0.005/2}{4350}\times100\%=6\times10^{-5}\%$$

5. 三氧化硫含量换算系数 0.343 引入的不确定度分量

1993 年，国际纯化学和应用化学联合会规定，对相对原子质量（即原子量）标准不确定度的定义，元素相对原子质量中括号内的数就是该元素的标准不确定度，其数字与相对原子质量的末位数一致。例如，碳元素（C）的相对原子质量为 12.0107（8），其标准不确定度为 $u(\mathrm{C})=0.0008$。

按 2007 年国际纯粹与应用化学联合会（IUPAC）的规定，硫和氧的相对原子质量分别为 32.065（5）、15.9994（3），按均匀分布，则其引入的测量不确定度分别为：

$$u_{\mathrm{rel}}(\mathrm{S})=\frac{0.005\sqrt{3}}{32.065}\times100\%=0.009\%,$$

$$u_{\mathrm{rel}}(\mathrm{O})=\frac{0.0003/\sqrt{3}}{15.9994}=0.001\%$$

则三氧化硫换算系数引入的测量不确定度为：

$$u_{\mathrm{rel},5}(m_{\mathrm{SO_3}})=\sqrt{u_{\mathrm{rel}}(\mathrm{S})^2+[3u_{\mathrm{rel}}(\mathrm{O})]^2}=0.009\%$$

6. 数据修约引入的不确定度分量

按 GB/T 176—2017，对其检测结果修约到 0.01%，则：

$$u_{\mathrm{rel},6}=\frac{0.01\%/2}{\sqrt{3}}\times100\%=0.0029\%$$

四、扩展不确定度计算

试样称量、灼烧沉淀称量、重复性试验均使用同一台电子天平，具有强相关性，但因重复性引入的不确定度对它们具有包含关系，且重复性试验引入的不确定度大于另两个分量，故试样称量和灼烧沉淀引入的不确定度应予忽略，不考虑其相关性的影响。则：

$$U_{\text{rel}}(\omega_{SO_3}) = 2\sqrt{u_{\text{rel},3}^2 + u_{\text{rel},4}^2 + u_{\text{rel},5}^2(m_{SO_3}) + u_{\text{rel},6}^2} = 0.86\%$$

五、粉煤灰中三氧化硫含量（硫酸钡重量法）检测结果的测量不确定度为：

$$\omega_{SO_3} = 2.98\% \times (1 \pm 0.9\%) = (2.98 \pm 0.03)\%, k = 2$$

〔案例5〕某边长为150mm的立方体混凝土试件抗压强度的测量不确定度报告

一、目的、环境、方法等

均略。

该组试件抗压强度测量值为$\bar{x}$=36.5MPa，其余略。

二、测量值包含的测量不确定度分量及其计算

1. 试件尺寸不准引入的测量不确定度分量

经测量，三个试件的受压面尺寸分别为151.2mm×149.2mm、151.5mm×149.0mm、152.0mm×151.5mm，其引入的测量不确定度分量为：

$$u_{\text{rel},1}(l) = \frac{(1.2 + 0.8 + 1.5 + 1.0 + 2.0 + 1.5)/6}{150} \times 100\% = 0.89\%$$

〔注〕如尺寸偏差值为负时，应取绝对值代入计算。

2. 试件尺寸测量用游标卡尺不准引入的测量不确定度分量

试件尺寸用游标卡尺测量，测量准确度为0.02mm，则其引入的测量不确定度分量为：

$$u_{\text{rel},2}(\Phi) = \frac{0.02}{150} \times 100\% = 0.013\%$$

3. 压力机分辨力引入的测量不确定度分量

经查，压力机的分辨力为0.001kN，其引入的不确定度分量为：

$$u_{\text{rel},3}(\delta_D) = \frac{0.0005/\sqrt{3}}{820} \times 100\% = 4 \times 10^{-5}\%$$

4. 样品（试件）的不均匀性引入的测量不确定度

假定本次试验只有1组3个试件，按极差法计算标准偏差。在本次试验中：

$$u_{\text{rel},4}(F) = \frac{(38.5 - 34.2)/1.69}{\sqrt{3} \times 36.5} \times 100\% = 4.02\%$$

5. 压力机输出力值不准引入的测量不确定度分量

查校准证书，压力机800kN测点提供的不确定度为U=0.45%，k=2，则：

$$u_{\text{rel},5}(c) = \frac{0.45\%}{k} = 0.225\%$$

〔注〕也可用内插法直接取得820kN时的实际校准值代入计算。

6. 结果修约引入的测量不确定度

按 GB/T 50081 的要求，结果修约至 0.1MPa，则：

$$u_{\mathrm{rel},6}(\overline{R'_m})=\frac{\delta/x}{\sqrt{3}}=\frac{0.1/36.5}{\sqrt{3}}\times 100\%=0.158\%$$

三、测量值扩展不确定度的计算

由于测量结果（不均匀性）引入的测量不确定度包含了试件尺寸不准、试件尺寸测量用游标卡尺不准、压力机分辨力等影响因素，故应选择其中最大的影响因素纳入不确定度合成，故其扩展不确定度为：

$$U_{\mathrm{rel}}=2\sqrt{u^2_{\mathrm{rel},4}(F)+u^2_{\mathrm{rel},5}(c)+u^2_{\mathrm{rel},6}(\overline{R'_m})}=8\%$$

四、结论

该组试件抗压强度为：

36.5(1±8%)MPa 或 36.5MPa±2.9MPa，保证率为 95%，$k=2$。

五、对测量不确定度计算结果的说明（或解释）

从测量不确定度分量的计算结果可检验出引起测量不确定度的主因。

7.17 测量不确定度计算中的数值修约

1. 有效数字

当一个检测结果需要用近似值表示时，通常规定其修约误差限的绝对值不超过其末位的单位量值的一半，即该数值从其第一个不是 0 的数字起到最末一位的全部数字就称为有效数字。或对于某一个数值，其左边的 0 不是有效数字，中间和右边的 0 均是有效数字。数值及有效数字位数见表 7－5。

表 7－5 数值及有效数字位数

数值	3.1415	3×10^{-6}	3.800	0.0038	0.0308	10020
修约误差限	±0.00005	$\pm0.5\times10^{-6}$	±0.0005	±0.00005	±0.00005	±0.5
有效数字位数	5	1	4	2	3	5

2. 数字通用修约规则

以保留数字的末位为单位，总的原则是“四舍六入五取偶”。保留两位有效数字修约前后的数字见表 7－6。

表 7－6 保留两位有效数字修约前后的数字

修约前	1.55	1.54999	1.45001	1.45	0.01050	0.00115
修约后	1.6	1.5	1.5	1.4	0.010	0.0012

3. 测量不确定度报告中的有效数字

按照 JJF 1059.1—2012 第 5.3.8.1，通常最终报告的 $u_c(y)$ 和 U 取一位有效数字或两位有效数字都可以，但当有效数字的首位为 1 或 2，或测量结果要求较高时，一般应取两位有效数字。

按通用修约规则，关于测量不确定度报告中的数据修约，见表 7−7。

表 7−7　测量不确定度结果数据修约

检测对象	标准溶液	水泥	EVA 防水板	碎石
项目/参数	EDTA 浓度	Cl^- 含量	拉伸强度	压碎值
单位	g/L	%	MPa	%
计算值	$u_c=0.506$	$u_c=0.581$	$U=16.51$	$U=12.5$
修约后值	$u_c=0.51$	$u_c=0.58$	$U=17$	$U=12$
通常修约结果	$u_c=0.51$	$u_c=0.59$	$U=17$	$U=13$

通常情况下，因忽略了其他不可预见因素的影响，通常将原本应舍去的数字全部进位，如上例水泥中的 Cl^- 含量、碎石压碎值的检测结果的不确定度。

另外，测量不确定度的末位一般应修约到与其测量结果的末位对齐，即相同单位情况下，如果有小数，则小数点后的位数应相同；如果是整数，则末位应一致，测量不确定度结果数据修约见表 7−8。

表 7−8　测量不确定度结果数据修约

检测对象	普通水泥	厚 10mm 钢板	MU30 烧结普通砖	AC-13 沥青混凝土
项目/参数	比表面积	抗拉强度	抗压强度平均值	马歇尔稳定度
单位	cm^2/g	MPa	MPa	kN
检测结果	5340	475	33.7	7.6
计算值	$U=8.76$	$u_c=3.65$	$U=1.84$	$u_c=1.18$
修约后值	$U=8.8$	$u_c=3.6$	$U=1.8$	$u_c=1.2$
通常修约结果	$U=10$	$u_c=4$	$U=1.9$	$u_c=1.2$

7.18　测量不确定度报告与表示

在报告测量结果的不确定度时，应对不确定度有充分的说明。

不确定度具有可传播性，例如当第二次测量过程中需要使用到第一次的测量结果时，那么可以将第一次测量的不确定度作为第二次测量的一个不确定度分量。因此，在报告测量不确定度时一般应当包含：

(1) 被测量的最佳估计值，通常是多次测量结果的算术平均值。

（2）测量不确定度及其包含因子，或同时报告包含概率。

（3）通常所报告的结果均用扩展不确定度表示。

（4）报告的扩展不确定度通常有 U 和 U_p 两种形式。当报告的扩展不确定度为 U_p 时，应明确包含概率 p，必要时还应说明有效自由度 υ_{eff}，以便使用者可以通过查询得到 k_p 值；当然，也可以直接给出 k_p 值。

（5）如果是单独表示不确定度，前面不加±。

（6）如果给出的仅仅是合成标准不确定度，不必说明包含因子 k 或包含概率 p。

（7）报告扩展不确定度时，当取 $k=2$ 或 3 时，可不必说明 p。

（8）当定量地表示某被测量估计值的不确定度时，必须明确说明是“合成不确定度 u_c”还是“扩展不确定度 U”。

（9）不确定度、包含因子、包含概率、自由度的符号用斜体表示，并注意角标和区分大小写。

例如，某标准砝码的最佳估计值 $m=100.00147\text{g}$，合成标准不确定度 $u_c=0.35\text{mg}$，扩展不确定度 $U=0.70\text{mg}$，$k=2$，则该标准砝码的不确定度报告可用以下任意一种形式：

$m=100.00147\text{g}$，$U=0.70\text{mg}$，$k=2$；

$m=(100.00147\pm0.00070)\text{g}$，$k=2$；

$m=100.00147(70)\text{g}$，括号内为 $k=2$ 的 U 值；

$m=100.00147(0.00070)\text{g}$，括号内为 $k=2$ 的 U 值。

或某标准砝码的最佳估计值 $m=100.00147\text{g}$，合成标准不确定度 $u_c=0.35\text{mg}$，扩展不确定度 $U_{95}=0.79\text{mg}$，$\upsilon_{\text{eff}}=9$，则该标准砝码的不确定度报告可用以下任意一种形式：

$m=100.00147\text{g}$，$U_{95}=0.79\text{mg}$，$\upsilon_{\text{eff}}=9$；

$m=(100.00147\pm0.00079)\text{g}$，$\upsilon_{\text{eff}}=9$，括号内第二项为 U_{95} 的值；

$m=100.00147(79)\text{g}$，$\upsilon_{\text{eff}}=9$，括号内为 U_{95} 的值；

$m=100.00147(0.00079)\text{g}$，$\upsilon_{\text{eff}}=9$，括号内为 U_{95} 的值。

在报告有效自由度的情况下，也可以进一步报告包含因子 $k_p=t_{95}(9)=2.26$。

或用相对扩展不确定度表示：

$m=100.00147\text{g}$，$U_{\text{rel}}=0.70\times10^{-6}$，$k=2$；

$m=100.00147\text{g}$，$U_{95,\text{rel}}=0.79\times10^{-6}$，$\upsilon_{\text{eff}}=9$；

$m=100.00147(1\pm0.70\times10^{-6})\text{g}$，$k=2$，$U_{\text{rel}}=0.70\times10^{-6}$；

$m=100.00147(1\pm0.79\times10^{-6})\text{g}$，$p=95\%$，$\upsilon_{\text{eff}}=9$，$U_{95,\text{rel}}=0.79\times10^{-6}$。

8 质量控制

检验检测机构应建立和保持监控结果有效性的程序，或能力验证与实验室间比对程序。检验检测机构应定期使用标准物质及经过检定/校准的具有溯源性的替代仪器对设备的功能进行检查；运用工作标准与控制图，以相同或不同方法进行重复检测；保存样品的再次检测并分析得到的不同结果的相关性；参加能力验证、测量审核、实验室间（内部）比对、盲样试验等，应用适当的方法和计划分析所获得的数据并加以研判、评价其发展趋势，如发现可能会偏离预先的判定准则，应采用有效措施防止出现错误的结果。

能力验证（perficiency testing）又称能力比对检验、水平测试、能力试验活动或能力试验、外部质量评价（医学临床检验领域的外部质量评价又称室间质量评价，简称EQA），国外又称 laboratory performance study，performance testing 等，目前趋向于采用 perficiency testing 这一标准化术语。

测量审核（measurement audit）是一个参加者对被测物品（材料或制品）进行实际测试，将测试结果与参考值进行比较的活动，是对一个参加者进行“一对一”能力评价的能力验证计划。

按照 ISO/IEC 17043，能力验证和测量审核都是指“按照预先制定的准则评价参加者的能力”，即均为基于实验室间的比对，按照预先设定的条件，将相同或类似的样品分发给一个或多个实验室进行检测，然后将各个实验室的检测结果进行汇总，并按规定的要求进行处理、评价和说明，一般用“满意”“有问题”“不满意”三种方式表达；相应地，如为非权威机构或实验室自身组织的内部质量控制活动，亦可参照其组织规则进行，但一般对其所得到的检测结果给予“合格”或“不合格”的评价。

凡是可获得的能力验证/测量审核活动，实验室应当按照自己的检测能力范围积极参加。2023 年 4 月 7 日，国家市场监督管理总局发布了《检验检测机构能力验证管理办法》，指出“对于无故不参加能力验证的检验检测机构，市场监管部门应当予以纠正并公布机构名单，并在‘双随机、一公开’监督抽查中加大对其抽查概率”。

一般而言，只有经过国家认监委、国家认可委确认的能力验证提供者组织的能力验证/测量审核活动，以及由政府质监机构或其授权机构组织的实验室间比对，才是公认的能力验证活动提供者。在可能的情况下，实验室参加的能力验证/测量审核活动应覆盖自己的全部检测能力所涉及的各个领域。

【视野拓展】

质量控制的要求和结果评价相关管理标准

(1)《合格评定 能力验证的通用要求》(GB/T 27043—2012)。

(2)《利用实验室间比对进行能力验证的统计方法》(GB/T 28043—2019)。

(3)《化学分析实验室结果有效性监控指南》(GB/Z 27426—2022)。

(4)《能力验证结果的统计处理和能力评价指南》(CNAS-GL002：2018)。

(5)《能力验证计划的选择与核查及结果利用指南》(RB/T 031—2020)。

(6)《混凝土结构实体强度能力验证实施指南》(RB/T 145—2018)。

(7)《建设工程用金属制品力学性能能力验证实施指南》(RB/T 146—2018)。

(8)《实验室测量审核结果评价指南》(RB/T 171—2018)。

(9)《化学实验室内部质量控制 比对试验》(RB/T 208—2016)。

8.1 质量控制计划

实验室应提前编制质量控制计划。实验室在编制质量控制计划时，应选择适宜的质量控制方法，覆盖所有的场所、分支机构或派出机构，以规避自身风险，提高对各项风险的管控能力。如涉及分包时，应同时将分包方纳入质量控制，并将分包检测结果作为对分包方的重要评价手段之一。质量控制计划应包含以下方面。

1. 目的

通过计划的实施，促进机构各部门的检验检测质量控制工作，对检验检测结果的有效性进行监控，确保检验检测结果的准确性。

2. 依据

按照《检验检测机构资质认定评审准则》(国家市场监督管理总局 2023 年第 21 号)及机构质量体系的要求编制。

3. 实施

(1) 内部质量控制。

按照机构质量控制计划总体设想和安排，要求各部门、各派出机构结合自己承担的检验检测任务，选择 1～2 个经常性、有一定技术难度和特点，或者检验检测频率较高，或者易于发生不符合的项目/参数，定时上报质量管理部。质量管理部通过与生产管理部门、技术委员会协商后，将计划实施所包含的项目类别、样品名称、所用仪器、检测方法、核查人员、实施时间、评判标准等编写成作业指导书，报公司总工程师（技术负责人）批准后正式行文，由质量管理部负责监督实施。

在开展内部质量控制活动时，实验室应建立对内部质量控制结果的评价依据、评价方法和评价（控制）标准。

（2）外部质量控制。

结合机构检验检测能力（即证书附表），按物理性能、力学性能和化学分析等类别，以不少于规定频率，参加国家或权威机构组织的能力验证、测量审核或实验室间比对活动。若行政或行业主管部门另有要求，优先参加行政或行业主管部门组织的实验室间比对或能力验证活动；CNAS要求其授权检测机构须优先采用官网发布的能力验证提供者所提供的能力验证活动。

（3）其他能力证实的质量控制活动。

实验室应积极参加各种技能大赛、技术比武活动，有条件的情况下积极与同行业联合进行人员比对或实验室间比对，并尽可能涉及检验检测能力的各个方面，尤其是易于出现不利检测结果或可能带来较大潜在风险的检测项目/参数间的实验室间比对。

4. 要求

（1）实验室应在管理评审结束后建立质量控制计划，以确保并证明检测过程受控以及检测结果的准确性和可靠性，质量控制计划应包括判定准则和出现可疑情况时应采取的措施，且应覆盖所有检验检测技术和方法。

（2）技术负责人应指定资深检测人员负责编写质量控制计划。由技术负责人对质量控制计划进行审核，负责组织监督质量控制计划的实施。如系内部质量控制比对试验计划时，应明确比对试验的检测项目、实施形式、参加人员、预计日期、结果评价准则、不满意结果的处置要求等内容。

（3）实验室在发布质量控制计划的同时应建立杜绝弄虚作假、结果串通或结果修正的必要措施、程序，以及发布相应的奖惩规定等。

（4）技术负责人应按时搜集质量控制资料并进行统计、分析，组织对质量控制活动的可行性和有效性评审，并形成质量控制比对试验报告。

（5）质量监督员应全程监督质量控制计划的实施，审核比对试验和能力验证试验的结果。

（6）检验检测人员应按要求完成质量控制活动中应承担的检测工作，认真填写检测原始记录。

（7）技术负责人应对比对试验中出现的问题进行分析，并评估对质量控制活动的影响，以及采取必要的纠正措施、预防措施或相应的改进措施。

5. 结果判断

由技术负责人牵头，技术委员会提前制定好结果评价方法。

6. 结果利用

（1）提交管理评审；

（2）评价机构及人员能力。

如出现不满意或不合格结果时，应查找原因并提出整改要求，质量负责人要跟踪验证；如为合格或满意结果，可以作为仪器设备期间核查时机、检定/校准周期、培训效果或方法确认的依据。

8.2 质量控制频率

开展质量控制的项目/参数，应结合机构人员综合检验检测技术水平确定。原则上应覆盖所有类别，重点应放在检测频率很高或很低、易于发生风险、新（或拟）申请的不熟练的项目/参数，即应从提高实际检验检测水平和技术能力着手。

对于认可实验室，《能力验证规则》（CNAS-RL02：2023）规定："只要存在可获得的能力验证，合格评定机构申请认可的每个子领域应至少参加过1次能力验证且获得满意结果，或虽为有问题（可疑）结果，但仍符合认可项目依据的标准或规范所规定的判定要求"，"只要存在可获得的能力验证，获准认可合格评定机构参加能力验证的领域和频次应满足CNAS能力验证领域和频次的要求（见附录B）。对CNAS能力验证领域和频次表中未列入的领域（子领域），只要存在可获得的能力验证，鼓励获准认可合格评定机构积极参加"，"即使满足能力验证领域和频次要求，获准认可合格评定机构也应参加CNAS指定的能力验证计划"。对交通建设工程行业实验室而言，参加能力验证活动的频率可参考表8－1中的要求。

表8－1.1 对检测行业/领域

行业/领域	子领域	最低参加频次
金属与合金类材料与制品	化学分析	1次/2年
	物理性能	1次/2年
	机械性能	1次/2年
	无损检测	1次/2年
岩石和矿石	化学分析	1次/2年
电气	材料试验	1次/2年
	电学试验	1次/2年
	结构判定	1次/2年
	性能测试	1次/2年
	有害物质分析	1次/2年
通信	射频辐射性能	1次/2年
	射频传导性能	1次/2年
高分子及复合材料	化学分析	1次/2年
	物理性能	1次/2年
	机械性能	1次/2年

续表

行业/领域	子领域	最低参加频次
丝、纤维和纺织品	化学分析	1次/1年
	物理特性	1次/2年
建工建材	化学分析	1次/2年
	物理性能	1次/2年
	力学性能	1次/2年
	材料有害物质	1次/2年
	环境有害物质	1次/2年
	热工性能	1次/2年
	燃烧性能	1次/2年
	光学性能	1次/2年
	地基与基础工程检测	1次/2年
	结构工程检测	1次/2年
电磁兼容	发射部分	1次/2年
	抗扰度部分	1次/2年
软件与信息技术	软件产品测试	1次/2年

表 8－1.2　对检验领域/产品

领域/产品	子领域	最低参加频次
建筑工程	施工质量评价	1次/2年
	结构安全性评价	1次/2年
公路桥梁	路桥结构	1次/2年
网络与信息系统	网络安全等级测评	1次/2年

8.3　质量控制方法

质量控制方法包含内部质量控制方法和外部质量控制方法。内部质量控制方法分为人员比对、设备比对、留样再测、方法比对、盲样试验，机构内各部门、各派出机构间比对，同类机构联合的实验室间比对，以及内部监督检查、技术比武、知识竞赛、单因素控制试验等；外部质量控制方法主要指行业组织或权威机构组织的实验室间比对、能力验证、测量审核等。

1. 人员比对

人员比对指在相同的环境条件下，采用相同的检测方法、相同的检测设备和设施，由不同的检测人员对同一样品进行检测的试验。

当某项试验有多人参与操作时，实验室可采用人员比对试验的方式进行内部质量控制，通过安排具有代表性的不同层次的两人或者多人展开，考核测试人员的能力水平，判断检测人员操作是否正确、熟练，用以评价人员对试验检测结果准确性、稳定性和可靠性的影响。

作为实验室内部质量控制的手段，人员比对优先适用于以下情况：较多依靠检测人员主观判断的项目（如感官），在培员工、新上岗员工或转岗员工，检测过程的关键控制点或关键控制环节，操作难度大的项目和（或）样品，检测结果在临界值附近，新安装的设备，新开展的检测项目等。

2. 设备比对

设备比对又称仪器比对，是指在相同的环境、使用相同的方法、由相同的检测人员采用不同的仪器设备对同一样品进行检测的质量控制活动。

当某项试验有多种设备可供操作时，实验室可采用设备比对试验的方式进行内部质量控制，判断对测量准确度、有效性有影响的设备是否符合测量溯源性的要求，用以评价仪器设备对实验室检测结果准确性、稳定性和可靠性的影响。

作为内部质量控制手段，设备比对优先适用于以下情况：新安装的设备、修复后的设备、检测结果出现在临界值附近的设备等。

3. 留样再测

留样再测又称样品复测试验，是指在尽可能相同的环境条件下，采用相同的检测方法、相同的检测设备和设施，由相同的检测人员对已完成检测的样品在其留样保存期间进行再次检测的试验。实验室通过留存样品的再次测量，比较分析上次测试结果与本次测试结果的差异，用以发现实验室因偶然因素对检测结果准确性、稳定性和可靠性的影响。

作为内部质量控制手段，留样再测可用于以下情况：验证检测结果的准确性、验证检测结果的重复性、对留存样品特性进行监控等。

4. 方法比对

方法比对指在环境条件相同，由相同的人员采用不同的检测方法对同一样品进行检测的质量控制活动。

当某个检测项目可以由多种方法进行操作，且不同的方法间存在显著差异，可能对产生的检测结果存在显著影响时，实验室应当采用方法比对进行内（外）部质量控制，以判断检测活动所遵循的标准或者方法是否被严格地理解和执行，用以评价检测方法对试验检测结果准确性、稳定性和可靠性的影响。

方法比对优先适用于以下情况：刚实施的新标准或者新方法，引进的新技术、新方法和研制的新方法，已有的具有多个检验标准或方法的项目。

例如，土工击实试验，GB/T 50123—2019、JTG 3430—2020 之间的差异；混凝土试件劈裂抗拉强度试验，GB/T 50081—2019、JTG 3420—2020、DL/T5150—2017 等

之间的差异；路基路面压实度检测用的环刀法、灌砂法、灌水法、（无）核子密度仪法等方法之间，弯沉检测用贝克曼梁法、自动弯沉仪法、落锤式弯沉仪法、激光式高速路面弯沉测定仪法，以及混凝土结构中钢筋间距、钢筋保护层厚度测定用的电磁感应法、雷达法，基桩完整性检测采用的低应变反射波法、声波透射法、钻芯法、钻芯芯孔影像法等，都可以开展方法比对……

需要注意的是：方法比对是针对不同类型的仪器设备，采用不同的试验方法所进行的实验室能力比对活动，与设备比对有显著的区别。

5. 盲样试验

盲样试验又称盲样考核、盲试验等，是指将某待测样品发放给被考核机构或其检验检测人员，要求在规定时间内完成对该待测样品的指定检测项目，并提供相应检测结果的一种考核形式，以评价被考核机构或人员所给出检测结果是否在允许偏差范围内。若给出检测结果在允许偏差范围内，则视为合格；否则不合格。需要特别注意待测样品指定检测项目的参考值及其不确定度的有效性。

6. 实验室间比对

实验室间比对是为加强质量控制管理，机构自行组织的，由内部各部门、各分支机构、各派出机构参与的一种内部质量控制活动，为有利于公正性，在有条件的情况下宜同时邀请部分外部同行参加。

【视野拓展】

概念比较：质量监督员、内部审核员

序号	项目	质量监督员	内部审核员
1	资质要求	（1）了解检验检测目的； （2）熟悉检验检测方法和程序； （3）掌握检验检测结果的评价方法； （4）技术过硬，为机构业务骨干； （5）应有机构任命文件	（1）经过培训且考核合格，经机构验证能够胜任并获得任命； （2）熟悉本机构管理体系； （3）公正且具有一定的审核能力
2	对象	对检验检测人员的初始能力和持续能力进行监督	在其分工范围内，对管理体系覆盖的所有部门、人员、场所等检验检测相关活动
3	方式	连续性、充分性	间断性（集中、滚动、附加）
4	独立	不要求独立性，多为本部门监督本部门	只要资源许可，应独立于受审核部门
5	计划	按计划或随机进行，应覆盖所有人员，包括监督人员自己	按计划进行，应覆盖机构内所有人员、部门、场所和活动，必要时应附加审核
6	记录和措施	应对监督活动予以记录，如发现不符合应采取纠正措施并跟踪验证	

续表

序号	项目	质量监督员	内部审核员
7	与改进的关系	是改进的组成部分，应作为日常的渐进或突破性改进	
8	与管理评审的关系	监督或内审的结果均应作为管理评审的输入	

【视野拓展】

概念比较：实验室间比对、能力验证

序号	项目	实验室间比对	能力验证
1	定义	按照预先规定的条件，由两个或多个实验室对相同或类似的被测样品进行检测的组织、实施和评价	利用实验室间比对来确定实验室检测/校准能力的活动。它是确保实验室维持较高的校准和检测水平而对其能力进行考核、监督和确认的一种验证活动
2	目的	确定实验室进行特定测量的能力，以及对实验室进行持续监控的能力；调查各参加实验室的工作质量，观察试验的准确性，比较各实验室的数据，并采取相应措施，使各实验室间比对结果趋于一致	确定实验室进行特定测量能力而进行的实验室间比对，以确定实验室对特定测量能力的持续监控的能力
3	运作主体	任何实验室或某个领域的实验室群体都可以根据各自的需要组织实验室间比对	由认可机构或其授权/认可的机构组织
4	运作依据	按照预先制定的准则进行	依据 GB/T 28043—2019 进行
5	评价内容	只需要得到某个特定的结论	必须对参加对象进行能力评价
6	保密政策	一般不对参加者身份进行保密	大多数的能力验证活动应对参加者的身份进行保密
7	意义	（1）确定实验室进行特定测量的能力，以及对实验室进行持续监控的能力； （2）识别实验室存在的问题，并制定相应的补救措施，这些措施可能涉及个别人员的行为或仪器的校准等； （3）确定新的测量方法的有效性和可比性，并对这些方法进行相应的监控； （4）增加客户的信心； （5）识别实验室间差异； （6）确定某方法的性能特征（常称协作试验）； （7）为某个参考物质赋值，并评价它们在特定测量程序中应用的适用性	

8.4　比对试验实施方案

比对是质量控制的重要手段之一，在开展比对试验前应做好比对试验实施方案。

1. 方案内容

比对试验方案编制人员应熟悉实验室质量管理、检测方法和统计学等方面的基本知识。比对方案一般应包括：

（1）目的；

（2）开始时间和结束时间；

（3）比对形式、检测项目、仪器设备、检测方法、参加人员等；

（4）所用样品的描述，例如均匀性、稳定性、发放形式和处置要求；

（5）检测技术的要求，如重复测试次数的要求；

（6）记录（或报告）要求；

（7）评价方法和判断的准则；

（8）出现不符合处置的要求；

（9）其他需要特别声明的事项。

2. 样品要求

用于比对试验的样品，应满足充分的均匀性和稳定性；数量应能够满足所有测试项目的要求，并确保能够进行必要的附加测试。样品的制备应有文件化处理程序，在使用前应对样品进行确认。

3. 样品制备和准备

（1）自制样品。

在对样品制备方式充分了解的情况下，实验室可以利用自有的仪器设备进行简单样品的制备，也可以合作制备。无论采用哪种制备方式，制备的样品都应经过抽样检验评价其均匀性和稳定性，证实其可用于比对试验。

（2）自留样品。

在日常检测过程中遇到的样品，经确认其在上次检测完成后一直处于符合要求的妥善保存状态，并通过专家评估或样品评价等有效手段，确证其中被分析物的成分和含量没有发生变化。

（3）标准样品或质控样品。

有证标准物质、参加实验室间比对或能力验证活动剩余的比对样品，以及实验室质控样品，通常均匀性比较好，且具有指定的参考值和测量不确定度。因此，这类样品只要确认其一直处于符合要求的妥善保存状态，均可用作比对试验。

（4）加标样品。

在一系列称取好的样品中分别添加适当浓度的标准物质所组成的样品称为加标样品或加标样。添加的过程应独立于检测过程，添加的人员应为有经验的技术人员，添加的浓度应适合比对试验的目的，添加的体积应准确、少量，添加后的样品应在适当的条件下进行一定时间的放置。

4. 样品处置

（1）样品制备或准备完毕后，应使用不会对检测结果造成影响的方式进行分装，按比对试验方案规定的方式或实验室相关质量控制程序文件的要求进行分发。

（2）如果样品的处置会影响试验结果，应在比对试验计划实施方案中进行说明，或用特殊说明的方式让检测人员加以注意。检测人员接到样品后，应按要求妥善保管。

（3）样品的唯一性标识和检验状态标识，实验室体系的要求。

5. 开展比对试验

实验室开展比对试验进行内部质量控制时，应确认其环境条件不会对所要求的检测质量产生不良影响；应确认用于检测对结果准确性或有效性有显著影响的所有设备包括辅助测量设备（例如用于测量环境条件的设备），经过校准并通过有效的期间核查保持其校准状态的置信度。参与比对试验的人员，应按检测方法的要求进行测试，如实记录试验结果及相关信息，提交检测报告和原始记录。当试验过程中出现可能影响比对试验结果统计分析的意外情况时，比对试验负责人应及时分析原因，与检测人员进行充分协调，并做出继续按原试验方案进行或修改原试验方案、执行新试验方案的决定。

【视野拓展】

混凝土芯样试件抗压强度试验方法主要异同

项目	GB/T 50081—2019 附录C	JTG 3420—2020 (T0554)	DL/T 5150—2017 (6.4)	SL/T 352—2020 (8.6)	CECS 03：2007	JGJ/T 384—2016
试件个数	每组3块	每组3块	每组3块	每组3块	标准芯样试件最小样本量不宜少于15个，小直径芯样试件的最小样本量应适当增加	(1) 确定单个构件混凝土抗压强度推定值时，试件数量不应少于3个；对构件工作性能影响较大的小尺寸构件，不得少于2个。 (2) 确定构件混凝土抗压强度代表值时，试件数量宜为3个，且应取算术平均值作为代表值。 (3) 确定检测批混凝土抗压强度推定值时，直径100mm的芯样试件的最小样本量不宜小于15个，小直径芯样试件的最小样本量不宜小于20个。 (4) 当芯样强度用于间接测强方法的修正时，直径100mm的芯样数量不应少于6个，小直径芯样数量不应少于9个
集料最大粒径	37.5mm	31.5mm (芯样直径宜为集料最大粒径3倍以上，不宜小于最大粒径的2倍)	芯样直径不宜小于骨料最大粒径的3倍，且宜大于100mm；对小直径芯样，其直径不应小于70mm且不得小于骨料最大粒径的2倍	芯样直径不应小于骨料最大粒径的3倍；如难以满足至少应大于骨料最大粒径的2倍		对直径100mm的芯样，芯样直径不宜小于骨料最大粒径的3倍； 对小直径芯样，其直径不应小于70mm且不得小于骨料最大粒径的2倍
标准试件	ϕ150mm×300mm圆柱体	ϕ150mm×150mm圆柱体	芯样实际高径比（H/d）：$0.95 \leqslant H/d \leqslant 1.05$	芯样长径比：$l/d=1.0$	ϕ100mm × 100mm的圆柱体	芯样实际高径比（H/d）：$0.95 \leqslant H/d \leqslant 1.05$
养护	标准养护室温度20℃±2℃，相对湿度>95%	标准养护室温度20℃±2℃，相对湿度>95%	试验前在水中浸泡4d，取出后湿布覆盖并保持试件潮湿	试验前在水中浸泡2d，取出后湿布覆盖并保持试件潮湿	(1) 自然干燥状态； (2) 构件工件条件潮湿时，在20℃±5℃清水中浸泡40～48h，从水中取出后应去除表面水渍并立即进行试验	(1) 自然干燥状态； (2) 构件工件条件潮湿时，在20℃±5℃清水中浸泡40～48h，从水中取出后应去除表面水渍并立即进行试验

续表

项目	GB/T 50081—2019 附录 C	JTG 3420—2020（T0554）	DL/T 5150—2017（6.4）	SL/T 352—2020（8.6）	CECS 03：2007	JGJ/T 384—2016
加荷速率	按立方体抗压强度： <30MPa 时， 0.02～0.05MPa/s； 30～60MPa 时， 0.05～0.08MPa/s； ≥60MPa 时， 0.08～0.10MPa/s	<C30 时， 0.3～0.5MPa/s； C30～C60 时， 0.5～0.8MPa/s； ≥C60 时， 0.8～1.0MPa/s	0.3～0.5MPa/s 连续且均匀加载	18～30MPa/min 连续且均匀加载	按立方体抗压强度： <30MPa 时， 0.02～0.05MPa/s； 30～60MPa 时， 0.05～0.08MPa/s； ≥60MPa 时， 0.08～0.10MPa/s	按立方体抗压强度： <30MPa 时，0.02～0.05MPa/s； 30～60MPa 时，0.05～0.08MPa/s； ≥60MPa 时，0.08～0.10MPa/s
结果确定	（1）取 3 个试件测值的算术平均值作为该组试件的强度值，并精确到 0.1MPa； （2）当 3 个测值中的最大值或最小值中有一个与中间值的差值超过中间值的 15%时，则取中间值作为该组试件的抗压强度值； （3）当最大值和最小值与中间值的差值均超过中间值的 15%时，该组试件的试验结果无效		（1）对大体积混凝土：以 3 个试件的平均值作为试验结果； （2）对单个普通构件混凝土：以 3 个试件测值的最小值作为试验结果； （3）同 GB/T 50081	同 GB/T 50081	芯样试件抗压强度样本中的异常值按 GB/T 4883 的规定执行；单个构件的混凝土强度推定值不再进行数据舍弃，而应按有效芯样试件混凝土抗压强度值中的最小值确定	单个构件的混凝土抗压强度推定值不再进行数据的舍弃，而应按芯样试件混凝土抗压强度值中的最小值确定
尺寸换算系数	ϕ150×300：1.00； ϕ100×200：0.95； ϕ200×400：1.05		芯样和边长 150mm 的立方体试件之间的换算关系： ϕ100×100：1.00； ϕ150×150：1.04； ϕ200×200：1.18			
备注		钻取芯样时应尽可能避免在靠近接缝或边缘处，且不应带有钢筋		芯样不应含有钢筋	标准芯样试件，每个试件内最多只允许有 2 根直径小于 10mm 的钢筋；公称直径小于 100mm 的芯样试件，每个试件内最多只允许有一根直径小于 10mm 的钢筋；芯样内钢筋应与芯样试件轴线基本垂直并离开端面 10mm 以上	芯样内不宜含有钢筋，或含有直径≤10mm 的钢筋，且钢筋应与芯样轴线垂直并离开端面 10mm 以上

另外，《铁路工程结构混凝土检测规程》（TB 10426—2019）与 JGJ/T 384—2016 要求相近，但在混凝土强度换算与推定方面，存在较大差异。

8.5 质量控制结果的有效性评价及离群值（可疑值）剔除方法

检测活动中的离群值难以避免，时常都可能产生。离群值的产生，一般包含两种可能：第一种是总体固有变异性的极端表现，这类离群值与样本中其余观测值属于同一总体；第二种是由于试验条件和试验方法的偶然偏离所产生的结果，或产生于观测、记录、计算中的失误，这类离群值与样本中其余观测值不属于同一总体。

实际工作中，对离群值的判定通常依据技术上或物理上的理由进行，如明知其离群或偏离了规定的试验方法，或测试仪器故障所致，可直接删除。但很多时候，某个极值是否离群，通过这种简单的判断基本不能实现，则必须通过一些技术手段去确认。

在有关数理统计及技术标准中，离群值通常表现为一组获得值中的高端值或低端值，且往往有个数限制，否则可能产生误判。由此产生单个离群值和多个离群值的判断规则。对于单个离群值，应依据实际情况或以往经验，选定适宜的离群值检验规则（如格拉布斯法、狄克逊法等）确定适当的显著性水平，然后根据显著性水平及样本量确定检验的临界值，再由观测值计算相应统计量的值，进而根据所得值与临界值的比较结果作出判断；对于多个离群值，即允许检出离群值的个数大于 1 的情形，则是重复使用检验规则进行检验，直到按检验规则不再出现离群值为止；但如检出离群值总数超过上限，检验应立即停止，同时对此样本做慎重处理，否则采用相同的检出水平和相同的规则对除去已检出的离群值后余下的观测值继续进行检验。

当怀疑一组获得值有离群值时，通常有四种处理离群值的方式：保留离群值并用于后续数据处理；在找到实际原因时修正离群值，否则予以保留；剔除离群值，不追加观测值；剔除离群值，并追加新的观测值或用适宜的插补值代替。对检出的离群值，应尽可能寻找其技术上和物理上的原因作为处理离群值的依据，具体应根据实际问题的性质，权衡寻找和判定产生离群值的原因所需代价、正确判定离群值的得益及错误剔除正常观测值的风险。如在技术上或物理上找到了产生离群值的原因，则应剔除或修正，否则不应当进行剔除或修正。对于在检出水平下显著、在剔除水平下不显著的离群值（又称歧离值）应予保留，剔除或修正在检出水平下显著、在剔除水平下不显著的离群值（又称统计离群值）；在重复使用同一检验规则检验多个离群值的情形时，每次检出离群值后，都要再检验它是否为统计离群值，若某次检出的离群值为统计离群值，则此离群值及在它前面检出的离群值（含歧离值）都应被剔除或修正。

1. 有效性评价所依据的技术标准

对权威机构组织的质量控制活动，通常按照《能力验证结果的统计处理和能力评价指南》（CNAS-GL 002：2018），以 Z 值或 Z 比分数结果进行“满意”与否的评价。

由非权威机构或实验室内部组织的质量控制活动，其所得检测结果的评价一般分为两种：一种是仍然采用数理统计方法，如按照《数据的统计处理和解释正态样本离群值的判断和处理》（GB/T 4883—2008）等对获得的结果进行评价，这种情况适用于可采集有效性数据较充分（一般样本结果数量为10个及以上）时；另一种是技术标准有明确规定的，如水泥、水质、混凝土外加剂、沥青、石膏、石灰、钢铁及合金等产品技术标准所采用的化学、光谱、质谱分析方法、限值标准或行业标准，对实验室重复性试验或再现性试验有明确的规定，可以直接采用规定，然后进行“合格”与否的评价。涉及的相关评价标准主要有：

(1)《数据的统计处理和解释》(GB/T 4882～4883)；

(2)《化学分析实验室内部质量控制 利用控制图核查分析系统》（GB/T 32464—2015)；

(3)《化学分析方法验证确认和内部质量控制要求》(GB/T 32465—2015)；

(4)《化学分析方法验证确认和内部质量控制实施指南》（GB/T 35655～35657—2017)；

(5) 《标准样品工作导则（3）标准样品 定值的一般原则和统计方法》（GB/T 15000.3—2008)；

(6)《数据的统计处理和解释 测试结果的多重比较》(GB/T 10092—2009)。

2. 能力验证活动中“有问题”或“不满意”结果的实验室再评价方法

能力验证或实验室间比对方法是由多个实验室参与的，对同一样品或同一样品的多个具有代表性且满足匀质性要求的子样品，在不同场所、不同仪器设备、不同人员，利用同样的方法和基本相同的环境控制条件，开展检验检测活动所得到的一系列检测结果，再通过科学的数理统计分析，对这一系列检测结果进行“满意”与否评价的方法。能力验证活动多采用稳健统计技术进行结果的有效性评价。

除“一对一”的测量审核活动外，对于参加由权威机构组织的能力验证或实验室间比对活动，有时因多方面原因对其所提交的检测结果会获得“有问题”或“不满意”的评价，表示实验室未能达到所参与的本批次所有实验室的稳健统计允许偏差水平，属于本批次所有参与实验室中的“离群值”或“离群者”。但参与的本批次所有实验室，实际上仍属于“有限”，且技术能力与质量控制水平参差不齐，其稳健统计结果可能并不能完全代表该样品的“真实”量值或结果，因此，按照《能力验证规则》（CNAS-RL02：2018）4.4.2“合格评定机构参加能力验证的结果虽为不满意，但仍符合认可项目依据的标准或规范所规定的判定要求，或当合格评定机构参加能力验证结果为可疑或有问题时，合格评定机构应对相应项目进行风险评估，必要时，采取预防或纠正措施”。因此，在质量控制过程中得到“有问题”或“不满意”结果时，实验室应依据相应的规则，进一步进行自我评价或判定其合规性，以判定实验室的真实检测技术能力和质量控制水平。自我评价判定的方法通常有以下几种。

(1) 有限值标准时的离群值评价方法。

当实验室参加的能力验证活动获得“有问题”或“不满意”的结果时，实验室在尽可能查找或排除导致问题产生的可能原因后，可以利用限值标准对检测结果进行“自评价”。一是与组织者联系，取得本次能力验证活动所检“样品”的“真实”检测结果，然后与限值标准进行允许偏差比较，判定自己的检测结果是否满足限值标准的要求；二是直接采用本次能力验证活动结果报告的统计数据，进行比较分析。事实上，样本的“真值”很难获得，在实际评价中，往往通过数理统计方法去获得样本的“约定真值”或“视同真值”。

如某实验室参加了某水泥化学成分分析能力验证活动，其提供的“三氧化硫质量分数”为1.25%，组织者按照“稳健技术规则”对实验室提供的这个结果给出了“不满意”评价。实验室通过认真分析、排查，确实未能查找到导致产生“不满意”结果的有价值的问题主因，实验室对自己的检测结果开展再评价，方法如下：

按统计技术，将能力验证结果报告的“稳健平均值”作为“视同真值”，实验室提供的测量结果与该“视同真值”进行比较，再依据《水泥化学分析方法》（GB/T 176—2017）或《水泥生产企业质量管理规程》（T/CBMF 17—2017）提供的再现性限（允许偏差）进行评价。对有稳健平均值和有限值标准时的评价方法见表8-2。

表8-2 对有稳健平均值和有限值标准时的评价方法

参数名称	实验室结果	稳健平均值（视同真值）	再现性限（结果>1%时）	结果评价
三氧化硫（%）	1.25	1.15	±0.20	合格

（2）无限值标准但已知标准差时的离群值评价方法。

检验检测的样品千差万别，除部分方法标准对部分样品检测结果提供了重复性限或再现性限要求外，尚有大量的样品由于代表性、匀质性等原因难以找到可直接采用的重复性限或再现性限，这时，可采用适宜的统计技术进行离群值（又称异常值）分析，以做出对质量控制结果是否合格的判断。

当获得的能力验证中告知了标准差时，一般采用奈尔（Nair）检验法确定“有问题”或“不满意”结果是否属于离群值。奈尔检验法的样本容量更适用 $3 \leqslant n \leqslant 100$ 时的情形。

如某实验室参加了某金属材料拉伸性能能力验证计划，其提供的“断后伸长率”检测结果为30.5%，结果实验室获得了“有问题”评价。经查，钢铁及合金有关技术标准没有对力学或工艺性能进行重复性限或再现性限做出明确规定，因而不能直接采用限值标准进行离群与否的评判。考虑到组织者所提供的样品具有良好代表性和匀质性，各个参与实验室的检测结果应当满足正态分布原则，故可以按照《数据的统计处理和解释 正态样本离群值的判断和处理》（GB/T 4883—2008）开展自评价。仍以实验室参加的该次能力验证计划为例，从其“结果报告”来看，共有82家实验室提供了“断后伸长率”的检测结果，其稳健平均值 $\overline{x}=27.9\%$，稳健标准差 $\sigma=1.12\%$，该实验室提供的结果 $x_{(78)}=30.5\%$。经查，组织者提供的检测结果报告中，实验室提供的结果位于 $n=78$，按“上侧情形”及GB/T 4883—2008第6.2.1，可得：

$$R_{78}=\frac{x_{(78)}-\overline{x}}{\sigma}=\frac{30.5-27.9}{1.12}=2.32$$

查GB/T 4883—2008表A.1，检出水平 α 按5%（即置信水平或保证率95%）确

定，则：

$$R_{1-5\%(78)}=3.193$$

由于$R_{78}<R_{1-5\%(78)}$，故$x_{(78)}=30.5\%$不属于离群值，可按“合格”进行评价。

当然，如对此结果的评价有怀疑时，可进一步按此方法进行评价。这时候，须将各实验室提供的原始数据剔除极值（异常值）后重新进行稳健平均值、稳健标准差、离群值的计算。

3. 内部质量控制时未知标准差且无限值标准时的评价方法

一组测量结果（获得值），其数据的有效性或合理性的评价（或离群值或可疑值的判定）通常采用拉依达检验法、肖维勒检验法、格拉布斯检验法、狄克逊检验法等四种方法进行。

（1）拉依达检验法。

按照正态分布规则，对于某个测得值，落在区间$(\mu-3\sigma, \mu+3\sigma)$内的概率为99.73%，即离群的概率为0.27%，因此，在有限次的测量中发生这种可能性是很小的，如一旦有这样的结果出现，则可认为它是可疑数据而予以剔除。但总体的标准差σ往往未知，故又常以样本标准差s去估计σ，即以$3s$代替σ。

对从总体中获得的检测结果（样本）x_1，x_2，…，x_n，当某测得值x_d满足$|x_d-\bar{x}|\geqslant 3s$时，则表示$x_d$为离群值，这个方法称为拉依达$3\sigma$检验法（或拉依达检验法）。

拉依达检验法适用的前提是样本容量$n>50$，否则对结果的判断可能会偏于保守，故GB/T 4883已不采用。与格拉布斯检验法、狄克逊检验法相比，当样本容量$3<n<50$时，格拉布斯检验法效果更好，适用于单个离群值的甄别；当有多个离群值时，狄克逊检验法更优。

拉依达检验法是各种离群值判断方法的基础，在实际工作中应用比较广泛，在许多技术规范中都有采用，以作为对一组测得值中某个或某几个数据进行取舍的依据。如在混凝土抗压强度试验中，经统计变异系数为5%，3倍变异系数就相当于15%，故对一组3个试块的抗压强度代表值的确定，《混凝土物理力学性能试验方法标准》（GB/T 50081—2019）等技术标准就规定：当3个测值中的最大值或最小值中有一个与中间值的差值超过中间值的15%时，应把最大及最小值剔除，取中间值作为该组试件的抗压强度值；当最大值和最小值与中间值的差值均超过中间值的15%时，则该组试件的试验结果无效。在《公路土工试验规程》（JTG 3430—2020）附录A中也明确规定采用$\pm 3s$法作为可疑数据取舍的依据。

（2）肖维勒检验法。

同样地，当从总体中获得的检测结果（样本）为x_1，x_2，…，x_n，当某测得值x_d满足$|x_d-\bar{x}|\geqslant k_x s$时，则表示$x_d$为离群值，这个方法称为肖维勒检验法。

其中，肖维勒检验法中的k_x值按表8-3确定。

表 8-3 肖维勒检验法中的 k_x 值

n	k_x	n	k_x	n	k_x	n	k_x	n	k_x
5	1.65	8	1.80	11	2.00	14	2.10	17	2.18
6	1.73	9	1.92	12	2.04	15	2.13	18	2.20
7	1.79	10	1.96	13	2.07	16	2.16	19	2.22

肖维勒检验法更适合于样本容量 $n>20$ 时的情形。

(3) 格拉布斯检验法。

假设在一组重复观测值 x_i 中，其残差υ_i 的绝对值$|\upsilon_i|$最大者所对应的检测结果为可疑值x_d，在给定的包含概率为 $p=0.99$ 或 $p=0.95$ 时，也就是显著性水平为 $\alpha=1-p=0.01$ 或 0.05 时，如果满足：

$$\frac{|x_d-\overline{x}|}{s}\geqslant G(\alpha,n)\text{或}|x_d-\overline{x}|\geqslant G(\alpha,n)\cdot s$$

则视 x_d 为离群值，其中$G(\alpha, n)$为与显著性水平α 和重复观测次数n 有关的格拉布斯临界值，该临界值可以通过查表获得，这种方法称为格拉布斯检验法。

如某次检测粉煤灰三氧化硫含量的人员比对中，得到三氧化硫含量的 6 个测得值(%)：1.82、1.78、1.79、1.76、1.91、1.80，其 $\overline{x}=1.81\%$，$s=0.053\%$，各测量值残差$\upsilon_i=x_i-\overline{x}$ 为：

0.01%、-0.03%、-0.02%、-0.05%、0.10%、-0.01%

很显然，绝对值最大的残差为 0.10%，对应的测得值 $x_5=1.91\%$应视为可疑值 x_d，则：

$$\frac{|x_d-\overline{x}|}{s}=1.89$$

按 $p=0.95$，即 $\alpha=1-p=0.05$，查 GB/T 4883—2008 表 A.2，得到$G(\alpha, n)=G(0.95, 6)=1.822$，据此可以判定 $x_5=1.91\%$是离群值，应予舍去。

在舍去 $x_5=1.91\%$后，剩下 $n=5$ 个重复测得值，再继续按前述方法进行计算，以进一步确认剩余值中残差绝对值最大的值所对应的测量结果是否离群。

格拉布斯检验法比较适用于样本容量 $n\leqslant 25$ 的情形。

(4) 狄克逊检验法。

将所得的重复测得值按由小到大的规律排列，即 x_1，x_2，…，x_n，其中最大值为 x_n，最小值为 x_1，按表 8-4 中几种情况计算统计量D_n、D'_n，γ_n、γ'_n。

表 8-4 样本量 n 及检验离群值

样本量 n	检验高端离群值	检验低端离群值
3~7	$D_n=\gamma_{10}=\frac{x_{(n)}-x_{(n-1)}}{x_{(n)}-x_{(1)}}$	$D'_n=\gamma'_{10}=\frac{x_{(2)}-x_{(1)}}{x_{(n)}-x_{(1)}}$
8~10	$D_n=\gamma_{11}=\frac{x_{(n)}-x_{(n-1)}}{x_{(n)}-x_{(2)}}$	$D'_n=\gamma'_{11}=\frac{x_{(2)}-x_{(1)}}{x_{(n-1)}-x_{(1)}}$

续表

样本量 n	检验高端离群值	检验低端离群值
11～13	$D_n=\gamma_{21}=\frac{x_{(n)}-x_{(n-2)}}{x_{(n)}-x_{(2)}}$	$D'_n=\gamma'_{21}=\frac{x_{(3)}-x_{(1)}}{x_{(n-1)}-x_{(1)}}$
14～30 31～100	$D_n=\gamma_{22}=\frac{x_{(n)}-x_{(n-2)}}{x_{(n)}-x_{(3)}}$	$D'_n=\gamma'_{22}=\frac{x_{(3)}-x_{(1)}}{x_{(n-2)}-x_{(1)}}$

然后查 GB/T 4883—2008 表 A.3、A.3′或表 C.1、C.2 进行判定。

狄克逊检验法可以多次剔除离群值，但每次只能剔除一个，剔除后会重新排序计算统计量，然后再进行下一个离群值的判断。

在应用以上四种检验法对离群值进行判断时，必须注意以下几点：

(a) 剔除可疑数据时，首先应对样本观测值中的最大值和最小值进行判断，因为这两个值更可能属于离群值。

(b) 剔除可疑数据时每次只能剔除 1 个，如怀疑剩下数据中还有可疑数据时，应将剩下的样本观测值按前述方法重新计算进行第二次判断，逐个剔除，直到剩下数据不再是可疑数据为止，不得一次同时剔除多个样本观测值。

(c) 当采用不同检验法对可疑数据进行判断时可能会出现不同结论，此时应对所选用的剔除方法、给定检验水平，以及产生可疑数据的原因进行分析。

总之，对于判断某个数据是否属于可疑数据或对离群值进行处理，需要慎之又慎。在实际工作中，在有较高要求的情况下，如不同检验法得出的结果出现矛盾，最好提高检验水平（如 $\alpha=0.01$ 时）再去甄别更为稳当；或出现既可能是离群值又可能不是离群值的情况时，一般应作为非离群值进行处理更加妥当一些。

需要注意的是，在有些情况下，一组正确测得值的分散性本来客观地反映了实际测量的随机波动，如果人为地舍弃一些偏离较大但并不属于可疑数据的数值时，由此得到一组偏差较小的测得值，看似数据很集中合理，实际上却是虚假的，所以一定要正确地判别和剔除可疑数据。

【视野拓展】

四种判断可疑数据的方法应用

假设某连续浇筑的大体积混凝土，按照规范要求制备了 15 个试件，获得 15 个抗压强度值（单位：MPa）：41.2、43.1、40.5、41.0、42.3、41.2、39.4、34.0、40.4、43.0、42.2、41.0、38.6、39.2、40.3，试判断这些检测结果是否有可疑数据。

解：

(1) 拉依达检验法。

经计算可得 $n=15$，$\bar{x}=40.49$，$s=2.23$，$3s=6.69$。

首先，怀疑最小值 34.0MPa，由于 $|34.0-40.49|=6.49<3s$，说明 34.0MPa 不

是可疑数据；其次怀疑最大值 43.1MPa，由于 $|43.1-40.49|=2.61<3s$，说明 43.1MPa 也不是可疑数据。

至此，可认为这 15 个数据不包含可疑数据，无异常值。

(2) 肖维勒检验法。

因 $n=15$，查表可得 $k_x=2.13$，则 $k_x s=2.13\times2.23=4.75$。

首先怀疑最小值 34.0MPa，由于 $|34.0-40.49|=6.49>k_x s$，故 34.0MPa 是可疑数据，应予剔除。

然后对剩下的 14 个样本观测值重新计算，可以得到 $\bar{x}=40.96$，$s=1.37$，由 $n=14$ 查表得 $k_x=2.10$，$k_x s=2.10\times1.37=2.88$。

剩下的 14 个数据中最小值是 38.6MPa，因 $|38.6-40.96|=2.36<k_x s$，故 38.6MPa 不是可疑数据，应予保留；怀疑最大值 43.1MPa，结果可知 43.1MPa 也不是可疑数据，至此剩下的 14 个数据均不是可疑数据。

(3) 格拉布斯检验法。

假设给定 $\alpha=0.01$，由 $n=15$，查表得 $G_0(0.01,15)=2.705$，$G_0(0.01,15)\cdot s=6.03$。

首先怀疑最小值 34.0MPa，由于 $|34.0-40.49|=6.49>G_0(0.01,15)\cdot s$，故 34.0MPa 是可疑数据，应剔除。

然后对剩下的 14 个样本观测值重新计算，由于 $\alpha=0.01$，$n=14$，查表可得 $G_0(0.01,14)=2.659$，$G_0(0.01,14)\cdot s=3.64$。

再对其中的数据 38.6MPa 进行检验，因 $|38.6-40.96|=2.36<G_0(0.01,14)\cdot s$，故 38.6MPa 不是可疑数据，应予保留。同样地，对最大值 43.1MPa 进行判断，可知，其也不是可疑数据，至此，剩下的 14 个数据全部都不是可疑数据。

(4) 狄克逊检验法。

将样本观测值按递增顺序排列：

第1次	1	2	3	4	5	6	7	8
第2次	/	1	2	3	4	5	6	7
观测值	34.0	38.6	39.2	39.4	40.3	40.4	40.5	41.0
第1次	9	10	11	12	13	14	15	/
第2次	8	9	10	11	12	13	14	/
观测值	41.0	41.2	41.2	42.2	42.3	43.0	43.1	/

仍然首先怀疑最小值 34.0MPa。因 $n=15$，查表可得 $r_{15,0.01}=0.618$，经计算得到狄克逊检验临界值 $r_{22}=\dfrac{x_{(3)}-x_{(1)}}{x_{(15-2)}-x_{(1)}}=\dfrac{39.2-34.0}{42.3-34.0}=0.627$，由于 $r_{22}>r_{15,0.01}=0.618$，故 $x_{(1)}=34.0$MPa 是可疑数据，应予剔除。

然后将剩下的 14 个样本观测值重新排列，同样地，查表可得 $r_{14,0.01}=0.640$，对剩下的 14 个观测值计算得到狄克逊临界值 $r_{22}=\dfrac{x_{(3)}-x_{(1)}}{x_{(14-2)}-x_{(1)}}=\dfrac{39.4-38.6}{42.3-38.6}=0.216$，由于

$r_{22} < r_{14,0.01} = 0.640$，故可认为 38.6MPa 不是可疑数据，应予保留。

同理，怀疑最大值 43.1MPa，通过查表和计算，可知 43.1MPa 不是可疑数据。至此，剩下的 14 个观测值均不是可疑数据，应予保留。

通过对同一案例，采用拉依达检验法、肖维勒检验法、格拉布斯检验法、狄克逊检验法四种检验法对可疑数据的判断结果的比较可知，当观测值 n 比较少时，拉依达检验法偏保守一些（这主要是因为拉依达法的离群概率是建立在 99.73%之上）。因此，在实际工作中，采用格拉布斯检验法或狄克逊检验法（或两种同时进行）对可疑数据进行判断更为稳妥一些。

对可疑数据的判断，一些技术标准也有具体规定，如《沥青混合料低温抗裂性能评价方法》（GB/T 38948—2020）、《公路路基路面现场测试规程》（JTG 3450—2019）指出，“当无特殊规定时，可疑数据的舍弃宜按照 k 倍标准差作为舍弃标准，即在资料分析中，舍弃那些在 $\bar{x} \pm k \cdot s$ 范围以外的实测值，然后再重新计算整理。当试验数据 N 为 3、4、5、6 个时，k 值分别为 1.15、1.46、1.67、1.82，N 等于或大于 7 时，k 值宜采用 3”（JTG 3450—2019 附录 B），这实际上就是格拉布斯检验法在工作中的实际应用。

需要注意的是，在测量过程中因记错、读错、仪器受到突然震动等异常情况发生时获得的检测结果，应随时发现随时剔除，不作为异常值判别。

8.6 内部质量控制时的 F 检验法、t 检验法和 E_n 法

1. 费歇尔检验法（Fisher 检验法，又称 F 检验法）

通过格拉布斯法检验出离群值，应对剩余测量值进行重新统计分析，以确定各组数据间的精密度差异，这时需要按 F 检验法进行计算。

假定现在有两个实验室或两组数据，可获得两个标准偏差 s_1、s_2，按 F 检验法，可定义 $F = s_1^2/s_2^2$，要求$s_1^2 \geqslant s_2^2$，这时可以查 F 分布表，得到$F_{\alpha(n1,n2)}$，其中 α 为检出水平，对应置信水平 $1-\alpha$；$n1$、$n2$ 为对应标准偏差 s_1、s_2 的两组数据的自由度。若 $F \leqslant F_{\alpha(n1,n2)}$，则说明二者的精密度之间不存在显著性差异；否则，该两组数据存在显著性差异。

如某实验室安排两组人员进行钢筋极限抗拉强度试验，甲组提供了 5 组测量结果，其 $s_1 = 6.25$；乙组提供了 6 组测量结果，其 $s_2 = 4.67$，则 $F = 1.79$；假定按 5%检出水平，查 F 分布表，$F_{\alpha(n1,n2)} = F_{(1-5\%)}$ （5－1，6－1）＝5.19。由于$F \leqslant F_{\alpha(n1,n2)}$，说明两组数据没有显著性差异。

2. 小样本检验法（又称 t 检验法）

当样本量 $n<30$ 时，对于按照 F 检验法获得的有显著性差异的两组数据，还不能贸然判定其是否离群，还应通过 t 检验法验证，进一步验证这两组数据平均值之间是否存在显著性差异。方法如下：

$$t = \frac{\overline{x} - \mu}{\sigma_x / \sqrt{n-1}}$$

其中：$\overline{x}$——样本平均值；

μ——总体平均值；

σ_x——样本标准差；

n——样本容量（个数）。

将计算得到的 t 值和查表得到的临界值 T 值进行比较，如果 t 值$<T$ 值，则可认为两组数据无显著性差异；反之，则至少其中 1 组属于离群值。

3. 有约定真值的评价方法（E_n 法）

对于有限实验室参加的实验室间比对结果，常采用比率值法进行评定，这种方法又称为 E_n 法。

如在某次对粉煤灰的测量审核活动中，参加实验室得到的筛余（细度）为 7.35%，扩展不确定度为 0.10%，$k=2$；参考实验室给定筛余（细度）为 7.54%，扩展不确定度为 0.12%，$k=3$，试判断参加实验室试验结果是否达到满意要求。

因$L_{ab}=7.35\%$，$U_{Lab}=0.10\%$，$k=2$；$R_{ef}=7.54\%$，$U_{Ref}=0.12\%$，$k=3$；在二者包含因子近似相等的前提下，$U_{Ref}=\frac{0.12\%}{3}\times 2=0.08\%$，$k=2$，则：

$$E_n = \frac{|L_{ab} - R_{ef}|}{\sqrt{U_{Lab}^2 + U_{Ref}^2}} = \frac{|7.35\% - 7.54\%|}{\sqrt{(0.10\%)^2 + (0.08\%)^2}} = 1.48$$

很显然，参加实验室的检测结果应评价为不满意结果。

用 E_n 法评定的关键是要确认各参与实验室的测量结果的不确定度的有效性，且默认其满足正态分布，在实际工作中也有一定的难度。当实验室间比对能力提供者（组织者）难以提供参考值R_{ef}时，也可以采用各参加实验室的稳健平均值来代替。另外，在采用 E_n 法评定时，其扩展不确定度一般只考虑本次检测结果引入的测量不确定度分量、仪器设备不准引入的测量不确定度分量或仪器设备分辨力引入的测量不确定度分量(二者中选择较大者)。

无论是拉依达检验法、肖维勒检验法、格拉布斯检验法、狄克逊检验法，还是 F 检验法、t 检验法、E_n 法，在实际操作中都存在一定的局限性，由于检验检测方法的特异性，也可以参考各参加实验室的综合水平，自行确定评价标准。而实验室间或实验室内小样本评价方法的确定与评价，是多数实验室急于寻求的最重要评价方法。

8.7 当内部质量控制只有两个检测结果时的有效性评价方法

实际工作中的内部质量控制，得到的往往是只有 1~3 个测得值的小样本检测结果，因而样本真值更难确定。这时，一般宜采用以下两种方法进行评价。

1. 自定约定偏差法

当某项质量控制活动只能得到两个检测结果时，宜采用约定偏差法进行评价。约定偏差的来源，应参考相应的规程规范或方法标准，由参与实验室结合自身技术水平和风险控制能力以及历年检测结果的统计分析后综合确定。对没有限值且只有两个检测结果的约定偏差见表 8－5，对只有两个平行检测结果的约定偏差见表 8－6。

表 8－5　对没有限值且只有两个检测结果的约定偏差

项目/参数		（约定）相对偏差		备注
		同一实验室	不同实验室	
钢筋	屈服或抗拉强度	≤5MPa	≤10MPa	修约到 1MPa
	断后伸长率	≤0.5%	≤1%	修约到 0.1%
抗压强度	胶砂试件	≤10%		修约到 0.1MPa
	混凝土试件	≤15%		
抗折强度	砂浆试件	≤20%		
	胶砂试件	≤10%	≤15%	
	混凝土试件	≤15%	≤20%	
粉煤灰	需水量比	≤4%	≤8%	修约到 0.1%
	强度活性指数	≤10%		修约到 0.1MPa
砂石及混凝土表观密度		$\leq 20kg/m^3$		修约到 $1kg/m^3$

表 8－6　对只有两个平行检测结果的约定偏差

项目/参数或其检测方法	同一实验室最大允许偏差	备注
直接滴定法、中和法 碘量法、EDTA 法、 非水滴定法	0.5%	测定含量
直接重量法	1.0%	测定含量
比色法、分光光度法 电位滴定法	2.0%	测定含量
高效液相色谱法、 气相色谱法	≤1.0%：含量>50.0%或非百分含量表示时； ≤5.0%：含量 20.0%～50.0%； ≤10.0%：含量<20.0%	测定含量或效价； 相对标准偏差
	≤50.0%：检出值=定量限（或报告限）～0.1%时； ≤25.0%：检出值=0.1%～0.5%时； ≤10.0%：检出值>0.5%时； 忽略：检出值<定量限（或报告限）	
气相色谱法	≤50.0%：检出值＝定量限（或报告限）～500ppm 时； ≤25.0%：检出值=500～1000ppm 时； ≤15.0%：检出值>1000ppm 时； 忽略：检出值<定量限（或报告限）	测定残留溶剂； 相对标准偏差
生物效价测定法	≤5.0%	相对标准偏差

续表

项目/参数或其检测方法	同一实验室最大允许偏差	备注
水分检测	忽略：检出值<0.1%时； ≤0.1%：检出值=0.1%～1.0%时	
	≤15.0%：检出值>1.0%时； 忽略：检出值<定量限（或报告限）	相对标准偏差
熔点测定	≤1℃	
比旋度法	2°	
pH	≤0.2	
灼烧差减法	≤0.02%：检出值<0.1%； 0.1%：检出值=0.1%～1%	
	15%：检出值>1.0%时	相对标准偏差
干燥失重法	忽略：检出值<0.1%； ≤0.1%：检出值=0.1%～1%	
	15%：检出值>1.0%时	相对标准偏差

其中，对于同一实验室检测结果的评价，可能时应同时满足表 8-5、表 8-6 的规定。另外，作为质量控制的样品及其检测结果，应满足可以进行重复性或再现性试验比较的基本条件。如钢筋试件须按规范在同一根（批）钢筋上截取，混凝土试件须采用同批混凝土制件、养护并按相同方法进行试验等。实际上，对于样本数 $n \leqslant 4$ 时的质量控制活动，可采用这种方法进行评价。

约定偏差最好能够建立在同一水平，且在具有较高水平的成熟实验室间进行，一般应确保满足 95%及以上的置信水平。如果约定偏差过大，势必对实验室的内部质量控制结果造成不可控风险，从另一角度也表明实验室检测水平偏低，因而同时应将内部约定偏差的质量控制结果纳入实验室内部风险管理，作为实验室重要监督或监控内容之一。约定偏差体现了实验室内部或实验室间所测量结果的风险水平，因此，约定偏差越小，说明实验室整体检测水平越高，实验室提供的测量结果所带来的风险也越低。

对于同一实验室，当只有两个检测结果的平行测试样品时，其最终的检测结果（即代表值）的报出一般应遵循：

（1）当两个检测结果满足允许偏差时，直接采用两个检测结果的平均值作为代表值；

（2）当两个检测结果超出允许偏差时，一般应再补做一次测试，然后按照《测量方法与结果的准确度（正确度与精密度）》（GB/T 6379.6—2009）第 5.2.2.2 确定，即计算三个检测结果的极差（$x_{\max}-x_{\min}$），再与临界极差［$CR_{0.95}$（3）］进行比较，其中：

$$CR_{0.95}(3)=f(3)\sigma_r=3.3\times\sqrt{2}\sigma$$

其中，σ 为三个检测结果的估计量的标准差。

如果 $x_{\max}-x_{\min}\leqslant CR_{0.95}(3)$时，则取 3 个检测结果的平均值作为代表值，否则取

中位值。按 GB/T 6379.6—2009 的要求，也可以进行补测取得第 n 个检测结果时的情形比较。

需要再次强调的是，自定允许偏差一定要建立在充分的统计数据的基础之上，一般以能得到同行业的共同认可为基础。

2. 与标准件或预制件进行比较

雷达等声波检测、结构件中钢筋规格与位置检测等，可采用对（自制或预制）标准件进行对比，对得到的结果进行分析判定，其约定偏差按实验室技术能力，采取各方均可接受的容忍度进行设定即可。

8.8 内部质量控制重复性或再现性检测结果的评价方法

1. 人员比对

（1）当方法规定了允许偏差时，以进行人员比对的具有较高准确度的一方的测定值作为参考值，比对结果按下式处理：

$$E_n = \frac{x_i - x}{x} / \delta_D$$

其中，x_i、x 为比对方、参考方的测定值，δ_D 为方法标准规定的允许偏差。

（2）当方法标准没有规定允许偏差时，进行人员比对（包含实验室间比对）的双方可根据统计学上的重复性限和再现性限计算方法确定重复性限和再现性限允许偏差。如对某一检测结果的样品，假设有 m 个实验室参加了验证试验，每个实验室平行测定 n 次，则其重复性限 r 和再现性限 R 为：

计算合并样本标准差（重复性时）：

$$S_r = \sqrt{\frac{\sum_{i=1}^{m} s_i^2}{m}}$$

计算平均值的样本标准差（再现性时）：

$$S_m = \sqrt{\frac{m \cdot \sum_{i=1}^{m} \overline{x}_i^2 - (\sum_{i=1}^{m} \overline{x}_i)^2}{m(m-1)} - \frac{S_r^2}{n}}$$

计算合并样本标准差（再现性时）：

$$S_R = \sqrt{S_r^2 + S_m^2}$$

计算重复性限：

$$r = 2.8\sqrt{S_r^2}$$

计算再现性限：

$$R = 2.8\sqrt{S_R^2}$$

其中，$\overline{x}_i$ 为第 i 个实验室对该样品测试结果的平均值。

（3）当方法没有规定允许偏差时，也可参照比率值法进行评定，此处略。

2. 设备比对

（1）当利用一台设备与另一台高准确度等级设备进行比对时，则：

$$E_n = \frac{x_1 - x_0}{\sqrt{U_1^2 + U_0^2}}$$

（2）当选择同类型（含准确度等级、测量范围）的 3 台以上设备进行比对时，由同一组人员、采用相同的方法在同样的环境条件下对同一样品进行检测，其结果判定原则可表达为：

$$E_n = \frac{x_i - \bar{x}}{\sqrt{\frac{n-1}{n}}U}$$

3. 留样再测

（1）在实验室内部实施的对存留样品进行再检测，且只有两个检测结果和没有可资参照的限值标准时：

$$E_n = \frac{x_1 - x_2}{\sqrt{2}U}$$

其中，x_1、x_2 表示留样再测前后被测量的估计值，U 表示留样再测前后被测量扩展不确定度。

（2）在实验室间进行的对存留样品进行再检测，且只有两个检测结果和没有可资参照的限值标准时：

$$E_n = \frac{x_1 - x_2}{\sqrt{U_1^2 + U_2^2}}$$

其中，x_1、x_2 表示留样再测前后被测量的估计值，U_1、U_2 表示留样再测前后被测量的扩展不确定度。

对人员比对、方法比对、设备比对、留样再测等重复性检测结果，当 $|E_n| \leqslant 1$ 时，表示重复性检测结果满意，否则为不满意。

4. 方法比对

（1）当利用不同方法进行重复性检测，结果判定原则仍可按人员比对中的（2）进行表达。

（2）当利用相同方法进行重复性检测，其结果判定原则可表达为：

$$E_n = \frac{x_1 - x_2}{\sqrt{U_1^2 + U_2^2}} = \frac{x_1 - x_2}{\sqrt{2}U}$$

5. 盲样试验

一般按给定允许偏差进行判定，必要时可考虑测量不确定度。

6. 实验室间比对

参考值的确定一般宜采用权威机构的检测结果，也可以用参加者提供的检测结果确定参考值。

当由参加者提供的检测结果确定参考值时，在确定参考值前应排除异常值，如参加实验室较少，可以参加者的平均值作为参考值；如参加实验室在10家及以上时，一般通过稳态统计法确定参考值。

各参加实验室的允许偏差，如技术标准有规定首先执行技术标准的规定，如无规定可参考前述方法或 Z 比分数评价方法进行。

8.9 质量控制中的 Z 比分数评价法

在能力验证活动中，Z 比分数评价法是一种广泛采用的对检测结果进行有效性评价的方法，适用于参加者较多的情形，较少在一般检测实验室自行组织的比对活动中采用。

Z 比分数评价法包含经典统计法和稳健统计法两种。当比对的参加者较少或得到的检测数据较少时，一般先在考虑标准的允许误差后按格拉布斯法剔除离群值，再对余下的数据按经典统计法进行分析评价。在可能的情况下，宜优先采用稳健统计法。

经典统计法是用算术平均值作为公议值，标准偏差作为允许离散度，其缺点在于存在“伪风险”。稳健统计法采用中位值 $\text{med}(x)$ 作为公议值，标准化四分位距 $n\text{IQR}$ 作为允许离散度，其缺点是存在“去真风险”。

假设对某组检测结果采用稳健统计法 Z 比分数进行有效性评价，则首先按递增顺序排列得到一组数列：x_1，x_2，…，x_n，中位值为该数列的中间值。当该数列包含数据个数为奇数时，则居中数值为中位值；当该数列包含数据个数为偶数时，则居中两个数值的平均值为中间值。四分位距IQR为数列四分位值（75%分位数Q_3）与四分位值（25%分位数Q_1）的差值，即Q_1为该组数列中处于$(n+1)/4$位置的值，Q_3为处于$3(n+1)/4$位置的值。则标准化四分位距 $n\text{IQR}$ 及 Z 值的计算公式为：

$$n\text{IQR}(x)=0.7413[Q_3(x)-Q_1(x)]$$

$$Z=\frac{x_i-\text{med}(x)}{n\text{IQR}(x)}$$

其中，Z 值的传统解释为：

当$|Z|\leqslant 2.0$时，结果可接受。对能力验证，一般给出“满意”评价。

当$2.0<|Z|<3.0$时，给出警戒信号。对能力验证，一般给出“有疑问”或“有问题”评价。

当$|Z|\geqslant 3.0$时，结果不可接受，给出行动或措施信号。对能力验证，一般给出“不满意”评价。

例如，某次实验室间比对获得一组检测结果，按递增顺序排列得到：5、8、10、12、15、19、21、25，则 $\text{med}(x)=\frac{(12+15)}{2}=13.5$，$Q_1$ 的位置为$\frac{8+1}{4}=2.25$，Q_3的位置为$\frac{3\times(8+1)}{4}=6.75$，$Q_1(x)=8+(10-8)\times(2.25-2)=8.5$，$Q_3(x)=19+$

(21－19)×(6.75－6)＝20.5。对 $x_1=5$ 是否为满意结果的判断，计算其 Z 值：

$$Z(x_1)=\frac{x_1-\text{med}(x)}{n\text{IQR}(x)}=\frac{5-13.5}{0.7413\times(20.5-8.5)}=-0.96$$

显然，检测结果 x_1 为“满意”值。

8.10 质量控制结果的有效性评价报告

实验室参与外部组织的质量控制，一般由外部组织者实施评价并提供相应的评价报告（或证书）。实验室自身组织的内部质量控制，在制定内部质量控制计划时，应当在计划中给出对检测结果的有效性评价方法。

内部质量控制结果的有效性评价报告，应将本次举行质量控制的目的、意义、评价方法、各参与者提交的检测结果、统计分析结果，以及存在问题等进行全面描述，形成一个完整的综合性评价报告，对评价结果为“不合格”的应当提出可能原因，并要求相应的参与者进一步分析、查找问题出现的原因，必要时实施整改。

对于只是较少参与者的质量控制结果的有效性评价报告，也可简化为表格形式。

【视野拓展】

重复性（或再现性）试验结果评价报告

质控方式	□内部质控 □人员比对　□设备比对　□留样再测　□方法比对 □空白试验　□标样验证　□内部实验室间比对 □外部质控 □能力验证　□测量审核　□外部实验室间比对 □其他：
质控项目	
进行日期	
参与人员	第 1 组：
	第 2 组：
使用设备 （编号、型号、量程/精确度）	第 1 组：
	第 2 组：
采用样品	
样品来源	
依据方法	
评价方法	

续表

质控结果及评价			
第 1 组	第 2 组	技术要求	结果评价
结论			
备注			

年　　月　　日

评价人：

注：对技术要求，如方法标准对重复性、再现性有规定的，应执行方法标准的规定。如没有规定的，可通过统计学方法确定重复性限和再现性限允许偏差，或结合机构历史统计资料，以及对检测水平的综合判定、风险评估，经技术负责人审批后自定允许偏差。

如桩身完整性检测结果评价允许偏差可直接规定为：为了控制风险，确保质量，结合本公司人机样法环测等实际检验检测水平以及历年来检测结果的统计分析，与客户交流评审过程中可接受的允许偏差水平，经技术委员会综合评估，决定对同一工程桩（留样再测）的桩身完整性检测结果允许偏差控制的规定如下：

序号	控制形式	结果要求
1	设备比对	缺陷类型不得出现偏差，缺陷位置允许偏差 20mm
2	人员比对	缺陷类型不得出现偏差，缺陷位置允许偏差 30mm
3	方法比对	缺陷类型不得出现偏差，缺陷位置允许偏差 40mm

自××××年××月××日起执行。

9　实验室日常管理基础工作汇总

9.1　实验室中的数字管理

1. 八个专项工作计划

仪器设备检定/校准计划（包含内部校准、功能核查、标准物质、标准溶液等）、人员培训计划、内部审核计划、管理评审计划、质量控制计划、仪器设备期间核查计划（包含标准物质、标准溶液、试剂等）、内部质量监督计划、能力验证与实验室间比对计划。

2. 四个唯一性标识

仪器设备唯一性标识、文件唯一性标识、样品唯一性标识、报告唯一性标识。

3. 五本基础台账

仪器设备管理台账、检定/校准管理台账、样品管理台账、记录/报告管理台账、化学药品与标准物质管理台账。

4. 十个仪器设备管理文件

3	3	2	1	1
作业指导书（操作规程）	使用记录	唯一性标识	检定/校准证书	检定/校准结果确认记录
维护作业指导书	期间核查记录	状态标识		
期间核查作业指导书	维护记录			

5. 电子文件（记录）“三加”管理

加密，进入软件管理系统的每个员工有一个独立密码；加权，进入系统层级权限；加备，定期备份。

6. 文件记录三种更改

文件更改、记录更改、报告更改。

7. 机构关键岗位

(1) 行政管理：领导层，应包含技术主管（或总技术负责人）及其代理人。

（2）质量管理：质量主管及其代理人、设备管理员、内审员、质量监督员、样品接收管理员、文件管理员、药品（试剂）管理员、安全员。

（3）技术操作：技术负责人、授权签字人、采样员、检验检测员、记录复核员、报告编制员、报告审核员、见习人员等。

8. 授权管理的六类人员

从事技术工作的所有人员均须取得其工作能力和职责范围内的相关授权，包含特定类型抽样人员、特定类型设备操作人员、签发检测报告/校准证书的人员、提出意见和/或解释的人员、进行检定/校准（含内部校准、功能核查）的人员，同时须根据相应的教育、培训、经验、技能进行资格确认，持证上岗、年度考评等。

9. 六个控制

技术标准控制、样品流转与保管控制、仪器设备控制、标准物质控制、检验检测环境控制、检验检测过程控制。

9.2 机构文件归档管理

1. 机构文件

（1）营业执照（独立法人）或机构成立文件（法人授权）、法定代表人授权书、保证检测工作质量的声明和承诺。

（2）最高管理者及关键管理人员任命文件。

（3）检验检测报告批准人、提出意见和解释人员、特殊类型样品检测人员、特殊仪器设备操作人员、印章使用与保管人员等有关人员授权书。

（4）检验检测人员、抽样员、样品管理员、资料档案管理员、仪器设备及其计量检/校人员等准予上岗人员任职文件。

（5）人员的任职、授权、任命的撤换、调整文件，实验室的授权和其他资质文件等。

2. 管理体系文件

（1）质量手册、程序文件、作业指导书、质量与技术记录/报告等各版本正本；

（2）各项管理制度、服务标准、员工守则、对外承诺；

（3）机构各阶段资质证书及其附表；

（4）现行有效的管理与技术标准、准则等；

（5）一些关键岗位人员（如最高管理者、授权签字人）的手写签名笔迹（必要时）。

3. 记录管理文件

（1）受控文件发放、回收、销毁、变更、修订、增补、停用、启用、替换等记录；

（2）定期评审记录；

（3）磁盘、光盘目录；

（4）技术书刊、工具手册目录等；

（5）记录（档案）卷宗目录及标识，会议记录。

4. 要求、标书和合同管理文件

（1）常规例行的委托合同；

（2）大宗客户的长期持续合同（协议），及其评审记录、修改或补充文件等；

（3）新、复杂、重要、先进等特殊的合同书及其评审记录、与客户交换意见记录（纪要）、再评审记录，以及修改或补充文件等；

（4）口头委托检验记录。

5. 检测和校准分包管理文件

（1）分包检验：合格分包方名录及其注册资料、分包协议、发出的分包委托函件、分包出具的检测报告等。

（2）被分包检验：其他实验室分包给本实验室的分包协议书，发来的分包函件，本实验室出具的检测报告、副本及整个检验过程的记录原件等。

6. 服务和供应品采购文件

（1）合格服务方：检定/校准、建筑装修、设备维修、环境条件测试等机构的名录及资质证明文件，服务机构的评价记录。

（2）合格供应商名录及其资质证明文件、供应品的采购与验收记录。

（3）供应品和消耗品的采购计划、审批记录。

（4）供应品、试剂、消耗材料的符合性检查与证实记录。

（5）重要物品的供应商评价记录等。

7. 服务客户文件

（1）服务记事：陪同客户合理进入相关检验场所的监视记录，帮助客户打包发送验证用检品的记录，向客户对检测结果做出意见和解释的记录。

（2）客户访问：征询客户意见的调查表反馈函件以及客户意见汇总记录等。

（3）书面或口头投诉记录，调查处理记录及其纠正/纠正措施记录。

8. 不符合工作控制文件

（1）差错的发现、识别、建议处理、有效性评审记录；

（2）纠正措施记录、差错统计记录等；

（3）不符合项纠正措施记录（含原因分析、选择、实施、监控、验证有效性等），相应的文件修改、附加内审记录等；

（4）潜在不合格项目的调研取证、分析、确定记录；

（5）预防措施计划表，预防措施实施计划、验证记录，文件修改和提交管理评审的记录等。

9. 内部审核文件

（1）年度内审计划表、内审实施计划表、内审通知书；

（2）内审检查表及记录，内审首次/末次会议记录；

（3）内审缺陷/不符合项报告；
（4）内审的总结报告及其分发登记表；
（5）制订的纠正措施及其验证记录；
（6）修订的文件（适合时）；
（7）客户通知书（需要时）。

10. 管理评审文件

（1）日程计划表、实施计划表、会议通知；
（2）评审前输入的信息材料；
（3）会议记录、总结报告及其发放登记表；
（4）结果输入计划的确认记录；
（5）改进措施的检查、督促验证记录，文件更改材料（适合时）。

11. 人员管理文件

（1）人员培训相关记录、一览表、培训规划、实施计划、年度培训总结等；
（2）参加内（外）部的学习培训记录，以及考绩或所获证书登记表；
（3）员工技术履历表、学历和技术职称证件（复印件）、获准上岗岗位和（或）任命/授权职务资格登记表、获证获奖复印证件；
（4）上岗考核记录文件。

12. 设施和环境管理文件

（1）技术指标及控制措施一览表、监控记录表；
（2）实验室平面分布图（包含安全通道、水电气管线总体走向、灭火器材点等）；
（3）安全健康、环境检查计划与记录。

13. 方法及方法确认管理文件

（1）承检项目/参数目录及其有效技术标准（含后发修改文件）；
（2）基础标准、通用标准规范目录及其有效版本；
（3）与承检项目相关的国际先进检测方法标准目录及有效版本；
（4）作废但有保存价值的标准；
（5）企业标准；
（6）本实验室制定的检测方法及其计划、方案、文献总结（含过程记录）、总结、鉴定确认材料等；
（7）非标准检测方法（含编写的文件及其确认记录）；
（8）检测附加细则（检测方法补充说明）目录及其文件；
（9）测量不确定度评价记录。

14. 仪器设备管理文件

（1）总台账（宜按计量和非计量仪器分列）；
（2）周期检定计划表及其实施记录；
（3）检定/校准证书、测试报告，及其确认记录；

(4) 主要的、贵重的、必须的检测、抽样、制样设备档案（一“机”一档）；
(5) 期间核查计划表、核查操作规程、核查记录、核查报告、年度总结；
(6) 脱离直接控制、返回后设备的功能和校准状态的核查记录；
(7) 内部校准记录及方法。

15. 测量溯源性管理文件

(1) 标准物质、内部质控样品一览表及其证书、使用记录；
(2) 期间核查计划日程、方法、核查记录。

16. 抽样及样品管理文件

(1) 抽样标准目录及其有效版本；
(2) 特殊、典型抽样的规定和记录；
(3) 客户认可的抽样程序、偏离记录及对相关人员的通知书（适合时）等；
(4) 样品接收、入库、领用、检毕退库、销毁或归还客户记录；
(5) 存在疑问及与客户对话、妥善处理记录；
(6) 制样规程（适合时）；
(7) 样品室、样品柜及样品流转、保存期间的环境条件监控记录。

17. 检测结果质量控制管理文件

(1) 比对/能力验证计划、实施结果与评价记录、重检记录；
(2) 相同/不同方法重检、保留样再检的计划、实施结果与评价记录；
(3) 质控图及其分析、评价记录、目录；
(4) 采取的纠正活动记录（适合时）。

18. 检测报告管理文件

(1) 检测报告修改、补充、更正以及更正重发的检测报告副本及其声明记录。
(2) 收回的原发出的检测报告（适合时）。
(3) 检测报告宜按检验类别（委托检验、验收检验、监督抽检、仲裁检验、质量鉴定等）、任务来源，分年度分别组卷归档。归档时宜按检测对象类别或检验批顺序与时间顺序归档，一份完整的检测报告应包含检验合同（或协议）、收样单或抽样单、任务发放单、制样记录（含委外制样，需要时）、原始记录（含作废或修改前的）等，并宜合并装订。

部分参考文献

［1］国家认证认可监督管理委员会．检验检测机构资质认定评审员教程［M］．北京：中国标准出版社，2018.

［2］周烈，唐丹舟，靳冬．CNAS实验室/检验机构认可评定培训教程［M］．北京：中国标准出版社，2020.

［3］中国计量测试学会．一级注册计量师基础知识及专业实务［M］．5版．北京：中国标准出版社，2020.

［4］倪育才．实用测量不确定度评定［M］．6版．北京：中国标准出版社，2020.

［5］刘春浩．测量不确定度评定方法与实践［M］．北京：电子工业出版社，2019.

［6］安平，王阳，林志国．测量设备期间核查方法指南及实例［M］．北京：中国标准出版社，2020.

［7］马捷，关淑君，茅祖兴．能力验证及其结果处理与评价［M］．北京：中国标准出版社，2016.

［8］吴波伟，钱幺．检验实验室间比对测试结果中离群值的方法探讨［J］．中国纤检，2020（4）：82－86.

［9］王莹．检验检测机构资质认定许可制度改革的思考［J］．质量与认证，2021（2）：30－33.

［10］梁乔玲，温利峰，吴雪莹．ISO 37301中有关合规调查过程的要求分析［J］．质量与认证，2021（3）：54－56.

［11］耿雷，刘静．检验检测机构公正性风险的识别与控制［J］．现代测量与实验室管理，2019（6）：74－78.

［12］裘剑敏，张红雨，裘霞敏．实验室合同评审要点分析［J］．质量与认证，2021（9）：73－74.